现代测绘理论与技术丛书
测绘地理信息科技出版资金资助

地理空间信息数字水印技术

Watermarking of Geospatial Information

闵连权　杨　辉　侯　翔　张卫柱　**编著**

测绘出版社
·北京·

内容简介

数字水印技术是一种新兴的信息安全技术,对数字作品的版权保护、真实性和完整性认证等具有重要作用。全书从地理空间信息安全需求和应用实际出发,在阐述地理空间信息数字水印基础理论的基础上,系统、详细地阐述了矢量地图数据的抗常规攻击数字水印、抗投影变换数字水印、非对称数字水印、拼接水印检测和插件式可视水印,以及遥感影像基于 DCT-SVD 的鲁棒水印、基于 SURF 抗几何攻击的鲁棒水印和用于内容认证及篡改恢复的脆弱水印等内容。

本书参考性和可操作性强,可作为高等院校测绘科学与技术、信息安全等相关专业的研究生或高年级本科生的教学用书,也可作为科研院所相关科研人员的参考用书。

图书在版编目(CIP)数据

地理空间信息数字水印技术/闵连权等编著. 一北京:测绘出版社,2017.6

ISBN 978-7-5030-4034-4

Ⅰ. ①地… Ⅱ. ①闵… Ⅲ. ①地理信息系统-研究 Ⅳ. ①P208

中国版本图书馆 CIP 数据核字(2017)第 114067 号

责任编辑	巩岩	封面设计 李伟	责任校对 孙立新	责任印制 陈超

出版发行	测绘出版社	电 话	010—83543956(发行部)
地 址	北京市西城区三里河路 50 号		010—68531609(门市部)
邮政编码	100045		010—68531363(编辑部)
电子邮箱	smp@sinomaps.com	网 址	www.chinasmp.com
印 刷	北京京华虎彩印刷有限公司	经 销	新华书店
成品规格	169mm×239mm		
印 张	14.75	字 数	287 千字
版 次	2017 年 6 月第 1 版	印 次	2017 年 6 月第 1 次印刷
印 数	001—800	定 价	78.00 元
书 号	ISBN 978-7-5030-4034-4		

本书如有印装质量问题,请与我社门市部联系调换。

前　言

　　数字水印技术是一种新兴的信息安全技术,对数字作品的版权保护、真实性和完整性认证等具有重要作用。笔者接触数字水印这一新兴技术是非常偶然的,2001年笔者攻读博士学位,正处于研究选题的关键期,抱着做别人没做过的、多学科交叉的、又能解决现实问题的想法,徜徉于实体书店、图书馆和网络世界,企求灵感。一个偶然的机会,笔者发现了由Katzenbeisser和Petitcolas编著、Artech House出版社于2000年出版的《Information Hiding Techniques for Steganography and Digital Watermarking》(这是国际上该领域的第一本著作)一书,初始是抱着随意翻看的心态浏览该书,随着阅读的深入,渐渐爱不释手！我隐隐感觉数字水印技术在地理空间信息安全方面将大有用处,有可能是解决当前我国地理空间信息安全的一种有效手段,对保护地理空间信息的知识产权、维护数据所有者的合法利益、维护地理空间信息市场秩序、避免非法盗版威胁,以及推动地理空间信息产业的健康、可持续发展具有重要的理论意义和实用价值,在电子地图制作、车载导航软件及空间信息软件开发、空间信息发布、国家基础空间信息数据保护等众多领域具有很好的应用前景。经过与导师的交流,导师充分肯定了我的想法,并鼓励我全身心地投入到这一新兴领域的研究中。

　　当时国内尚无相关研究,因此研究进行得非常艰难,既没有相关的科研成果可以借鉴,也没有相关的科研团队可以交流,经过十几年的坚持研究,得到了国家自然科学基金、国家"863"、地理信息工程国家重点实验室基金等科研项目的支撑,取得了一些研究成果。为了总结经验和使初学者少走弯路,笔者于2014年编著了《地理空间数据隐藏与数字水印》,并于2015年由测绘出版社出版。该书系统、详细地阐述了地理空间信息安全的基础理论和实用技术,数据类型涉及矢量地图数据、栅格地图数据、影像地图数据和数字地形模型数据等4D数据产品,安全技术涉及密码技术、隐写技术和数字水印技术等。

　　本书是《地理空间数据隐藏与数字水印》一书的姊妹篇,原书中已阐述的内容本书基本上不再涉及,主要内容聚焦在最近几年课题组的研究成果上,数据类型聚集在矢量地图数据和遥感影像两类最主要的地理空间信息上,技术手段聚集在利用数字水印技术保护地理空间信息的安全上。

　　全书共分10章:第1章和第2章是基础知识部分,从地理空间信息的基本特征和应用实际出发,简要阐述地理空间信息数字水印基础理论,为后面各章提供理论基础;第3章阐述了对数据更新(增加、删除和修改)、制图综合、数据简化和数据压缩等常规攻击的鲁棒数字水印,包括基于统计特性的数字水印、基于离散余弦变换(DCT)的数字水印和多重数字水印;第4章分析了地图投影变换的特点,为寻找抗投影变换鲁棒水印嵌入空间提供理论基础,然后设计了两种抗投影变换的鲁棒水印算法,即基于折线变换的抗等角投影变换水印算法和基于拓扑关系的抗投影变换水印算法;第5章针对当前对称水印算法存在的问题,借鉴非对称密码技术的思路,设计了两种非对称水印算法模型,即基于过程的非对称水印算法模型和基于密钥的非对称水印算法模型;第6章分析了水印嵌入前后矢量地图数据定位点坐标尾部数据分布规律,然后基于水印嵌入前后坐标尾部数据统计特征发生改变的特点,利用分布拟合检验设计了一种水印拼接检测算法,能够快速有效地判定水印嵌入区域,为水印检测提供依据;第7章分析了矢量地图数据可视水印实现方式,并对比分析了基于内核驱动的可视水印和基于二次开发的可视水印的优缺点,同时,基于二次开发设计了一种插件式可视水印模型,并基于ArcGIS软件平台实现了插件式可视水印;第8章将遥感影像进行分块,根据人眼的视觉特性,选择掩蔽效果好的纹理子块作为嵌入区域,对进行DCT-SVD后的系数进行最近区间量化来嵌入水印信息,采用空域裁剪策略对嵌入水印后的遥感影像进行数据精度约束,算法在保持遥感影像数据精度的同时,对噪声、滤波、压缩、裁剪等攻击均具有较强的鲁棒性;第9章选取影像中鲁棒性强的SURF特征点,构造互不重叠的特征区域并进行归一化处理,根据生成的模板选取整数小波变换相应位置的系数,通过量化的方式将水印信息重复嵌入每个特征区域内;第10章通过量化Contourlet变换方向子带绝对值最大的系数将认证水印嵌入,采用影像分块后的平均灰度值作为恢复水印,将其嵌入最低有效位,可以有效区分合理性失真和恶意篡改攻击,并能够实现篡改区域的定位和恢复,使恢复后的遥感影像满足基本的视觉要求。

　　本书的研究得到了国家自然科学基金项目(41471337)、地理信息工程国家重点实验室基金项目(SKLGIE2014-M-4-6)及信息工程大学地理空间信息学院教材出版专项经费资助,在此致谢!

　　由于技术发展很快,笔者水平有限,加上时间仓促,书中难免会出现疏漏和不足,敬请读者批评指正,不胜感激。您对本书的意见和建议可发送邮件至 rainman_mlq@163.com,谢谢!

目　录

Contents

第1章 绪 论

长期以来,地图一直被各国政府视为"国之神器,不可予人"。地图的重要性在军事上表现得尤为突出,《管子·地图篇》强调:"凡兵主者必先审知地图。轘辕之险,滥车之水,名山、通谷、经川、陵陆、丘阜之所在,苴草、林木、蒲苇之所茂,道里之远近,城郭之大小,名邑、废邑、困殖之地,必尽知之。地形之出入相错者,尽藏之。然后可以行军袭邑,举措知先后,不失地利,此地图之常也。"著名的荆轲刺秦王的故事中,荆轲之所以有机会刺杀秦王,只因他带来燕国的地图作为重礼,并由此产生了成语"图穷匕见",这些都说明了地图的重要意义。

§1.1 地理空间信息安全现状及分析

地理空间信息是国家基础设施建设和地球科学研究的支撑性成果,是国家经济、国防建设中不可缺少的资源,在人类的社会、经济活动中发挥着不可替代的作用,已广泛应用于社会各行业、各部门,如航空航天、环境保护、资源勘探、土地管理、城市规划、交通规划、汽车导航、工程设计、抢险救灾及观光旅游等都离不开地理空间信息的支持。

地理空间信息安全是在国家信息化建设过程中,在数字技术深入各领域条件下的一个新课题,它涉及国家安全、科技协作交流和知识产权保护等各个方面,是制约我国经济、科学与技术可持续发展的重要因素之一。

随着空间技术、计算机技术、信息技术及通信技术的发展,测绘学科从理论到手段发生了根本性的变化,正步入信息采集、数据处理和成果应用的自动化、智能化、网络化、实时化和可视化的新阶段。数字化的产品形式、网络化的保障方式已成为地理空间信息服务的主要方式。这种服务方式极大地方便了地理空间信息的交流、共享,有利于各行各业方便地使用地理空间信息,促进了各行各业的发展。但是数字产品复制的便捷性、复制成本的低廉性和复制品的高保真性,使数据易被非法窃取、浏览、复制、篡改,数据越来越难以控制。人们在享受现代信息技术和网络技术所提供的便利的同时,安全问题也日益突出,成为信息交流的重要障碍。网络与安全是一对矛盾,共享与安全也是一对矛盾,共享是以牺牲安全为代价的,在实现地理空间信息的共享过程中,只有在可靠的安全性的前提下实现共享才有现实意义,失去安全性的共享就是失控、泄密。

地理空间信息已成为社会生产力提升的倍增器、加速器,信息的流动越来越快速,信息的交流越来越频繁,海量的地理空间信息储存在"盘"内,流动在"网"上,传播于"空"中,在方便社会各行各业发展的同时,也带来了极大的信息安全问题,信息的保密性、完整性、可用性和不可否认性都成了困扰人们的现实问题(闵连权,2005)。

1.1.1　安全现状

当前我国地理空间信息的安全形势十分严峻,存在许多安全隐患,既有观念、意识上的问题,也有管理、技术上的原因。概括起来主要有以下几个方面(闵连权等,2010)。

1. 境外势力带来的安全隐患

地理空间信息是一个国家的战略资源,事关国家和军队的安全、社会的稳定和经济的发展,各个国家都力图控制本国的地理空间信息,防止被其他国家窃取,而又尽力获取其他国家的地理空间信息,从而取得信息优势,确保国家安全。一些西方国家千方百计地获取我国的地理空间信息,甚至不惜以第三国的地理空间信息与我国交换。一些境外组织、机构、人员以中外合资合作、生态环境考察、探险、旅游、考古等形式为掩护,对我国的军事设施、交通要道、重点国防项目、能源、水利、矿产资源等重要目标进行非法测绘,手段十分隐蔽,获取的空间数据精度非常高,对国家安全构成了隐患。从地域上讲,在我国进行非法测绘的涉案人员国籍由原来的美国、日本,扩展到英国、德国、韩国、印度等。有些电子地图发烧友出于爱好还会实地勘察,帮一些网站甚至可能是敌对势力进行野外测绘工作,核实相关地理信息的准确性。

境外人员对我国进行的非法测绘事件早已有之,早在19世纪明治维新后,日本便积极对中国展开实地测绘。第二次世界大战期间,日本侵华时使用的军用地图竟然比中国军用地图还要精确。新中国成立后,境外人员在我国进行的非法测绘事件得到有效控制,但改革开放后非法测绘事件时有发生,尤其是2003年以后呈现逐年增多的趋势,如2004年某中外合资公司在山东沿海地区的非法测绘案件、2005年日本情报人员在新疆和田的非法测绘案件、2005年某国外交人员闯入我福建沿海某军事禁区非法测绘案件、2006年发生在四川绵阳某军事管理区的非法测绘案件、2007年发生在上海的非法测绘案件和发生在贵州的驻华使馆人员非法测绘案件、2007年日本人在新疆艾比湖区域的非法测绘案件、2007年日本人在江西的非法测绘案件、2007年外国公民在吉林的非法测绘案件、2014年美日人员在甘陕的非法测绘案件等。同时,美国、日本的军事测量船也屡屡对我国管辖海域进行非法测绘。

2. 国际活动带来的安全隐患

在改革开放的大环境下,学术交流、科研(项目)合作、委托开发、技术引进与输出的力度相比以前有很大的发展,从而也带来一系列的安全问题。例如,有些单位在项目合作、委托开发时,将未经保密处理的大比例尺地形图和机密级重力资料擅自向外提供;有些单位在与外商项目合作中,迫于外商的压力提供精确的地理空间信息,甚至允许外商进行测绘,获取我国的地理空间信息等。

3. 泛在测绘带来的安全隐患

随着测绘科技的发展,泛在测绘、泛在定位、泛在地图已得到广泛应用,以大众通过网络上传、下载和编辑地理空间信息为主要特征的测绘新时代已来临。地理空间信息众包模式的不断发展、公众参与的积极程度越来越高,用户在任何地点、任何时间都可以利用网络或者移动设备参与地理空间信息的采集、更新与处理,根据需要制作地图、查询兴趣点、计算路径等。这种大众个体制图模式的变化给地理空间信息安全与保密带来了新挑战。

4. 移动设备带来的安全隐患

信息技术的提高使得移动存储设备的体积越来越小,而存储量却越来越大。具有高度兼容性的移动存储设备给用户带来方便的同时也给窃贼提供了方便,不法人员利用移动存储设备可以轻易获取成百上千份涉密文件。黑客还可通过移动存储设备将病毒带到网络之中,进行破坏性攻击。

笔记本、掌上机等移动计算设施面临许多额外风险,由于计算设施丢失而引起的地理空间信息安全问题不容忽视,使用移动设施时要采取实物保护、访问控制、密码技术、备份及病毒防护等措施。

1.1.2　造成安全问题的原因分析

1. 地理空间信息安全观念意识淡薄

观念意识上的淡薄主要表现在以下三个方面。

1)对全球化的误解

随着世界经济和技术全球化的进程,经济已逐步纳入全球化体系,我国的官员、企业家、工程技术人员已涉足全球范围的活动,我国科学家已大量参与了国际性的研究与合作开发项目。因此,在部分科技人员和管理人员意识中往往产生全球化的倾向,认为在和平与发展是当今时代的主题下过分强调安全保密不合时宜,认为科学、技术、基础设施等的全球化是势在必行。其实不然,科学、技术、经济都可以全球化,但是应该清醒地认识到在政治和文化多元化、世界多极化的大前提下,有关国家的基础设施等很多问题都不可能实行全球化。地理空间信息作为国家的基础设施,也绝不能实行全球化,它仍具有私有性、保密性。地理空间信息的安全关系国家的安全和社会的稳定,这也正是提倡信息共享最强烈的美国在想方设法获取别国地理空间信息的同时,却严格控制本国地理空间信息的重要原因。

2）对西方国家获取地理空间信息能力的盲信

科学技术的进步使得以美国为首的西方国家获取地理空间信息的手段、能力显著增强，卫星影像的分辨率越来越高，全球卫星定位系统定位精度可达米级、厘米级。那么国家基础地理空间信息、大比例尺地形图还有什么密可保，还有没有必要采取限制性使用政策？

在这方面，大众可能存在着技术上的误解。应当承认，现代影像技术、定位技术确实达到了极高的水平，在军事上、经济上有重大意义。但是高科技的发展，只能在条件允许的情况下，才能够更精确、更快捷地生产精密的地理空间信息和地形图产品，它们仅仅是获取信息的技术手段，并不代表信息产品的实体本身。地形图载负的大量属性信息、地名信息是任何卫星影像都无法得到的。同时，卫星影像只是局部相对位置的表象，要将影像全部识别，应该有实地要素相对照。要将卫星影像的相对位置变成全球统一的绝对坐标系中的地图，必须要有一定密度的精密控制点进行控制，这些控制点要达到地面位置、卫星影像上的位置、精确地理坐标值的匹配一致，才能真正起到控制作图的作用。在确定绝对地理位置方面，卫星定位系统虽能起作用，但定位设备一定要到实地，并通过一定的操作，才能获取定位信息。因此，尽管有了高科技手段，要真正生产别国的高精度地形图，仍然是不可能的。

保护本国的地形图，最重要的是保护战争中可能成为敌人打击目标的绝对位置。尽管有实时卫星影像，如果没有绝对地理坐标的指引，很难锁定目标。这种指引一种是靠派专门人员到实地指引；另一种是靠精密的地形图，与最新的卫星影像匹配、参照来锁定目标。

另外，应辩证地看待技术手段与工程实现的关系。数据获取技术、能力确实有很大提高，但也并不是像吹嘘得那样高，而且即使宣传报道属实，要想获取像我国如此广大地区的地理空间信息仍需要时间和资金，技术能力是一回事，真正获取又是一回事。因此，不能仅凭借一些报道或学术论文就认为我国的地理空间信息处于无密可保的状态，就可以解密、公开使用了，恰恰相反，我国的地理空间信息仍有可保的价值，不然别国也不会千方百计地获取我国的地理空间信息了。

卫星影像技术、GPS定位技术的巨大成就，并没有使地形图信息的保护失去意义。保护精密的大比例尺地形图的内容，也是在保护自身的安全，这符合国家利益。

3）对秘密资料标准的模糊认识

有人认为地理空间信息的需求量大，密级定得太高使用不方便，不利于数据的共享和流通。事实上需求量的大小不是判定密级的依据，确定资料密级的唯一标准是：该资料一旦失密对国家安全造成的危害程度。数据共享与数据安全应辩证地统一起来，不能片面地强调数据共享问题而忽视数据的安全问题，数据共享必须以数据安全为前提,为了使用方便而解除保密约束,就会给国家带来危害。

2.地理空间信息安全技术落后

以往的地理空间信息大多以地图和专题地图为载体,便于保管和有序使用,管理制度也较完善,不存在安全失控的问题。以数据记载的形式按需求提供使用,如大地坐标成果和各学科的调查、分析数据,在安全上也有相关规定。在新的技术条件下,原有的安全标准和管理规定已不适应新形势下国家安全的需求。例如,纳入国家安全控制范围的标准方面,传统的保密规定在很多方面已制约了科技的进步,出现了很多新的、传统方法无法控制的、涉及国家安全的、需要给予关注的数据与信息;数据共享与数据安全的关系方面,知识产权保护技术层面的问题等需从理论与方法上进行探索。

当前我国地理空间信息安全技术与管理还停留在传统的大地坐标数据、航摄影像和地图资料保密管理的水平上,通过双方签订合同、保证书的形式来保障地理空间信息的安全,这种方式在以纸张为载体的数据存储形式下还是有一定效果的。但是,这种措施无法保障数字化的地理空间信息的安全,相应的安全标准、手段已不适应数字化的地理空间信息的安全需求。

当前,地理空间信息安全方面存在以下问题亟待解决:

(1)如何处理国家安全与社会需求的矛盾问题。地理空间信息是一种特殊的资源,一方面事关国家安全、国防安全和利益,必须根据需要设定密级,并限制其使用范围等;另一方面又是国家经济建设不可缺少的基础性技术资料和数据,国民经济建设和人们的日常生活越来越离不开地理空间信息的支持。国家安全与经济建设的强烈需求在这一点上构成了矛盾,不加限制地公开使用地理空间信息必然危害国家安全利益,而对地理空间信息限制过严又会滞缓社会经济发展。

(2)如何保障地理空间信息所有者的合法权益问题。地理空间信息是一种商品,其所有者付出了大量的人力、物力和财力进行生产,但是一些不法用户和商家非法复制、窃取、传播和破坏地理空间信息,从中牟取暴利,使信息越来越难以控制,所有者的合法权益得不到有效保护。在数字条件下如何验证地理空间信息的所有者、如何证明其版权归属已经成为当前数字测绘生产中迫切需要解决的关键问题。

(3)如何认证地理空间信息的真实性和完整性问题。由于数字产品极易被篡改、伪造,利用被篡改的地理空间信息在军事上可能引发重大灾难,因此认证地理空间信息的真实性和完整性变得尤其重要。

(4)如何防止内部人员的泄密问题。目前,研究安全问题一般关注的是防止外部人员窃取信息,实际上,内部人员有意或无意的泄密行为是更大的安全隐患,如移动存储设备丢失、计算机被窃,甚至内外勾结、内部人员主动外泄等。传统的对信息进行加密的方法已不能解决这个问题,内部人员可以利用授权将信息解密,然后进行复制、分发、传播等非法行为；另外，采用传统的加密方式，用户每次都需要手动加、解密文件，不仅操作烦琐、容易出现人为的疏漏，而且文件本身也存在一定时间的"风险期"，即文件在使用过程中未加密时以明文形式在硬盘中存储的阶段，这个阶段极有可能被早已潜伏在电脑中的木马或其他形式的病毒窃走。因此，必须加强地理空间信息的防扩散技术研究，控制地理空间信息只能在本机（或内部网络环境）使用，一旦离开本机（或内部网络环境），数据就无法使用，防止地理空间信息的非法扩散。

地理空间信息安全保密技术的落后，严重制约了地理空间信息服务的能力和水平，为了保护地理空间信息的知识产权、维护数据所有者的合法权益、维护市场秩序、满足社会发展需要、充分发挥地理空间信息的价值，以及为实现地理空间信息共享等提供技术支撑，必须加强地理空间信息安全保密技术的研究。

3．信息基础设施不足

当前我国信息基础设施最突出的问题就是缺乏自主科技，系统安全状态脆弱，核心技术完全依赖国外。使用国外 CPU 芯片、国外操作系统和数据库、国外网络管理软件，这是制约中国计算机网络安全的三个最大隐患，人们称为"三大黑洞"。目前，构成中国信息基础设施的网络、硬件、软件等产品几乎完全是建立在外国的核心技术之上的。其中，美国在网络上的垄断是全面的，它拥有世界上最大的软件公司、最大的接入系统、最大的互联网服务提供商，以及全球主要的网络安全公司。我国的信息化建设尚未脱离大量依赖非专利技术的状态，整个网络系统缺乏自主技术支持，从而出现了"网域不设防"的严重局面。我国计算机网络所使用的网管设备和软件基本上是美国公司的产品，使我国的计算机网络安全性能大大降低，被认为是易窃视和易打击的"玻璃网"。从根本上说，只要芯片和操作系统都不是自主研发的，那就相当于在沙滩上建高楼，毫无安全可言。

4．法规、管理制度不健全

目前，我国地理空间信息的安全管理主要依靠传统的管理方式与技术手段，基本上处于一种静态的、局部的、少数人负责的、突击式的、事后纠正式的管理方式，不是建立在安全风险评估基础上的、动态的、持续改进的管理方法。保障地理空间信息的安全，技术很重要，但管理更重要，"三分技术，七分管理"，而做到有效管理的前提条件是必须有健全的法律、法规做依据。健全的地理空间信息安全的法律、法规体系是确保国家地理空间信息安全的基础，是地理空间信息安全的第一道防线。目前，我国还没有有关地理空间信息安全的专门法律、法规，主要是通过一些其他的法律、法规及部门规章进行约束管理，如《中华人民共和国国家安全法》《中华人民共和国保守国家秘密法》《中华人民共和国计算机信息系统安全保护条例》《计算机信息系统保密管理暂行规定》《中国人民解放军计算机信息系统安全保密规定》《关于对外提供我国测绘资料的若干规定》《测绘管理工作国家秘密范围的规定》《重要地空间信息数据审核公布管理规定》《中国人民解放军军事工作中军事秘密范围及其密级划分规定》等,这与地理空间信息的安全需求不相适应。因此,为了更好地保护地理空间信息的安全应建立专门的法规,做到有法可依。

1.1.3 国外在地理空间信息安全方面的举措

在国外,特别是一些发达国家,地理空间信息安全问题先后进入了国家安全领域,政府机构、科研院所和企业都给予高度重视。

1. 完善地理空间信息安全制度

随着对地观测技术、互联网技术的发展,以及测绘地理信息共享的需求,世界各国不仅重视地理空间信息安全技术的研究,还加大了与地理空间信息安全相关的法律法规、政策、制度和标准的研究,从而规范地理空间信息的使用。

1)美国地理空间信息安全法律法规制度

美国的地理空间信息生产实行“军民分版”策略,美国地质调查局和美国国家地理空间情报局各自负责民用和军用测绘成果的生产。地理空间信息安全立法活动开展得也比较早,可以追溯到 18 世纪末,如 1984 年的《陆地遥感商业法案》、1992 年的《陆地遥感政策法案》、2001 年的《信息时代的关键基础设施保护》、2002 年的《美国国土安全战略》、2002 年的《国土安全部法案》、2003 年的《美国商业遥感政策》等,通过一系列法律法规,对地理空间信息的生产、使用等进行规范。

2001 年“9·11”事件之前,美国政府在地理空间信息政策方面一直倡导开放和共享,主张民众对政府地理空间信息的合法访问和使用,在此期间,地理空间信息政策方面的研究主要侧重于地理空间信息共享中的技术、政策、标准、人才和成本回收等问题;同时,也对空间信息的安全问题做了一些具体规定,如作为地理空间信息政策基础的《美国法典》及 1996 年颁布的国防部关于国家影像制图局(National Imagery and Mapping Agency,NIMA)的指示都有安全规定。但在“9·11”事件之后,美国的地理空间信息政策开始从开放转向保护,甚至趋于保守。2001 年 10 月 12 日,美国总检察长签署了备忘录,敦促各联邦机构严格按照《信息自由法》的要求,严加注意信息的公开。新政策取代了 1993 年鼓励政府信息公开的备忘录,强调在两可的情况下,不公开信息。同时,美国国家影像制图局网站也停止了向公众出售大比例尺地图,禁止搜索引擎下载地图。运输部管道和危险材料安全管理局在网站上发出通知称不再开放“国家管道制图系统”。2001 年 10 月12 日,联邦书库收到来自美国地质测量局的请求,销毁含有大坝和水库及其地理位置等各种水资源信息的某种 CD-ROM 出版物的所有拷贝。其后,美国政府不断完善其数据保护政策。2003 年 5 月 13 日颁布的国防部第 5030.59 号指示令中规定,任何美国国家影像制图局生产或从美国国家影像制图局源数据中派生的属于或受控于国防部的无密级的影像或地理空间信息和数据,满足下列条件的必须禁止其公开发行：

(1)来源于或所包含的信息符合某项国际协议中的规定，或限定该类信息向协议方政府官员公开，或限定该类信息仅供军方或政府使用。

(2)包含的信息已经在文件中明确，如果对其开放，将泄漏过去获取地理空间信息和信息产品源数据的保密或敏感的原始资源和方法或能力。

(3)包含的信息已经在文件中明确，如果对其开放，将危害或干扰正在进行的军事或情报工作，泄漏军事行动或紧急计划，或泄漏、危害或危及军事或情报能力。

这些信息必须标记为"限制分发"。美国国家影像制图局局长有权决定对任何其他受控和属于国防部的地理空间信息或数据是否授权相似的保护。"9·11"事件唤起了美国对本土安全问题的重视，美国政府制定了一系列针对本土安全的信息保护政策，其中美国官员最担心的则是地理空间信息资源。为此，美国国家地理空间情报局(National Geospatial-Intelligence Agency，NGA)(美国国家地理空间情报局的前身是美国国家影像制图局)加强了对地理空间信息造成的国家安全问题的重视，并专门委托兰德公司进行了评估。在此基础上，联邦地理数据委员会颁布了《关于正确设置地理空间信息访问方法中的安全问题的指导办法》。该指导办法提供了确定地理空间信息集中的敏感内容的方法过程，提供了一种判定过程决策树，有助于各部门正确设置地理空间信息访问方法并且保护其敏感的信息内容。该指导办法于2004年发布。

2)俄罗斯地理空间信息安全政策

俄罗斯联邦政府颁布了一系列符合国情的地理空间信息安全政策和法律法规(朱长青 等，2015)。例如，1995年颁布的《俄罗斯联邦测绘法》，对地理信息资源的获取、处理、分发、使用等环节进行了规范，特别强化了对测绘活动的监管及惩处规定；1996年颁布的《俄罗斯关于批准确立将测量点坐标数据和俄罗斯联邦领土地理信息转交至他国或国际组织的程序细则》，对地理信息转交至他国或国际组织进行了明确规定，特别是对列入国家机密和受限发布的信息，要求实行严格的行政审批程序；2002年颁布的《俄罗斯关于批准提供和使用联邦测绘数据资源程序的指令》，明确了提供、使用、登记及使用监督测绘资料和数据资源的一系列程序；2007年颁布《俄罗斯关于获取、使用和提供地理空间信息的规定》，对获取、使用和提供地理空间信息进行监管，以防信息自由散布带来更多的安全隐患。

3)印度地理空间信息安全政策

印度长期实行测绘成果限制使用政策，非官方用户很难获取需要的地理空间信息成果，更没有形成真正面向用户的服务机制。作为测绘成果的主要生产者和提供者，印度测绘局主要面向军事用途，兼顾民用，其生产标准和产品设计也主要是适应国防需求。2005年，印度政府颁布《国家地图政策》和《印度地图许可规定》，对地图产品区分国防版和公开版，使用上实行媒体许可、出版许可、互联网许可、数字数据许可和增值许可等多项严格控制措施;2011年颁布的《印度遥感数据政策》对遥感数据规定了严格的许可制度。

2. 强化地理空间信息安全技术

国际上对地理空间信息安全技术的研究主要表现在四个方面:一是利用密码技术对核心涉密信息进行加密处理,使得非授权用户无法获取,严防信息泄露;二是利用透明加密技术,严防内部人员有意或无意的泄密行为,严防移动设备丢失造成的安全隐患,构建地理空间信息安全的防火墙;三是利用数字水印技术在地理空间信息中嵌入数据所有者的版权信息,保护数据所有者的合法权益,打击盗版行为,利用数字指纹技术追踪数据失泄密的环节,打击非法传播责任人;四是利用数字水印技术、数字签名技术和数字取证技术等,鉴别数据的真伪,防范数据被非法篡改和伪造。

§1.2 地理空间信息安全基本理论

1.2.1 地理空间信息安全属性

地理空间信息安全指综合运用法律法规、管理措施和技术手段,使地理空间信息在获取、处理、存储、传输及应用过程中免遭窃取、泄露、篡改和毁坏,确保地理空间信息的保密性、完整性、可用性、可认证性、不可抵赖性和可控性。

与一般的信息安全相比,地理空间信息具有特有的安全属性(中国地理信息产业政策研究组,2007;闵连权,2015),主要表现在以下四个方面。

1. 使用者的广泛性

地理空间信息的国内用户从部门到个人,从各级各类政府机关、教学科研单位到私营公司,从政府工作人员到社会大众,人们不同程度地应用地理空间信息,并且应用环境从室内扩展到野外。随着社会的发展,越来越多的人应用地图等地理空间信息,并且渴望获得内容精确详细、现势性强的地理空间信息。

地理空间信息的国外用户从联合国、"全球测图"等对地图的需求和相关国际制图项目到各类公司,均不同程度地需要我国的地理空间信息。在一些大型工程项目(如石油勘探)和一些对外招标工程中也需要高精度的大比例尺地图等地理空间信息。

2. 保密时间的长期性

地理空间信息能客观地反映地球表面显性和隐性的特征,很多内容是地表长期存在的。因此,对大多数保密的地理空间信息而言,保密时效多为长期的。随着高新技术的发展,新的保密地理空间信息不断快速产出,保密事项不断积累,带来了较大的保密成本。长期保密特性给制定地理空间信息的保密措施和研究地理空间信息保密方法带来了难度。

3. 空间位置和内容的保密性

一般而言,地理空间信息的保密特性主要体现在两个方面:一是空间位置的保密特性,二是要素(地图)内容的保密特性。

测绘业务的主要成果是基础地理空间信息和地形图,利用涉及国家秘密的测绘成果开发生产的产品,其秘密等级不得低于所用测绘成果的秘密等级。

高精度的地理空间信息及大比例尺地形图既有空间位置保密特性,又有要素内容保密特性,其要素内容的保密不仅包括军事设施,也包括关乎国家命脉的民用设施。

4. 数据密级与使用者身份的非正相关性

一般情况下,数据的使用者和数据的密级成正相关,如级别高的指挥员掌握着作战行动的核心机密,级别低的指挥员只掌握与本级作战有关的部分信息,一线战斗员掌握的信息更少,信息的秘密等级也最低。对地理空间信息而言,往往使用者的身份越高,使用的地理空间信息越概略,重要程度越低,甚至是可以公开的小比例尺地理空间信息,而师团级的战术指挥员在研究战场环境、制定作战方案及组织作战指挥等行动时,需要 1:5 万甚至更大尺度的地理空间信息,数据的秘密等级也较高。

从信息安全的角度来说,信息的保密与保密范围、知悉范围、保密期限三个因素有关,即保密范围越小、知悉的范围越小、保密的期限越短,信息越容易保密;否则,信息保密就很难。而地理空间信息具有保密事项多、保密范围大、使用者广、需要保密的期限长等属性,因此,地理空间信息安全保密的难度更大,更应该引起重视。

1.2.2　地理空间信息的安全观

传统的、狭隘的、被动的安全观已无法适应时代的要求,必须构建新的地理空间信息安全观,包括整体安全观、防护安全观和网络安全观等。

1. 整体安全观

整体安全观是要从全球政治、经济、军事、环境中观察,分析那些可能影响我国安全的因素,然后加以控制和扭转,防止国家利益的流失和政权免遭破坏。这种将安全工作局限在领土范围内的做法,对于西方国家并不是新东西。19 世纪前,西方殖民地扩张、第二次世界大战以后美国全球战略都是一种基于自身利益的安全观,它们可以扬言远在非洲或亚洲的一件小事影响了美国的利益而出兵干预。第二次世界大战结束后,美国在全球推行的按美军标准统一各国军事地形图的行为,与直到 20 世纪末提出的以"数字地球"科学面目为掩饰的收集统一全球基础地理数据的行动,都是一脉相承的,都是占有别国数据资源的计划。从美国安全观的视角看,这些都是理所当然的事。西班牙和英国都是整体安全观的始作俑者,当年的苏联也利用"国际共运"的伪装将其国家安全的前沿推到所有社会主义国家。

因此,整体安全观是在一定经济基础上形成的。当一个国家的经济结构形成全球化以后,它的安全概念绝不能限于国境线以内,国家利益的安全概念也要与时俱进。在国家空间基础数据的构建上也必须有相应的举措,要改变或突破传统的只限于在本土建立地理空间基础框架的模式。这主要表现在两个方面:一是以全球为对象的对地观测手段急需加强;二是以中国的数字地球为目标,建立有利于国家安全的、独立自主的、全球性的(首先是热点地区的)空间基础数据体系。建立全球性空间基础数据体系,并在此平台上建立专题信息系统,最后形成中国的"数字地球",可以为我国的经济、文化、国防、行政的需求提供服务。这是国家安全的需要,是改革开放、走向世界的需要,也是今后参与国际活动、发挥中国作用、表现国际地位的需要。

2．防护安全观

防护安全观是解决如何使数据不流失于国外,不被怀有敌意的国家所掌握。其具体形式是修订各种与空间信息有关的资料、图件、文件的安全管理规定。

当前我国地理空间信息安全对外缺乏统一的"制信息权",防护安全观过于被动,表现为步步放宽我国地理空间信息的安全界限,而很少做具体的分析研究。例如,仅凭遥感设备的商业广告,或会议上的一篇论文,就认为我国的某些数据应该解密了,可以交流了,而没有对对方数据获取能力进行实质性分析。另外,我国获取全球有关数据的技术相对落后,故二者相互作用造成一种我国地理空间信息安全失控的局面。

我国对内缺乏数据共享的管理机制,空间基础信息和数据保管分散,各自为政,互相之间难以交换使用。这种状况极易被国外机构或公司所利用。例如,美国利用其地理空间情报局对外的体制,带着极强的美国国防安全意图与各国民间政府相应机构打交道,利用某一区域的、不涉及美国利益的空间信息,与别国各部门换取多个区域的数据,从中获得极大的好处。

我国应建立与技术发展和国际形势相适应的解密制度。不恰当的规定不但影响我国的对外交流,也影响空间信息共享机制的落实,并最终影响工作的进展。因此,修订现行的空间基础数据的管理制度已势在必行。

3．网络安全观

通过"国家基础测绘设施"项目的实施,国家级和省级基础地理信息中心建成了局域网和开发应用服务体系,基本具备通过网络通信与各级政府信息网络进行交互访问的条件。在信息社会、网络社会的大环境下,要确保地理空间信息的安全,必须摒弃传统模拟地图的狭隘安全观,建立全面的地理空间信息网络安全观。网络系统安全是地理空间基础框架数据交换网络规划和实施必须考虑的重要问题,主要可分为安全体系结构、安全框架、安全机制、应用平台安全、系统运行安全和数据交换网络服务模式等内容。

在建立信息安全框架时,应依托国家网络安全技术和机制,构建具有专业特点的安全体系。首先应采用一些安全措施保护信息的保密性、完整性、可用性、可控性和不可否认性;同时,在构建一个安全系统时,应该有相应的检测评估机制,用来实施系统功能的静态分析评价和实时动态检测报警;一旦发现系统的防护能力不足以抵御黑客的入侵,检测系统就立即报警,同时还需要及时地对报警做出反应,以便减少损失,发现入侵者的来龙去脉,及时补救系统漏洞,为捕获入侵者提供线索。如果黑客攻击已经造成损失,系统还必须拥有恢复的手段,使系统在尽可能短的时间内恢复正常,提供服务。

1.2.3 信息安全保密技术体系

信息安全保密技术体系主要包括物理安全、平台安全、数据安全、通信安全和网络安全等,如图 1.1 所示。

1.2.4 地理空间信息安全政策

安全问题主要有三个方面,即观念、管理和技术。首先,从业人员要有牢固的安全意识、正确的安全观,这是保障地理空间信息安全的最基本的保证;然后,要有完善的管理和先进的安全技术,完善的管理要有健全的法律法规和部门规范做依据,密码技术和管理是信息安全的核心,安全标准和系统评估是信息安全的基础。根据目前我国地理空间信息的安全现状,为了确保我国地理空间信息的安全,应制定地理空间信息安全方面的法律法规、采集与使用权限管理政策、信息共享政策、分级分类管理政策、密级标准等安全政策。

1. 建立健全的法律法规和标准体系

健全的法律法规体系是确保地理空间信息安全的基础,我国已制定了《中华人民共和国测绘法》《外国的组织或者个人来华测绘管理暂行办法》等法律法规。新的测绘技术手段的发展、地理空间信息的提供与应用等,涉及许多新的法律问题,为了更好地保护地理空间信息的安全,必须加强政策研究和法规建设,重点完善基础地理信息分级分类管理、信息使用权限管理、信息采集与更新、信息交换与共享、信息开发应用、知识产权保护和信息安全保密等方面的政策法规,应建立专门的法规,如"地理空间信息法""地理空间信息安全法",建立和完善国家地理信息标准体系,重点加快信息网络传输、交换和服务,以及信息安全保密处理等标准规范。

2. 科学制定地理空间信息的秘密范围

现行的地理空间信息秘密范围、密级等级与现实不相适应,主要表现在:涉密范围偏大,密级偏高;确定秘密范围与密级等级的科学依据没有适应时代的发展;现行保密规定基本还停留在模拟地图时代,与数字化的地理空间信息不相适应。

我国地理空间信息的秘密范围、密级等级应调整,应修订过去的保密规定,以

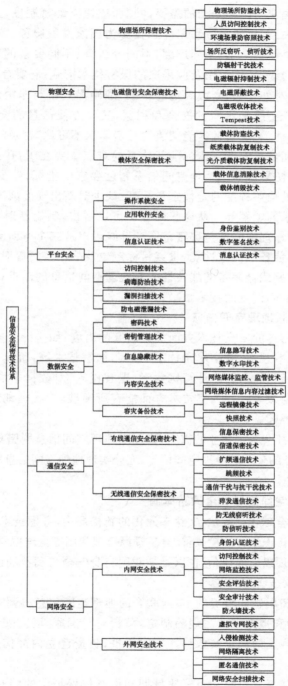

图 1.1 信息安全保密技术体系

适应新形势下的国家与国防安全的需要；同时，应建立解密制度，正确处理应用服务与保障安全的关系，以便充分利用信息资源为国家发展服务。在地理空间信息的保密与对外提供问题上，对不同尺度、不同分辨率、不同要素的基础地理空间信息科学划定不同密级、使用范围及应采取的保密技术措施，需要合理地确定哪些需要保密、哪些可以对外提供、密级确定的标准，准确界定密与非密的界限及秘密等级。标准的制定既要维护国家的安全和利益，又要方便信息的交流和共享，做到"该保密的能够保住，该交流的还能交流""是密非保不可，非密及时放开"。

建立地理空间信息安全保密标准新体系的难点主要在于：普遍缺少在信息化条件下各种进攻、防御武器对地理空间信息精度要求的指标，缺少各种装备、系统对地理空间信息的依赖程度的定性定量标准，缺少对新出现的战法、兵力投送等对作战环境粒度需求的了解等。从这些问题中可以看出，制定新时期的安全标准的难度。当前，确定地理空间信息秘密范围和等级可以从三个方面考虑：一是我军各种作战指挥、武器装备的战技性能、重点目标定位及战场监测等对地理空间信息的需求；二是外国主要武器装备的战技性能对地理空间信息的需求；三是主要发达国家获取我国地理空间信息的技术水平。

3．开发公众版地理空间信息

在地理空间信息的安全技术方面加大研究的力度，如坐标变换处理技术、数据加密技术、数据隐藏技术、数字水印技术和透明加密技术等，研究各种技术的优缺点、应用范围及保密强度；防止计算机病毒、黑客侵入，对数据采取备份、异地存放及其他技术措施与政策。在关键技术方面能有所突破，为我国地理空间信息的安全构筑一道坚固屏障。

同时，为满足社会各行各业的需求，要加强地理空间信息脱密处理技术的研究，开发面向大众服务的公众版地理空间信息，充分实现地理空间信息的共享和交流，发挥其基础性的作用。

4．探索地理空间信息安全的新体制

在经济、技术全球化与政治、文化多元化的新格局中，考虑技术进步对信息获取水平提高的促进，认识生存环境改善、自然资源合理利用等全球性科学研究对基础地理信息的需求，必须以新的视角，在以维护我国自身安全与利益的前提下，重新审视地理空间信息的安全管理问题。

需要设置由高层领导负责的、军地联合的地理空间信息协调管理机构，负责数据管理、分发规则和数据安全法规的制定，负责对与国家、国防安全有关的地理空间信息对外交流规则的制定及各种计划的审批，负责建立内部信息共享的强力机制等。

在开展信息共享法研究和更好地贯彻知识产权保护法的同时，要推动地理空间信息安全法的研究，使知识产权法、数据共享法与信息安全法相辅相成，开拓一

种既有利于活跃学术交流活动又维护国家信息安全的良好环境。

§1.3　地理空间信息数字水印

　　数字水印是数字作品版权保护、真实性和完整性认证的一种新兴的信息安全技术，是密码技术的有益补充。数字水印技术一经出现，就被引入到地理空间信息安全领域，并得到了快速发展，正逐步由理论研究阶段走向实用化阶段。目前，地理空间信息数字水印的研究，从数据类型上主要集中在矢量地图数据和影像地图数据方面，从功能上主要集中在版权保护和真实性认证方面，从操作空间上主要集中在空间域和变换域方面，具体如图 1.2 所示。

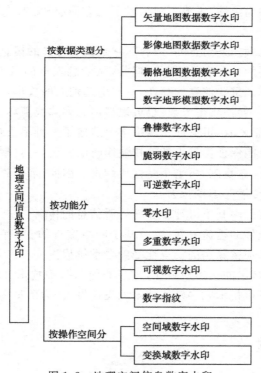

图 1.2　地理空间信息数字水印

　　本书主要研究矢量地图和影像地图两类地理信息的数字水印技术。矢量地图数据的水印技术包括抗常规攻击的数字水印、抗投影变换的数字水印、非对称数字水印、拼接水印检测和可视水印等，影像地图数据的水印技术包括基于离散余弦变换—奇异值分解（DCT-SVD）的鲁棒水印、基于 SURF 抗几何攻击的鲁棒水印和用于内容认证及篡改恢复的鲁棒水印等。

第 2 章 地理空间信息数字水印基础

§2.1 信息隐藏与数字水印

密码技术是通过特殊的编码将要传送的秘密信息转变成伪随机的乱码,以对通信双方之外的第三方隐藏其通信的内容。密码技术是解决信息安全最根本的手段,但其也有自身的局限性,主要表现为以下几方面(杨义先 等,2002;汪小帆 等,2001):

(1)信息加密隐藏的是信息的"内容",它是把有意义的信息加密为伪随机的乱码,是控制信息访问的一种有效机制。但是,从信息安全的观点来看,它存在一个严重的缺陷,即暴露了重要信息的存在,从而引起别人的攻击,一旦攻击成功,其保护作用也随之消失。即使攻击失败,也可以将信息删除或破坏,使即使是合法的接收方也无法阅读信息内容,可见加密从根本上造成了一种不安全性。

(2)加密算法只能保证信息未被授权使用时的安全,一旦授权,信息将被解密,之后的信息可以被任意复制,再也不受任何约束。因此,加密算法并不能保证授权用户的非法再分发传播等不良行为。

(3)加密后的文件因其不可理解性而妨碍信息的传播。

(4)随着电脑硬件的迅速发展,以及基于网络实现的、具有并行计算能力的破解技术的日益成熟,加密算法的安全性受到严重挑战。

正是由于密码技术的上述局限性,古老的信息隐藏技术又重新受到人们的重视。数字技术、计算机技术和多媒体技术的飞速发展,为信息隐藏技术带来了新的生机。

2.1.1 信息隐藏

1.信息隐藏概念

信息隐藏也称为数据隐藏,是利用载体信息的冗余性,把一个有意义的信息隐藏在载体信息中得到隐秘载体,非法者不知道这个普通信息中是否隐藏了其他的信息,而且即使知道,也难以提取或去除隐藏的信息。它隐藏的是信息的"存在性"(而不仅是内容),使信息看起来与一般非机密资料没有区别,有更大的隐蔽性和安全性,因此,十分容易逃过拦截者的破解。

信息加密与信息隐藏都是为了保护机密信息不被非授权使用,但二者在保护手段上有明显的区别。密码技术是对信息本身进行了保密,但是信息的传递过程是暴露的;信息隐藏则是对信息的传递过程进行了掩盖。密码技术以公开方式传递密文,不隐蔽秘密信息本身的存在,容易引起攻击者注意;而信息隐藏则以秘密的方式传递信息,隐蔽信息的存在,从而对信息内容隐蔽的要求就减少了,但为了增加保密性,通常对嵌入对象先进行加密再进行隐藏。

信息隐藏作为加密方法的有效补充手段,是一种可以在开放的网络环境下保护版权、认证来源及完整性的新技术,无疑会给网络化信息的安全保存和传送开辟一条全新的途径,是保障信息安全性的一个重要技术。其中,数字水印技术甚至被认为是多媒体内容保护的最后一道防线。为了提高信息的安全性,把密码技术和隐藏技术结合起来,首先对信息加密形成密文,然后再把密文隐藏起来。

2. 信息隐藏模型

一个广义的信息隐藏系统模型可以用图 2.1 表示(孙圣和 等,2004),包括信息嵌入、信息提取/检测、密钥生成和隐藏分析四个部分。

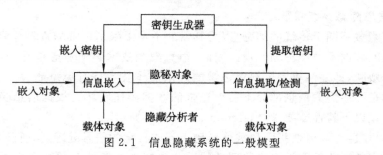

图 2.1　信息隐藏系统的一般模型

通常,人们把希望被秘密隐藏的对象称为嵌入对象,它含有特定用途的秘密信息或重要信息。用于隐藏嵌入对象的非保密载体称为载体对象。信息嵌入过程的输出对象,即已经隐藏有嵌入对象的对象称为隐秘对象或伪装对象,因为它与载体对象无感知差别。将嵌入对象添加到载体对象中得到隐秘对象的过程称为信息嵌入,嵌入过程中所使用的算法称为嵌入算法。信息嵌入的逆过程,即从隐秘对象中重新获得嵌入对象的过程称为信息提取或信息检测。在提取过程中所使用的算法称为提取算法。执行嵌入过程和提取过程的组织和个人分别被称为嵌入者和提取者。

在信息隐藏系统中,人们通常需要使用一些额外的秘密信息控制嵌入和提取过程,只有其持有者才能进行操作。这个秘密信息称为隐藏密钥,嵌入过程的隐藏密钥称为嵌入密钥,提取过程的隐藏密钥称为提取密钥。通常嵌入密钥和隐藏密钥是相同的,相应的信息隐藏技术称为对称信息隐藏技术,否则称为非对称信息隐藏技术。

与密码技术相对应,可以把信息隐藏的研究分为隐藏技术和隐藏分析技术两部分。前者研究向载体对象中秘密添加嵌入对象的技术；后者研究如何从隐秘对象中破解嵌入信息，或通过对隐秘对象的处理达到破坏嵌入信息或阻止信息检测目的的技术。类似地，可以称隐藏技术的实现方或研究者为隐藏者，而隐藏系统的攻击方或隐藏分析技术的研究者则称为隐藏分析者或伪装分析者。

　　隐藏分析者通常位于隐藏对象传输的信道上，其主要目标是：检测隐秘对象；查明嵌入对象；向第三方证明消息被嵌入，甚至指出是什么消息；在不对隐藏对象做大的改动前提下，从隐秘对象中删除嵌入对象；删除所有可能的嵌入对象而不考虑载体对象。前三个目标通常可由被动观察实现，属于被动攻击；后两个目标通常由主动干扰实现，属于主动攻击。相应的攻击者分别称为被动攻击者和主动攻击者。通常隐藏系统中的攻击者属于被动攻击者，因为攻击者并不知道在某个数据对象中是否隐藏秘密信息，其目的往往在于正确检测被嵌入目标的位置；而对数字水印系统来说，攻击者通常明确了解作品中含有水印，其目的是使版权标识丢失，故他们是主动攻击者。

3. 信息隐藏系统特征

　　信息隐藏不同于传统的加密，因为其目的不在于限制正常的资料存取，而在于保证隐藏的数据不被侵犯和发现。因此，信息隐藏技术必须考虑正常的信息操作所造成的威胁，即要使机密资料对正常的数据操作技术具有免疫能力。这种免疫力的关键是要使隐藏信息部分不易被正常的数据操作破坏。根据信息隐藏目的，该技术存在以下特性或要求(Stefan et al,2000)：

　　(1)鲁棒性。鲁棒性指隐秘载体经历无意或有意的信号处理后，所隐藏的信息仍能保持完整性或仍能被准确鉴别的特性。鲁棒性主要体现在三个方面：一是系统具有抵抗一般信号处理的鲁棒性，如原始数据经过滤波操作、重采样、有损编码压缩、数模或模数转换等处理后不影响所隐藏的信息；二是系统应具有几何变换下的鲁棒性，即在旋转、缩放和剪切等几何变换下仍保留所携带的信息；三是系统应具有抵抗恶意攻击的鲁棒性。

　　(2)不可感知性或透明性。在信息的嵌入过程中，利用人类知觉系统(视觉系统和听觉系统)的特性，不使载体产生可感知的失真，即不能产生明显的降质现象，而嵌入对象却无法人为地看见或听见。

　　(3)安全性。安全性包含两个方面，即隐藏的具体位置应是安全的，同时隐藏的信息内容也应是安全的。为了提高对非法检测提取的抗攻击能力，保持嵌入信息的可靠性和完整性，信息隐藏系统需要利用加密体系。对重要信息进行加密形成密文，以密文的形式隐藏在载体中，利用密钥控制信息的检测和提取，使只有拥有密钥的合法用户才能实现信息的检测和提取。

　　(4)无歧义性。数字水印所确定的版权信息能够被唯一确定地鉴别，不会发生多重所有权的纠纷，以判定数字作品的真正所有者。这一要求比鲁棒性更强，因为攻击者可以在不对水印作品鲁棒性进行攻击的情况下,造成水印归属鉴别上的困难。

(5)不可检测性。不可检测性指隐秘载体和原载体应充分接近,应具有一致的特性(如具有一致的统计噪声分布等),以便使非法拦截者无法判断是否有秘密信息。

(6)自恢复性。自恢复性指对经过一系列操作或变换后的隐秘载体,具有能够从留下的片段数据恢复隐藏的信息,而且恢复过程不需要原始数据的能力。这要求隐藏的数据必须具有某种自相似性。当然,并不是所有应用场合都需要自恢复性。

(7)有效载荷或数据容量。系统应能隐藏尽量多的信息,对同一载体来说,隐藏的信息量越大,系统的鲁棒性和不可感知性就越差,所以必须恰当处理有效载荷、鲁棒性和不可感知性三者之间的关系。

实际应用中不可能同时使它们达到最优,应根据具体问题侧重某些特性而降低对其他特性的要求。

4.信息隐藏分类

信息隐藏学是一门新兴的交叉学科,涉及密码学、图像处理、模式识别、数学和计算机科学等领域。按隐藏技术的应用目的和载体对象的不同,信息隐藏可分为隐蔽信道、匿名通信、低截获概率通信、信息隐写和数字水印等。

信息隐写和数字水印是信息隐藏的两个最主要的分支,它们实质上是一样的,都是将秘密信息隐藏在载体对象中,但是它们的侧重点不同。

信息隐写是一种保密通信技术,它的主要目的是将重要的信息隐藏起来,以便不引人注意地传输和存储信息。嵌入对象是秘密信息,即通过隐写手段保护的主体,而载体对象可以是任何能够达到隐蔽传输目的的载体数据。通常情况下,选择载体对象时需要考虑隐写容量的大小和隐写结果的不可感知性这两方面因素。

数字水印主要用于数字产品的版权保护及其真实性和完整性认证。载体对象是要保护的对象,而嵌入对象则只是用来保护载体对象的标记,且这种标记通常是不可见或不可觉察的。

5.信息隐藏算法

总体上,信息隐藏算法可以分为时空域算法、变换域算法、压缩域算法、NEC算法、生理模型算法等。

(1)时空域算法。时空域中多采用替换方法,其基本思想就是试图用秘密信息替换载体对象中不重要的部分,以达到对秘密信息进行编码的目的。接收方只要知道秘密信息嵌入的位置就能够提取信息。由于在嵌入过程中只做了很小的修改,发送方可假定被动攻击者是无法觉察的。时空域算法具有隐藏信息量大的特点,但它的鲁棒性较弱。

（2）变换域算法。时空域算法对即使较小的隐秘载体修改也很脆弱，攻击者简单地使用信号处理技术就能完全破坏秘密信息。在许多场合，有损压缩带来的小改变就可能导致整个信息的丢失。为增加系统的鲁棒性，可以先对载体进行变换处理，然后把信息隐藏在载体变换域的重要系数上。与时空域方法相比，变换域算法的隐藏和提取信息操作复杂，隐藏信息量不能很大，但抗攻击能力强，对诸如压缩、修剪等处理的攻击鲁棒性更强。

（3）压缩域算法。基于 JPEG、MPEG 标准的压缩域信息隐藏系统不仅节省了大量的完全解码和重新编码过程，而且在数字电视广播及视频点播中有很大的实用价值。相应地，水印检测与提取也可直接在压缩域数据中进行。

（4）NEC 算法。NEC 算法由 NEC 实验室的 Cox 等提出，具有较强的鲁棒性、安全性、不可感知性等。该算法首先以密钥为种子生成伪随机序列，该实数序列应该具有高斯分布 $N(0,1)$ 特征，密钥一般由作者的标识码和图像的哈希值组成，然后对图像进行离散余弦变换（discrete cosine transform，DCT），最后用伪随机序列调制该图像除直流分量外的 1 000 个最大的余弦系数。

（5）生理模型算法。人的生理模型包括人类视觉系统和人类听觉系统。生理模型算法不仅被多媒体数据压缩系统使用，同样可以供信息隐藏系统使用。该算法基本思想是利用从生理模型导出的可见度阈值确定载体各个部分所能容忍的嵌入信号的最大强度，从而避免载体质量破坏。也就是利用生理模型确定与载体相关的调制掩模，然后再利用其嵌入信号。这一方法同时具有好的不可感知性和鲁棒性。

2.1.2　数字水印

1. 数字水印概念

数字水印是信息隐藏的一个主要分支。数字水印是数字作品版权保护和真伪鉴别的一种新技术，是嵌在数字作品中的数字信号，它与原始数据紧密结合，并隐藏其中，成为源数据不可分离的一部分，并可以经历一些不破坏原数据使用价值或商用价值的操作而保存下来。数字水印可以是一段文字、标识、序列号等，而且通常是不可见或不可察的，它的存在要以不破坏原数据的欣赏价值、使用价值为原则，既不能引起被保护作品感知上的退化，又要难以被未授权用户删除。

利用数字水印技术，将代表所有者身份的特定信息，按照某种方式嵌入被保护的信息中，在产生版权纠纷时，通过相应的算法提取该数字水印，从而验证数据的版权归属，确保数据所有者的合法利益，避免非法盗版的威胁。数字水印技术是当前多媒体信息安全研究领域发展最快的热点技术之一，已经受到政府、学术界和企业界的高度关注。

2. 数字水印技术需求背景

数字作品的版权保护问题是数字水印技术引起人们的研究兴趣并导致该技术迅速发展的最直接动力。在模拟时代,人们把磁带、纸张等作为记录设备,盗版拷贝通常要比原始信息的质量低,多次拷贝的质量更差。而在信息时代,作品以数字形式表现,信息的数字化为数据的存取提供了极大的便利条件,同时也极大地提高了信息表达的效率和准确性。产品形式的数字化、交流方式的网络化极大地方便了信息的交流和共享,但是数字产品复制的便捷性、成本的低廉性、复制品的高保真性,也给数据的安全和保密带来很大隐患,数据易被非法窃取、浏览、复制、篡改等。

一种方案是对数据进行加密处理,可以防止非授权用户的使用,但是有些不法用户通过合法的手段购买数据后,再通过非法复制、分发、传播、篡改等不良行为进行盈利,从而损害数据所有者的合法利益;同时,有些数据可能不限制他人使用,但是数据的所有者希望拥有版权标志,即能够证明这些数据的所有权是自己。显然,在这些场合无法使用加密技术,因为加密后的数据一旦被解密,将再也无法控制。

另一种解决方案是采用数字签名技术。数字签名是用"0""1"字符串代替书写签名或印章,起到书写签名或印章同样的法律作用,可以分为通用签名和仲裁签名两种方式。数字签名技术已经用于检验短数字信息的真实可靠性,并已形成了数字签名标准,它使用私钥对每个消息进行签名,而公共的检测算法用来检查消息的内容是否符合相应的签名。我国于 2004 年 8 月 28 日第十届全国人民代表大会常务委员会第十一次会议通过《中华人民共和国电子签名法》。数字签名可以对多媒体内容的完整性和真实性进行认证,但是基于数字签名的认证方案有两个缺陷:一是数字签名需要额外占用存储空间,签名往往附加在被保护的内容之后;二是数字签名通常只能给出是或否的结果,而无法对篡改定位,更无法对篡改进行恢复。

数字水印技术一方面弥补了加密技术的缺陷,因为它可以为解密后的数据提供进一步的保护;另一方面弥补了数字签名技术的缺陷,因为它可以在原始数据中一次性嵌入大量的秘密信息。数字水印技术被认为很可能是多媒体内容保护的最后一道防线。

3. 数字水印系统基本框架

数字水印系统包含嵌入器和检测器两大部分。嵌入器至少具有两个输入量:一个是原始信息,它通过适当变换后作为待嵌入的水印信号;另一个就是要在其中嵌入水印的载体作品。水印嵌入器的输出结果为含水印的载体作品。之后,这件作品或另一件未经过这个嵌入器的作品可作为水印检测器的输入量。大多数检测器试图尽可能地判断水印存在与否,若存在,则输出为所嵌入的水印信号。

通用数字水印系统的基本框架如图 2.2 所示(孙圣和 等,2004)。

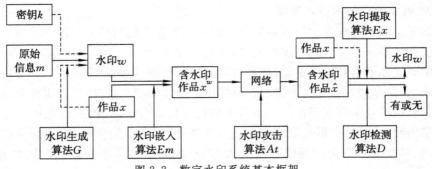

图 2.2　数字水印系统基本框架

它可以用九元体（M,X,W,K,G,Em,At,D,Ex）表示，分别定义为：

（1）M 代表所有可能原始信息 m 的集合。

（2）X 代表所要保护的数字作品 x 的集合，即内容。

（3）W 代表所有可能水印信号 w 的集合。

（4）K 代表水印密钥 k 的集合。

（5）G 表示利用原始信息 m、密钥 k 和原始数字作品 x（不是必需的）共同生成水印的算法，即

$$G: M \times X \times K \to W, \ w = G(m,x,K)$$

（6）Em 表示将水印 w 嵌入数字作品 x 中生成含水印作品 x^w 的嵌入算法，即

$$Em: X \times W \to X, \ x^w = Em(x,w)$$

（7）At 表示对含水印作品 x^w 的攻击算法，即

$$At: X \times K \to X, \ \hat{x} = At(x^w, K')$$

式中，K' 表示攻击者伪造的密钥，$\hat{x}$ 表示被攻击后的含水印作品。

（8）D 表示水印检测算法，即

$$D: X \times K \to \{0,1\}, \ D(\hat{x},K) = \begin{cases} 1, & \text{如果 } \hat{x} \text{ 中存在 } w \text{ 则}(H_1) \\ 0, & \text{如果 } \hat{x} \text{ 中不存在 } w \text{ 则}(H_0) \end{cases}$$

式中，H_1 和 H_0 代表二值假设，分别表示有水印和无水印。

（9）Ex 表示水印提取算法，即

$$Ex: X \times K \to W, \ \hat{w} = Ex(\hat{x},K)$$

整个水印系统的设计包括水印的生成、嵌入和检测/提取三个部分。

水印生成算法 G 应保证水印的唯一性、有效性、不可逆性和载体相关性等属性，水印信号一般由伪随机数发生器生成。

嵌入算法 Em 需要考虑水印的不可感知性和鲁棒性。

水印检测/提取算法应具有良好的可靠性和计算效率，绝大多数检测过程都不涉及未加入水印的原作品（盲水印）。

水印检测器 D 可能会发生两类错误：

（1）Ⅰ类错误：数据中不存在水印，检测结果为存在水印（正向错误、纳伪错误）。

（2）Ⅱ类错误：数据中存在水印，检测结果为不存在水印（负向错误、弃真错误）。

上述两类错误发生的概率分别称为虚警概率和漏报概率。一般说来，当虚警概率变得很小时（$P_{fa} \to 0$），漏报概率会相应变大（$P_{rej} \to 1$），反之亦然。

水印检测的精度水平由检测的提供者选择，可分为以下两种情况：

（1）低精度检测。在该情况下，虚警比较频繁，而漏报概率很小。在检测结果为肯定的情况下，需要进一步查明水印的存在或证明版权。

（2）高精度检测。在该情况下，$P_{fa} \to 0$，且检测器提供高可靠度的肯定检测。这种检测结果甚至可以在法庭上作为合法所有权的强有力证据。但同时它也提高了漏报概率，且检测对应的水印对有意或无意的攻击缺乏鲁棒性。

图 2.3 为虚警概率和漏报概率的示意图，图中左曲线表示当作品中没有嵌入水印时，检验统计量 z 的分布，右曲线表示当作品中嵌入了特定的水印后，检验统计量 z 的分布。由于作品和水印的随机性，两个分布曲线存在重叠区域，这些重叠区域是水印检测器发生错误的来源。检测阈值 z_r 将重叠区域分割为区域Ⅰ和区域Ⅱ两部分：区域Ⅰ表示漏报概率，区域Ⅱ表示虚警概率。

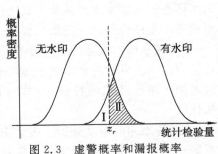

图 2.3　虚警概率和漏报概率

4. 数字水印分类

从不同的视点可以得到不同的分类结果，它们之间既有区别又有联系。最常见的分类方法包括以下几类：

（1）按水印嵌入位置分类。按水印的嵌入位置，可分为时空域数字水印和变换域数字水印两大类：时空域数字水印，早期的水印算法从本质上来说都是时空域的，水印直接加载在数据上；变换域数字水印，基于变换域的技术可以嵌入大量比特数据而不会导致可察觉的缺陷。该类算法一般具有很好的稳健性，对图像压缩、滤波及噪声均有一定的抵抗力，并且一些水印算法还结合了当前的图像和视频压缩标准，因而有很大的实际意义。

（2）按水印的外观分类。从外观上，可分为可见水印和不可见水印两大类：可见水印最常见的例子是有线电视频道上所特有的半透明标志，其主要目的在于明确标志版权，防止非法使用，虽然降低了作品的商业价值，却无损于所有者的使用；不可见水印是一种应用更广泛的水印，具有不可察觉性，目的是当发生版权纠纷时,所有者可以从中提取水印,从而证明作品的所有权。不可见水印根据抗攻击能力可再分为鲁棒性水印和脆弱水印:鲁棒水印是指嵌入的水印不仅能抵抗非恶意的攻击,同时也能抵抗一定失真内的恶意攻击,并且一般的数据处理技术不影响水印的检测,常用来验证数据的所有权;脆弱水印也称为易碎水印,它的特点是作品经过处理后,所嵌入的水印就会被改变或毁掉,常用来验证作品的真实性,检测或确定作品的改动等方面。

(3)按载体分类。按原始载体的类型,可分为音频水印、图像水印、视频水印、三维网格模型水印、文档水印、数据库水印和软件水印等。

(4)按水印检测方法分类。按水印检测时是否需要原始数据的参与,可分为非盲水印、半盲水印和盲水印:非盲水印在检测时需要原始数据和原始水印的参与;半盲水印在检测时不需要原始数据,但需要原始水印;盲水印的检测既不需要原始数据,也不需要原始水印。

(5)按水印内容分类。按水印的内容,可分为有意义水印和无意义水印:有意义水印是指水印本身也是某个数字图像或数字音频片段的编码;无意义水印则只对应于一个序列号或一段随机数字。

(6)按水印与载体的关系分类。按水印与载体的关系,可分为自适应水印和非自适应水印。自适应水印在水印生成时考虑了原始载体的特性,或者在水印嵌入时考虑了原始载体的特性,与非自适应水印相比,它有更好的不可感知性和鲁棒性。

(7)按水印的用途分类。按水印的用途,可分为版权保护水印、盗版追踪水印、票据防伪水印、篡改提示水印和隐蔽标识水印等。

5. 数字水印技术应用

数字水印技术的应用极为广泛,主要包括版权保护、交易跟踪、添加标题及注释信息、信息认证、信息播放监控、使用控制及设备控制等(汪小帆 等,2001;王炳锡 等,2003;张世永,2003;孙圣和 等,2004)。

1)版权保护

对模拟产品,采用条形码技术或激光防伪技术是非常有效的版权保护手段,但是对数字化的产品而言,这些技术都无能为力。数字产品的一个共同特点就是将产品以数字形式进行存储和传输,具有极大的便捷性。但是,数字产品的便捷性与不安全性是并存的,它可以低成本、高速度地被复制和传播,为创作者和使用者都提供了有利条件。同样,这也便利了盗版者,数字产品的版权保护问题遇到了新的挑战,数字产品的拷贝与原始版本是一模一样的,那么谁是真正的版权所有者,谁又是盗版者呢?

文本版权声明用于识别作品所有者具有一定的局限性:一是在拷贝时这些声明很容易被去除,有时甚至不是故意为之;二是它可能会占据一部分载体空间,破坏原载体的美感且易被剪切除去。

为了保护数据的生产者、所有者的合法权益，打击盗版行为，可以借鉴模拟产品加水印的做法对数字产品添加水印。这种水印是数字水印，它既不占用额外的存储空间，又不损害原作品，同时还能达到版权保护的目的。水印可以是可视的，也可以是不可视的，但是都应满足水印添加前后对作品没有明显的降质，不影响作品的正常使用，并且在需要的时候能够提取有效的水印作为证据使用。

2）交易跟踪

数字水印可用于监视或者追踪数字产品的非法复制，这种应用通常称作"数字指纹"。其目的是通过授权用户的信息识别数据的发行拷贝，监控和跟踪使用过程中的非法拷贝。数字指纹技术不仅要抵抗鲁棒性攻击和解释性攻击，还要具有抵抗多个用户联合起来去除指纹以躲避跟踪的共谋攻击，即系统必须设计成共谋安全。

数字水印是为了证明所有者的身份，可能多个作品使用相同的数字水印；而数字指纹是为了鉴别非法分发者，所以每份作品都具有与其他作品不相同的数字指纹。

利用水印可以记录作品的某个拷贝所经历的一个或多个交易。例如，水印可以记录作品的每个合法销售和发行拷贝的接收者。作品的所有者或创作者可在不同的拷贝中加入不同的水印。如果作品被滥用，所有者可以找出那个应该负责的人。

1981 年，英国内阁秘密文件的影印版居然出现在报纸上。为了确定泄密者，撒切尔决定给每个内阁成员散发可被独立辨认的文件拷贝，每个拷贝都具有独立不同的单词间距，用以对接收方的身份进行编码，这样泄密者便很容易被辨认出来。这就是隐写式数字水印的一个例子，其中隐藏的格式便是对每份拷贝接收方进行编码的水印；同时它也是隐写式的，因为内阁成员并不知道水印信息的存在。

3）添加标题及注释信息

数据的标识信息有时比数据本身更具有保密价值，没有标识信息的数据有时甚至无法使用，如遥感影像的拍摄日期、环境条件及经纬度等标识信息，但直接将这些重要信息标记在原始文件上又很危险。

一般来说，如果一段元数据与一项作品的附加信息有关联，那么这段元数据便可作为水印嵌入。当然，将信息与作品联系起来也有很多其他的方法，如将其置于数据文件头中，或附加在图像文件格式里，或存于单独的文件中，或编码为条形码的形式置于图像中，或在一段音频、视频播放前宣布相关信息内容。

水印技术与以上技术相比，有更大的优越性，主要表现在以下几个方面：

（1）水印与所嵌入的作品不可分离。如果把标志信息存于单独的文件中，容易造成版权信息文件与数字作品的分离；如果把标志信息存于数据的文件头中，这种信息极易被去掉,如图像格式的转换等操作就很容易把存在于文件头中的信息去掉。而数字水印技术则是把标识信息添加在原始数据本身中,它与原始数据紧密结合形成一个整体,标识信息在原始文件上是看不到的,只有通过特殊的阅读程序才可以读取。这种隐式注释不需要额外的带宽,且不易丢失,有更强的持久性。由于这类标识注释信息对用户是有益的,所以有时可设计成可见的数字水印,并且对它的鲁棒性要求不是很高。

(2)与条形码相比,水印是不可感知的,并且不破坏作品的美感。

(3)水印能够与作品经历同样的变换。这意味着在某些情况下可以通过观察最终水印而获得作品所经过的变换信息。

4)信息认证

数据的篡改提示是一项很重要的工作。现有的信号拼接和镶嵌技术可以做到"移花接木"而不为人知,因此,如何防范对图像、录音、录像数据的篡改攻击是重要的研究课题。基于数字水印的篡改提示是解决这一问题的理想技术途径,通过隐藏水印的状态可以判断声像信号是否被篡改。

认证的目的是检测对数据的修改,可用脆弱水印来实现信息的认证。为实现该目的,通常将原始图像分成多个独立块,每个块加入不同的水印,通过检测每个数据块中的水印信号来确定作品的完整性。

与其他水印不同的是,这类水印必须是脆弱的,并且检测水印信号时,不需要原始数据。这种脆弱水印对某些变换(如压缩)具有较低的鲁棒性,对其他变换的鲁棒性更低,它是所有的数字水印应用中鲁棒性最低的,因此微弱的修改都有可能破坏水印。这样,当接收方接收到信息时,首先利用检测器进行水印的检测处理,当检测到发送方所嵌入的水印时,可证明这就是发送方所发送的真实信息;当检测不到发送方嵌入的水印时,就可证明这一信息是伪信息,它或者是攻击者发送的,或者是经过攻击者篡改的真实信息。

5)信息播放监控

广告商希望他们从广播商处买到的广告时段能够按时全部播放,广播商则希望从广告商处获得广告收入。为了实现信息播放监控,可让监控人员对所播出的内容直接进行监视和监听,但这种方法不但花费昂贵而且容易出错。或者采用动态监控系统将识别信息置于广播信号之外的区域,如视频信号的垂直空白间隔(vertical blanking interval,VBI),但是该方法涉及兼容性问题。

水印技术可以对识别信息进行编码,是替代动态监控技术的一个好方法。该技术利用自身嵌入在内容中的特点,无须利用广播信号的某些特殊片段,因而能够完全兼容于所安装的模拟或数字的广播基础设备。它是将一个特有的客户标记在广告播出以前嵌入视频或音频分段中,一个自动检测站在接收这些广告信息后,将检测和识别这些标记,并记录播出时间和地点以防止类似问题的出现。这项技术已在商业系统中得到应用。

6)使用控制

前面所述的绝大多数水印都只能在不合法行为发生之后起作用,显然,最好的办法是事先能够制止非法行为的发生。人们通常希望媒体数据可以被观赏,却不希望它被人拷贝。这时,可以将水印嵌入内容中,与内容一同播放。如果每个录制设备都装有一个水印检测器,设备就能够在输入端检测到"禁止拷贝"水印的时候禁用拷贝操作。

基于数字水印技术的影碟防盗版技术就是在构成动态图像的每一幅静态画面数据中,将可防止数据复制的数字水印嵌入。具有防拷贝功能的播放器不允许回放或拷贝含有类似"禁止拷贝"水印信息的数据,对含有"允许拷贝一次"水印的数据只能拷贝一次,但不允许从该拷贝进一步制作拷贝。这样,消费者可在自用的范围内复制和欣赏高质量的动态图像节目,而以营利为目的的大批量非法复制则无法进行。

7)设备控制

拷贝控制实际上属于更大范围的一个应用——设备控制的范畴。设备控制是指设备能够在检测到内容中的水印时做出反应。例如,媒体桥系统将水印嵌入经印刷、发售的图像中,如果这幅图像被数字摄像机重新拍照,那么计算机上的媒体桥软件和识别器便会设法打开一个指向相关网站的链接。

§2.2　矢量地图数据数字水印技术

2.2.1　矢量地图数据结构

矢量地图数据是使用较为广泛的一类数字地图,相对于栅格地图数据而言,矢量地图数据能够更好地描述地理实体的分布及形状,并且能够构成空间实体之间的拓扑关系,便于进行更深层次的分析应用。

矢量地图数据按照区域、图幅、图层、实体这样的数据组织结构进行采集、存储、处理和分发,如图 2.4 所示。

按照空间形态特征,地理实体又可分为点实体、线实体和面实体,分别用点、线、面数据结构表示。

(1)点表示因体积太小而在地图上无法按比例描绘的地理实体,由坐标 (x,y) 唯一定位。点是最基本的描述单元,描述的是地理实体的定位信息。单个的点通常用来描述三角点、水井、独立树等大小不可量化的单个地物,或者是当比例尺缩小时,某种面状地物抽象的结果,如居民地等。在表述这些地物时,并不是直接绘制一个坐标点,而是利用不依比例尺地物符号描述。

（2）线表示线状或网络状的地理实体，由组成线实体的一系列点的坐标$\{(x_i, y_i) \mid i=1,2,\cdots,n\}$定位。线描述的是线状地理实体的定位信息。通常采用不同粗细、线形和颜色等的线条描述线状地物，既可以描述如铁路、河流、高压线等实际存在的地理实体，也可以描述如磁力线等不可见的自然现象。线只能够描述地物的实际长度和位置，无法描述线状地物的宽度，虽然在设计地图图式时规定了不同线状地物符号的宽度，但是线划的宽度只能够作为辅助标志来看待。

（3）面表示区域状的地理实体，由一串有序的、首尾相连的点的坐标$\{(x_i,y_i) \mid i=1,2,\cdots,n; (x_n,y_n)=(x_1,y_1)\}$定位。所有的地理实体都是由一系列有组织的顶点构成，矢量地图数据实际上是基于某一地理坐标系的顶点坐标集合。面通常描述的是面状地理实体的边缘范围线。在描述面状地理实体时，通过在面内填充不同的符号、颜色等表示不同的内容，如通过填充蓝色可以描述湖泊、水库等。除了表示实际存在的地物，多边形还可以描述一些分析结果，如气候分布范围等。

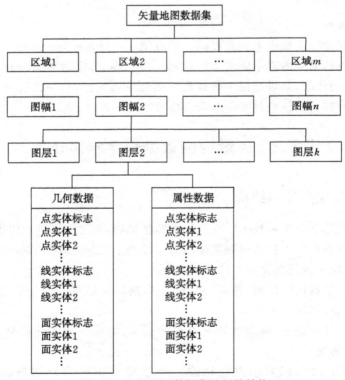

图 2.4　矢量地图数据集的拓扑结构

矢量地图数据采用定位点描述地理实体，在记录这些数据的时候为了能够更有效地描述地图信息、灵活地进行数据操作和处理，通常会采用一定的数据结构将数据记录到数据文件中，目前常用的形式有顺序结构、索引结构和拓扑结构三种基本形式。

1. 顺序结构

顺序结构是最简单的一种矢量地图数据结构,是按照获取的顺序依次存储的,基本记录形式如下:

(1)点状要素为 (Tm, X, Y)。其中,Tm 是点状要素的属性代码,X、Y 是定位点的坐标值。

(2)线状要素为 $(Lm, N, X_1, Y_1, X_2, Y_2, \cdots, X_N, Y_N)$。其中,$Lm$ 是线状要素的属性代码,N 是一条线状要素中包含的定位点个数,X_i、Y_i 表示线状要素上第 i 个定位点的横坐标和纵坐标,$i = 1$、2、$\cdots$、N。一条线状要素既可以用一个完整的记录表示,也可以拆分成多个线状要素记录。

(3)面状要素为 $(Am, Ln, Lm_1, N_1, X_{11}, Y_{11}, X_{12}, Y_{12}, \cdots, X_{1N_1}, Y_{1N_1}, Lm_2,$ $N_2, X_{21}, Y_{21}, X_{22}, Y_{22}, \cdots, X_{2N1}, Y_{2N1}, \cdots)$。其中,$Am$ 是面状要素的属性代码,Ln 表示该面状要素包含的轮廓线条数,Lm_i 表示第 i 条线状要素的属性代码,N_i 表示第 i 条线状要素中包含的定位点数,X_{ij}、Y_{ij} 表示第 i 条线状要素上第 j 个定位点的横坐标和纵坐标,$i = 1$、$\cdots$、N;$j = 1$、$\cdots$、N_1。

顺序结构是出现较早的一种数据结构,主要用于地图的直接显示和输出。顺序结构的结构简单,通常又被称为"通心粉"结构,数据文件中各记录之间的关系松散,相互不关联,这种数据结构不仅容易造成数据的冗余,而且不便于进行数据的查询和分析。

2. 索引结构

在使用地图数据中,经常会遇到检索某一地图对象的情况。数据的查询和检索通常是基于对象的属性数据完成的,如果采用顺序结构存储数据,每检索一次数据,都需要对整个地图数据进行操作,这样势必会降低检索的效率。为了解决这一问题,索引结构将地图数据进行分离存储,并利用索引技术建立同一个制图要素中各个数据之间的联系。这样,不仅有效提高检索效率,而且克服了数据重复、冗余的情况。

如图 2.5 所示,链坐标文件结构保存了整个数据文件所有链的属性及包含的定位点值,多边形索引文件中仅包含了多边形属性代码及组成该多边形的链文件序号。

链号	属性代码	点数	坐标值

（a）链坐标文件结构

多边形序号	属性代码	链数	链号

（b）多边形索引文件结构

图 2.5　链式词典结构

如图 2.6 所示,以一简单结构图形为例说明链式词典结构存储方式。

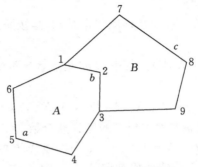

图 2.6　多边形链式词典结构

链坐标文件为

$$a，M_a，5，X_3，Y_3，X_4，Y_4，X_5，Y_5，X_6，Y_6，X_1，Y_1$$
$$b，M_b，3，X_1，Y_1，X_2，Y_2，X_3，Y_3$$
$$c，M_c，5，X_1，Y_1，X_7，Y_7，X_8，Y_8，X_9，Y_9，X_3，Y_3$$

多边形索引文件为

$$A，M_1，2，a，b$$
$$B，M_2，2，b，c$$

3. 拓扑结构

拓扑结构的出现对地图数据结构产生了巨大的影响。拓扑结构的形式并不是单一的,在不同的应用中,其形式是不完全相同的。拓扑结构除了表示地图要素的属性、几何数据外,还加上了要素之间的拓扑关系。

与顺序结构和索引结构相比,拓扑结构不仅能够有效完成数据检索,而且能够有效完成数据分析等功能。但是拓扑结构建立较为复杂,而且数据量十分庞大,如果采用人工建立,工作量很大,如果利用计算机自动建立拓扑关系,则对数据本身具有较高的要求。

2.2.2　矢量地图数据数字水印载体空间

地理空间信息是地理信息系统运行的基础,而数据的质量则关系到系统运行的成败及数据的可靠性和可信性等重要问题,因此在使用数据前,需要对数据的质量进行评价,确保数据符合应用需求。为此,国际相关组织制订了一系列数据质量评价指标和模型,评价指标包括要素完整性、点位精度、属性精度、属性完整性等,其中数据精度决定了数据的可更改程度,即数据的冗余程度。

根据矢量地图数据结构模型可知,矢量地图数据包括属性数据、空间数据及空间关系数据,不同数据携带水印能力也不相同。

1. 属性数据

属性数据是指描述事物或现象的自然属性的数据,属性数据可以对地理实体进行语义定义,表明"是什么",以及描述地理实体的分类、分级、质量、数量和名称特征,是地理实体多元信息的抽象,包括定性和定量数据。定性数据是指地图对象的名称、属性等不可量化的内容,定量数据指面积、人口、温度等量化值。定量数据多用数值来表达,而定性数据则是用字符串对数据进行说明。

属性特征是区分不同地理实体的本质特征,属性数据一旦改变,就无法准确描述地图对象,它的改变有可能影响地图数据的正常使用,因此,属性数据不能随意改动,不应作为水印的操作空间。但是一些水印算法在属性数据字符串结尾加入一些不可识别字符作为水印,虽然这不会破坏属性数据,但是会大大增加数据量,而且这种水印很容易被去除,不具备安全性。

2. 空间数据

空间数据是描述事物或现象的位置信息,又称几何数据。任何一个地理实体(或空间目标)在已知的坐标系里都具有唯一的空间位置。一般用几何数据表示地理实体的位置特征。地理实体的位置一般用三维坐标 (x,y,z) 唯一定位,其中 (x,y) 表示地理实体的平面坐标,z 表示其高程。

虽然地图对事物或现象的位置精度具有较高要求,但是由于地图数据都有一定的定位精度,在精度允许的范围内进行扰动不会影响数据的使用要求,并且不会影响图形的视觉效果。因此,在这部分进行水印操作可以较好地实现水印的鲁棒性和不可感知性这两大重要特征,是一个理想的水印操作空间。但数据的精度要求越高,其冗余程度就越低。对数据的精度要求并不完全取决于数据本身,还需要根据数据的应用环境来确定。以旅游定位和导弹打击定位所使用的地图为例,游客导航定位只需要确定所在大致位置即可,对数据精度的要求相对较低;在导弹精确打击过程中,需要准确命中打击目标,对数据精度的要求则是越高越好。

3. 空间关系数据

属性数据和几何数据可以完整地描述和定义单个地理要素,但却无法有效地描述地理要素间的联系,尤其是几何数据中隐含的要素间的空间关系和空间分布特征。因此,为了准确描述地理实体及要素间的空间关系,需要借助关系数据来描述和反映地理要素间的联系。空间关系通常用拓扑关系表示,空间特征是空间数据区别于其他数据的标志特征,是各种空间分析的基础。例如,描述一条河流,一般数据侧重于描述河流的流域面积、水流量、枯水期等,而空间数据则侧重于描述河流的位置、长度、发源地等与空间位置有关的信息,以及河流与道路、居民地等之间的空间关系。

空间关系数据是指地理实体相互之间的一些空间特性,主要包括方位关系、拓扑关系和度量关系。方位关系是指地物之间的方向关系,如正北、东南等;拓扑关系包括相交、相离和包含关系等;度量关系则包括几何度量、形状度量、距离度量和质心度量(闫浩文 等,2003;吴柏燕,2010)。在以上三个变量中,除了度量关系是定量数值外,拓扑关系和方位关系更多是定性描述,但是拓扑关系和方位关系可以利用地理实体的空间位置数据计算得到定量数值。在矢量地图数据中,可以借助点、线、面数据间的拓扑关系实现水印的操作,并且具有较强的鲁棒性。水印算法可以以这些定量的描述作为水印嵌入载体。但是不论以哪种空间关系数据作为水印嵌入载体,最终都需要转化到空间位置数据上,以距离关系为例描述一下具体过程。

假设地图上两个定位点 $P_1(x_1,y_1)$ 和 $P_2(x_2,y_2)$,两点之间的欧氏距离为 d,欧氏距离公式为

$$d = \sqrt{(x_1-x_2)^2 + (y_1-y_2)^2} \tag{2.1}$$

假设 P_1P_2 上嵌入的水印值为 Δw,则

$$\tilde{d} = d + \Delta w \tag{2.2}$$

由于定位点距离不会存储在地图文件中,需要利用定位点坐标进行描述,因此水印嵌入的最终结果是对两个定位点的坐标值进行修改,即

$$\left.\begin{array}{l} \tilde{x}_1 = x_1 + \Delta x_1 \\ \tilde{y}_1 = y_1 + \Delta y_1 \\ \tilde{x}_2 = x_2 + \Delta x_2 \\ \tilde{y}_2 = y_2 + \Delta y_2 \\ \tilde{d} = \sqrt{(\tilde{x}_1 - \tilde{x}_2)^2 + (\tilde{y}_1 - \tilde{y}_2)^2} \end{array}\right\} \tag{2.3}$$

2.2.3　矢量地图数据数字水印攻击方式

根据矢量地图数据的特点,矢量地图数据数字水印遭受的攻击可以分为善意攻击和恶意攻击两大类。善意攻击是指对数据正常操作处理带来的攻击,常见的处理方式包括数据更新、制图综合、裁减与拼接、格式转换、投影变换等;恶意攻击是指非法攻击者为了破坏数据中的水印信息而进行的攻击,主要包括噪声攻击、几何攻击、乱序攻击等。

1. 数据更新

用户使用的数据通常是在较早的某个日期生产的,在使用数据的时候,地图上的某些要素可能已经发生变化,为了保证地图的可用性,需要对地图数据内容进行更新。目前,更新的方式主要有增加、删除和修改等。增加数据是指在地图包含的地域内出现了新的地理实体,如新增的道路、沟渠等,需要将这些要素增加到地图上;删除数据是指当地图包含的某些地理实体已经消失时,应当将对应的要素从地图上删除,如被拆除的建筑物等;修改数据是指有一些要素在地图生产后发生了

改变,如河流改道、高压线路改造等,这时就需要修改地图上对应的要素。不论是增加、删除还是修改要素,修改后的要素都会参与水印的检测过程,对水印检测产生一定的影响。

2. 制图综合

不同比例尺的数据在不同层次上对地理实体进行表达,比例尺越大,地图内容就越详细。当地图的比例尺由大比例尺缩小为小比例尺时,需要减少地图内容,使地图显示效果既详细又清晰,这就用到了制图综合技术。制图综合的主要方法有选取、化简、概括和关系协调。经过选取操作后,部分级别较低的要素会从地图上删除;化简处理是利用压缩算法对要素进行压缩,保留要素的主要特征点;概括是将多个要素用一个新的要素进行表达,新的要素定位点可能保留了原有的定位点,也可能增加一些新的定位点;关系协调是对地图要素的位置进行微小调整,以保证地图显示效果。

制图综合对水印带来的影响较大,目前除了部分算法能够抵抗选取和化简攻击外,大部分算法对制图综合攻击的鲁棒性较弱。因此,如何提高水印算法对制图综合攻击的鲁棒性是目前的一个难点。

3. 裁剪与拼接

对一个确定区域,如果要求内容比较概略,就可以采用较小的比例尺,有可能将全区绘于一张图纸上;如果要求内容表示详细,就要采用较大的比例尺,这时就不可能将全区绘于一张图纸上了。尤其是地形图,更不可能将辽阔区域绘制在一张图上,为了不发生重测、漏测,就需要将地面按照规律分成若干块,这就需要用到地图的分幅。

而在实际地图使用过程中,会出现以下三种情况:第一,被关注的区域是一个图幅的部分区域,在使用过程中,需要将关注区域裁剪下来;第二,被关注的区域跨越两个或两个以上相邻的图幅,为了便于使用,需要将多个图幅拼接在一起使用;第三,被关注的区域在多个相邻的图幅内,为了便于使用,需要将关注的区域从每个图幅上裁剪下来,然后再将所有关注区域拼接在一起。

无论是裁剪还是拼接,都会对水印的检测产生较大的影响。例如,如果嵌入水印时采用四叉树划分方式建立水印与定位点的映射关系,在裁剪后的数据上就无法重新构建相同的划分结果,在不利用原始数据的情况下无法检测水印信息。

4. 格式转换

数据生产商在生产数据时是按照自己的格式进行数据生产的,而且在数据应用时,每个地理信息系统都有各自支持的数据格式,如 Esri 的 Coverage/Shapefile/E00 格式、MapInfo 的 TAB/MIF/MID 格式、地球空间数据交换格式 VCT、Supermap 的 SDB 格式和军标格式等,当用户获取的数据不为地理信息系统支持时,就需要进行格式转换。

由于使用目的、系统需求等原因,用户往往会进行数据格式转换。不同数据格式因数据项的设置不同和地图数据的表达方式及冗余空间的差异,在格式转换时会影响到数据的存储方式、对象存储顺序,可能会带来数据精度的降低和部分信息的损失。数据格式转换不具有严格意义上的可逆性(逆转换后的数据与原始数据并不完全一样),这使水印检测失去了同步性,从而无法检测水印。如何确保在不同格式下能够正常提取水印是设计水印算法面临的一个重要问题。

5.投影变换

地图投影变换是地图数据处理的一种常用手段,在不同的应用环境下,通常会应用不同空间参考系统下的数据,当数据的空间参考系统不满足需求时,就需要利用投影变换将数据转换至指定的空间参考系统下。由于投影变形的存在,同一个地理实体,由不同的地图投影所生成的地图图形可能完全不同,在一种地图上可能是直线,经另一种投影可能是曲线。因此,投影变换后地图数据中定位点的绝对坐标值和相对坐标值都会发生较大的变化,数据中的水印信息会遭到严重破坏,故传统的水印方法很难从投影变换后的数据中检测水印信息。

6.噪声攻击

噪声攻击是破坏水印常用的一种方式,通过在定位点坐标尾部加入随机噪声序列,破坏坐标尾部数据的分布,使水印无法检测。但是利用噪声攻击同时也会降低数据的绝对精度,甚至会超出数据的精度误差容限,这样数据中的水印即使被破坏,数据同时也失去了其实用价值。

7.几何攻击

几何攻击是破坏水印的另外一种方式,包括旋转、平移、缩放等。对数据进行几何攻击,会破坏数据的绝对坐标值,有些攻击甚至会破坏地理实体之间的相对坐标值,因此几何攻击对水印检测会产生较大影响。

8.乱序攻击

由于数据显示不受地理实体在文件中存储顺序的影响,因此一些攻击者企图通过对地理实体在文件内的顺序重新排列,以打乱数据读取顺序,进而破坏数据中水印排列规律,使水印无法检测。

2.2.4 矢量地图数据对水印设计的影响

在设计矢量地图数据的水印算法时,应充分考虑矢量地图数据的以下特点:

(1)分层的组织方式。分层分类理论的建立为人们认识客观世界提供了一个非常好的方法,它也是地图数据组织的基本方法之一。矢量地图数据按照一定的标准分为交通层、水系层、居民地层等多个图层,并依此进行采集、存储、组织和管理。

(2)没有固有的存储顺序。音频、视频的数据按时间顺序排列,静止图像、视频的帧以扫描线顺序排列,而矢量地图数据没有一个固定的存储顺序,对数据进行乱序操作既不影响图形的视觉效果,也不影响数据的定位精度,改变的只是数据的存储位置。

(3)矢量地图数据不但包含几何信息、属性信息,同时还隐含拓扑信息。

(4)矢量地图数据的精度高,冗余小。水印的嵌入不能降低数据的精度,只能在精度允许的范围内进行操作。地图数据的精度与比例尺有一定的关联,要根据国家基本比例尺地图数据的质量说明,确定相应比例尺下的数据精度,计算数据精度内的冗余起始位。冗余起始位及冗余位长度是嵌入水印的关键。

(5)对象的表示方法不唯一。同一个地理实体可以用多种不同的模型表示,这种同一对象的多种表示方式容易引起检测水印的失败。

(6)矢量地图数据经常会受到压缩、简化、综合、裁剪、拼接、图形的分割和合并、数据的编辑更新等处理操作。

(7)矢量地图数据一般是作为其他信息系统的基础数据,数据定位精度的权威性使得用户对地图数据的任何操作都会非常谨慎,因此一般不会受到几何攻击。

(8)矢量地图的显示效果与分辨率无关,可以任意放大、缩小而不失真,可以在任何分辨率的任何输出设备上自动调节尺寸显示。

(9)复杂多样的变换需求。矢量地图数据在应用中常常要进行格式变换、坐标变换和投影变换等多种复杂变换。

2.2.5　国内外研究现状

目前,数字水印技术的研究主要集中在图像、视频、音频和文本数据领域,尤其是图像领域的应用更为成熟。而矢量地图数据数字水印技术的研究还处于起步阶段,按照水印的操作空间可以把这些算法分为基于空间域的算法和基于变换域的算法两大类。

基于空间域的算法是在地图数据精度允许的范围内直接对地图数据的坐标值进行修改,顶点的一些空间特征(如位置关系、分布样式、坐标的统计特征等)都可以被有效利用。该算法具有嵌入的水印信息量大、算法简单、易于实现、不可感知性好等优点,但它也易受到各种形式的攻击而失去版权保护和内容验证功能。

基于变换域的算法首先对地图数据进行某种数学变换,然后在变换域上嵌入水印信息,最后再经反变换输出嵌入水印信息的地图数据。该算法可充分利用变换域的自身特性和人类感知系统在变换域的特性,提高水印嵌入强度和抗攻击能力。

1. 基于空间域的算法

基于空间域的算法不仅能保证地图对人眼的视觉效果没有影响,还能保证地图的精度及可用性。

　　Cox 等(1992)把水印信息直接编码在矢量地图各顶点坐标上,嵌入过程是按比特独立进行的,各比特的嵌入互不相关,不能抵抗各类简单的攻击,是一种脆弱的水印算法,这是最早的真正意义上的矢量地图水印算法。Kitamura 等(2000a)依据顶点坐标和顶点间的关联性开发了一系列空域水印算法,并作为矢量地图数据版权保护功能嵌入地理信息系统开发工具包中供用户使用。

　　Ohbuchi 等(2002)根据数据点的分布密度对图形数据进行空间分块,使每个矩形格网内所含顶点数不小于事先规定的阈值,通过对块数据的修改实现水印信息的嵌入;提取水印时,依据顶点位移的平均值来获取,算法具有较好的抗随机噪声与剪切性能。这是比较有代表性的空间域算法,引起了较多关注,相应的改进算法也被提出。例如,李媛媛等(2004a)对地图按坐标平均分块,根据子块顶点密度自适应调制水印的强度,在地图精度允许的范围内,采用改变顶点坐标值的方法将二值水印图像嵌入地图中,通过双门限联合检测提取水印;王勋(2006)根据不同要素层数据的特性,把矢量地图分为两类,对于以道路为代表的长折线图层采用直接修改顶点坐标嵌入水印信息,在其余要素层采用 Ohbuchi 算法嵌入水印信息,提取时要分别计算两类图层代表水印信息的位移量,然后对有效的顶点位移量取平均值得到水印信息位序列。Voigt 等(2003)依据地图大小将一矩形网格覆盖在原始矢量地图上,把地图划分成某种大小的矩形块;然后基于密钥分别选择两个不同的矩形块集合 A 和 B,将集合 A 和 B 进一步划分成更小的子块,依据子块内坐标点相对于参考线变化的统计特性嵌入水印。该算法对平移和多边形综合具有较强的鲁棒性。Schulz 等(2004)首先把地图数据分割成一定宽度的水平带或垂直带,根据水印信息调整各个带中数据点的坐标值,可以抵抗数据综合、裁剪和小幅度的随机噪声攻击。邵承永等(2005)基于统计量检测的水印算法对地图综合、插值及多数几何变换具有较好的鲁棒性,但水印的嵌入效率不高,在网格的交界处有可能产生不自然的形状扰动。Marques 等(2007)首先由地图数据点坐标构成两个方阵,然后在特定映射关系下把水印信息嵌入这两个方阵,再利用嵌入水印的这两个方阵恢复地图数据。算法存在的主要问题是提取水印时利用点模式匹配算法计算原始数据与待检测数据之间的关系,以保持水印的同步性,这使检测算法复杂、效率低;同时,提取水印时还需要原始数据、原始水印、嵌入因子信息,是一种非盲算法,从而限制了它的使用范围。闵连权(2008)根据矢量地图数据的数据量设计了两种数据映射规则,把水印信息嵌入在基于数据映射规则的数据分类上,具有很好的不可感知性和鲁棒性,尤其是抵抗矢量地图数据最常受到的对数据正常的增加、删除、修改、局部裁剪等操作。Pun-Cheng 等(2008)基于三级统计检测的水印方法,水印检测时需要原始数据的参与,是一种非盲水印算法。李安波(2007)基于空间关系及位置对数据进行排序,然后把水印信息嵌入在预处理后数据中的算法,算法对数据的乱序攻击具有较强的鲁棒性。王伟(2007)将矢量图层按照自身的多边形分割为子区域,在每个子区域中某一条边顶点的容差范围内嵌入新的点作为水印信息,算法对图形的几何变换、增删操作具有较好的鲁棒性。张丽娟等(2008)提出了基于图层的水印算法,点要素基于行政(自然)区划分块,然后基于空间关系与位置进行数据排序预处理,进而自适应嵌入水印,线(面)要素按顶点顺序自适应嵌入水印。王超等(2009)首先将矢量数据分块,然后在不同分块中,结合密钥修改某些点的坐标从而嵌入水印信息,是一种盲检测算法,具有较好的实用价值。Dittmann 等(2003)提出在线段中插入点、改变线段长度、改变线段方向和改变线段属性四种不同的水印算法。马桃林等(2006)通过点坐标漂移重置在二维矢量地图中嵌入水印。Horness 等(2007)根据城市地图的图形特征(如街区、建筑物图形轮廓的规则性、沿道路建筑物的直线性等),通过调制道路路段长和宽的比例关系嵌入水印信息。李强等(2010)提出了一种基于变换域和空间域算法互补的数字地图水印算法,对绝大多数攻击具有较好的鲁棒性。

2. 基于变换域的算法

基于变换域的算法是指对载体数据进行某种正交变换,然后将水印信息嵌入正交变换域中,最后经过反变换生成含水印数据。变换域水印算法最早应用在图像等多媒体数据中并取得了良好的应用效果,一些研究人员将变换域水印算法引入了矢量地图数据中。

1)基于傅里叶变换的水印

傅里叶变换是信号处理领域中一种重要的技术,具有明确的物理意义,因此在多个领域得到广泛应用。傅里叶变换描述子具有几何不变性,因此傅里叶变换系数在遭受平移、缩放、旋转、顶点重排等攻击后具有不变性,在傅里叶变换系数中嵌入水印对几何攻击具有较高的鲁棒性。但是由于傅里叶变换是全局变换,局部的微小修改都有可能造成傅里叶变换系数较大的变化,因此这种算法对大部分数据处理攻击的鲁棒性较弱。

Solachidis 等(2000a,2000b,2004)首先从矢量地图中提取封闭多边形曲线的顶点坐标构成一个实数序列,对实数序列进行离散傅里叶变换(discrete Fourier transform,DFT),利用傅里叶描述子几何变换的不变性,将水印嵌入离散傅里叶变换的幅值系数中,并构造对几何变换不变的归一化检测统计量。采用线性相关检测方法,可以有效地抵抗图形的平移、缩放、旋转等几何变换,但水印嵌入会引起矢量地图顶点轻微的失真,并且水印提取时需要原始矢量地图数据。钟尚平(2005)以图形特征点的离散傅里叶变换系数幅值和相位作为水印嵌入域,以提取水印的相关系数作为检测值。赵林(2009)首先对地图按坐标进行分块,根据每块顶点密度和离散傅里叶变换中频系数幅值大小对每个矩形块水印嵌入强度进行自适应调整,并在离散傅里叶变换的频系数幅值中嵌入水印信息。许德合(2009)对矢量地图数据进行离散傅里叶变换,将水印信息通过量化调制嵌入变换系数的幅值中。

2）基于小波变换的水印

小波变换相对于傅里叶变换而言，能够更好地反映局部性质，且对局部修改不敏感。另外，小波变换中，小波基函数窗口与尺度因子同步变化，且能够进行多尺度分解。小波变换可以分为实数域和复数域两种。

Kitamura 等（2000b）将图元的顶点（或特征点）坐标组成一维序列，对该序列做多级离散沃尔什变换（discrete walsh transform，DWT），根据水印信息对选定的小波系数进行调制，将水印嵌入序列的小波系数的幅值中。Endoh 等（2001）首先把矢量地图转换成栅格地图，采用图像中类似基于小波变换域的水印算法实现矢量地图水印的嵌入与提取。李媛媛等（2004b）将矢量图形各顶点排成一维序列，然后通过离散沃尔什变换将序列分解成不同空间和频域上的复系数，根据水印的大小与小波系数之间的关系把水印嵌入小波系数的幅值中。张琴（2005）把多边形的所有顶点看成是质点，构成一个质点系，把离质心最远的一个点作为起始点，形成一个有序的质点序列，对这些点序列中相邻的点进行相减生成相对坐标，构成复数形式，将水印嵌入相对坐标的复数小波域中，对几何变换具有较强的鲁棒性。王勋（2006）依据水印与 B 样条控制点小波幅值系数的特征值关系嵌入水印。Im 等（2008）基于小波变换的盲水印算法可以有效地抵抗全局和局部变形攻击，但是该算法抵抗地图数据的综合、更新攻击的能力较弱。

3）基于余弦变换的水印

余弦变换是另外一种常用的正交变换。余弦变换具有能量聚集特性，变换后的系数分为低频、中频和高频三个部分：低频部分集中了数据的绝大部分能量，是视觉的敏感区，一般不作为水印嵌入区域；高频系数的绝对值较小，修改后对数据影响较小，在高频区域嵌入水印能够有效保证水印的不可见性，但是鲁棒性较差；中频系数介于高频和低频系数中间，是鲁棒水印的主要嵌入区域。

Voigt 等（2004）利用地图数据同一多边形顶点坐标之间具有高相关性，将地图数据每 8 个点组成 1 个单元，对每个单元中的数据进行离散余弦变换，将 1 位水印信息嵌入在该单元的余弦变换系数上。该方案是一种可逆水印，主要缺陷是水印嵌入对含水印地图数据造成的扰动大。闵连权（2007）首先对顶点数据进行预处理，构造过渡图像，对其进行 8×8 离散余弦变换，将水印嵌入低频系数中，对平移、旋转、缩放、剪切、噪声等攻击具有较强的鲁棒性。

4）基于图谱域的水印

Shuh 等（2003）在参考三维多边形网格水印算法的基础上，把地图坐标点连成德洛奈（Delaunay）三角网，采用图谱分析方法把三角网变化成拉普拉斯（Laplace）频谱，并通过轻微的拉普拉斯频谱系数更改嵌入水印信息位，通过逆变换把已嵌入水印信息的图谱频率域系数转化为嵌入水印的矢量地图坐标表示形式，从而把拉普拉斯频谱系数的轻微更改扩散到空间域表示的矢量地图各个顶点坐标中。钟尚平(2005)依据 n 个顶点星树拉普拉斯矩阵的特征值性质,选取多边形线的特征点,构造特征点的星树,把水印同时嵌入星树图谱系数(除第一个系数)的幅值和相位上。由于不用构造德洛奈三角网,算法的计算复杂度明显降低,算法不仅对几何变换及其组合是鲁棒的,而且能抵抗一定程度的图形综合攻击。孟瑶(2008)通过密钥控制随机选择网格频谱域系数作为水印的嵌入域,并且根据图形的弯曲变化频度特征自适应地调整水印嵌入强度,在曲线弯曲变化频繁的区域较大强度地嵌入水印,在曲线相对平滑的区域较小强度地嵌入水印,更好地平衡了水印不可见性和鲁棒性之间的矛盾。

　　5)基于样条曲线的水印

　　针对等高线矢量地图,Gou 等(2004a,2004b,2005a,2005b)利用 B 样条曲线良好的持续逼近曲线形状的特点,基于最小二乘法反算曲线控制点,同时利用迭代队列最小化算法保证 B 样条曲线控制点数在水印嵌入前后的一致性,并采用扩频技术修改控制点坐标嵌入伪随机二值序列水印。该算法不仅对共谋、几何变换及剪切攻击具有较强的鲁棒性,而且能够抵抗矢量栅格转换、打印扫描及组合攻击,但水印检测需要原始曲线。曾华飞等(2008)根据曲率大小在曲线上选择合适的嵌入点,然后将扩频水印嵌入所选定嵌入点的坐标。为了得到视觉质量好的含水印曲线和鲁棒的水印,使用分段贝塞尔(Bessel)曲线重构含水印曲线,算法对几何变换、共谋及打印扫描攻击具有较强的鲁棒性。

　　在变换域算法中,除了上述几种算法外,还有基于矢量数据自身特点设计的几种变换算法。例如,周旭(2008)提出了基于扩张域的闭合多边形曲线数字水印算法,对常规的几何变换具有很强的抵抗性。焦艳华等(2009)基于 K-Means 的矢量数据水印算法,能有效抵抗平移、旋转、缩放、增删顶点和局部修改攻击,但寻找初始聚类中心的计算量很大,并且水印是嵌入在顶点的向量角上,对数据精度的影响较大。张鸿生等(2009)基于曲线分割的矢量图形水印算法,对几何变形、剪裁、压缩具有较强的鲁棒性。李强等(2010)利用奇异值分解(singular value decomposition,SVD)设计的水印算法能够抵抗几何攻击、添加攻击、删除攻击等。

　　变换域水印算法最早应用在栅格图像中,并取得了良好应用效果,这主要是因为栅格图像处理过程大多是基于这些正交变换实现的。虽然在矢量地图数据中应用变换域水印算法能够取得一定的效果,但是由于矢量地图数据格式及其处理过程与正交变换无关,因此矢量地图数据变换域水印算法对裁剪、压缩等常见攻击方式的鲁棒性较弱。另外,变换域水印算法是在正交系数中嵌入水印,而不是直接对定位点坐标进行操作,水印嵌入过程具有较大的不可控性,会导致部分定位点坐标的改变量超出数据的误差容限。

3. 现有水印算法存在的问题

通过对国内外已发表的矢量地图数据数字水印算法进行分析，可以看出矢量地图数据的数字水印算法存在以下一些问题：

（1）直接移植图像等多媒体数据的数字水印技术。由于矢量地图数据在数据结构、存储形式、表现方式、应用环境、使用要求及可能受到的攻击行为等方面与图像等多媒体数据都不一样，决定了这种算法不具有实用性。

（2）按照工程图的思路实现地图数据的水印嵌入。工程图主要考虑的是图形的相对位置，而地图数据不仅关心相对位置，更关心绝对位置；另外，与工程图相比，地图数据的数据量是巨大的，因此这种算法有很大的局限性。

（3）不论空间域的算法还是变换域的算法，往往依赖于数据点的顺序，而对地图数据来说，这些数据点实际上是无序的，没有一个固定的存储顺序。对数据进行乱序操作既不影响图形的视觉效果，更不影响数据的定位精度，改变的仅是数据的存储位置。地图数据的无序性决定了这种算法是不实用的，鲁棒性非常弱，简单的数据乱序就可以去除水印。即使在原始数据的参与下可以重新恢复原来的顺序，但是对一幅地图的单要素数据就可能有几十万个数据点来说，要完成对这些数据重新排序的时间成本较大。更严重的是，这种算法无法抵抗数据的更新、综合、压缩、裁剪和拼接等最常见的攻击行为。因此，这种算法是不实用的。

（4）对地图数据来说，各个数据点的贡献是不一样的，有些点构成图形的骨架，反映的是图形的近似信息；而有些点反映的是图形的细节信息，地图数据最常见的综合、压缩操作往往去掉的就是这些细节信息。因此，在水印嵌入时，对这些点应区别对待，而目前的水印算法还很少考虑这一区别。

（5）大多数水印算法都是非盲算法，而真正实用的算法应该是盲水印算法，即直接从待检测数据中提取水印信息，而不需要原始地图数据的参与。

（6）由于地图数据分布的不规则性，决定了把地图数据划分成矩形块算法不具有通用性。

（7）在水印的不可感知性方面主要考虑图形的视觉不可感知性，但是对地图数据来说，更应该关心数据精度的不可感知性，精度是地图数据的本质特征，缺乏精度的数据将失去价值。因此，水印的嵌入对数据的扰动应该严格控制在数据精度所容许的范围内，如果水印的嵌入引起数据质量的明显下降，则水印方案是失败的。

（8）在水印的鲁棒性方面主要考虑抵抗诸如平移、旋转、缩放等几何攻击，而对地图数据来说，平移、旋转、缩放等几何攻击改变的仅是图形的显示效果，而数据本身并不会改变。因此，几何攻击一般不会发生，更应该关心对数据的增加、删除、修改等更新操作（如增加新修的道路、删除消失的河床等），以及对数据的综合、压缩、裁剪、拼接操作和对数据的轻微噪声操作。

(9)没有考虑抵抗数据格式转换的攻击。使用目的、系统需求等使用户经常会进行数据格式转换的操作(如 E00 格式与 MIF 格式的互换等),不同数据格式由于数据项设置的不同、地图数据的表达方式及冗余空间的差异,会破坏水印的同步性,使得水印检测失败。抵抗这类攻击成为矢量地图数据水印系统的一个独有特点,但目前还没有引起研究者足够的重视。

(10)能够完全抵抗解释攻击的水印算法还需要进一步研究。当嵌入水印的地图再被嵌入其他水印标记时,同一地图产品就会出现多版权申明难题。解释攻击被认为是整个数字水印领域面临的应用难点之一,时间戳等辅助方案同样存在被修改的问题使水印算法存在不可靠的因素。抵抗解释攻击的研究重点将集中于将时间属性与水印信息完全绑定或对水印信息的时效性进行证明。

2.2.6　矢量地图数据数字水印研究方向

矢量地图数据数字水印要想从理论研究阶段真正进入工程实用阶段,必须对以下几个方向进行深入研究。

1. 矢量地图数据鲁棒数字水印

矢量地图数据数字水印遭受的攻击方式较多,可以划分为恶意攻击和善意攻击。恶意攻击是非法用户为了破坏数据中水印信息而进行的一系列操作,包括噪声攻击、几何攻击等;善意攻击是用户对数据进行的一系列合法操作,包括裁减、拼接、压缩、数据更新、格式转换和投影变换等。

现有的数字水印算法能够抵抗大部分恶意和善意攻击,但是对一些改变数据程度较大的攻击方式的鲁棒性不足。例如,现有水印算法都无法有效抵抗投影变换等攻击,而这些攻击方式又是数据使用过程中不可避免的。因此,为了提高水印算法保护数据版权的能力,需要进一步提高水印算法的鲁棒性。

2. 矢量地图数据零水印

零水印技术是一种从原始地图数据中提取地图数据的重要特征作为水印信息而对原始数据不进行任何修改的水印技术。该技术可以避免把水印作为冗余信息嵌入在地图数据中易于被去除的缺点,同时可以很好地解决数字水印的不可感知性和鲁棒性之间的矛盾,也可以克服可逆数字水印中存在的安全漏洞,是一种天然的盲水印系统,有很大的实用价值。零水印信息库的建立、适合于零水印嵌入/检测的矢量地图数据的特征信息提取算法的研究将是矢量地图数据数字水印的一个重要研究方向。

3. 矢量地图数据非对称水印

非对称水印算法提供了公开检测机制,不仅能够提高水印信息的安全,保护数据的版权,还能够保护用户的合法权益。但是现有的非对称水印算法都是针对图像等多媒体数据设计的,还未出现针对矢量地图数据的非对称水印算法。由于矢量地图数据表达方式与栅格图像表达方式相差较大,因此无法直接将图像非对称水印算法直接引入矢量地图数据,需要根据矢量地图数据自身的特点设计。

现有的非对称水印算法仍然存在虚警率较高、安全性不足等问题,大多数非对称水印算法是基于理想情况实现的。例如,基于相关性计算的非对称水印算法是基于公钥与原始载体数据呈独立、高斯分布的条件下实现的,而实际数据并不服从理想分布状态,因此算法会具有较高的虚警率;在一些非对称水印算法中,攻击者虽然无法利用公钥和水印算法推算私钥的值,但是能够在不重新嵌入水印的情况下伪造一个新的公钥,进而混淆版权归属,因此这些算法的安全性仍然较低。

4.矢量地图数据可视水印

可视水印机制能够在保护数据版权的前提下,将数据公开以供用户体验,进而提高数据的"广告"效果,为数据生产商带来更多的商业利润。但是现有可视水印算法都是基于图像等多媒体数据实现的,由于矢量地图数据显示方式不同,无法直接将图像可视水印算法应用到矢量地图数据中。

随着矢量地图数据应用范围越来越广,数据生产商迫切需要将自己的产品推销出去,而数据公开是最为有效的一种方式,因此设计矢量地图数据可视水印成为目前应用的迫切需求。

5.网络空间矢量地图数据数字水印自主检测

传统的水印检测方式是当版权所有者怀疑有数据盗版行为时,首先要设法得到该数据,然后运行水印检测系统检测数据中是否含有表示自己版权归属的信息,如果有,则说明有侵权行为发生,然后采取相应行动维护自己的权益。但是在一个大规模的计算机网络空间中(如国际互联网)查找是否有盗版行为无疑大海捞针,仅靠人工手段去发现和检测盗版行为,是一项不可能完成的任务。

移动 Agent 技术的出现,为解决大规模网络空间自动探测及数据版权检测提供了一个新思路。这种方案是将移动 Agent 技术和数字水印检测技术结合起来,为数据提供更有效的版权保护。移动 Agent 具有移动性,能够自主地在网络节点内进行移动,必要时还能够进行自我复制,在节点处的 Agent 自动搜索节点处的资源并进行检测,一旦发现侵权行为,就将检测结果传递给服务器。移动 Agent 是在网络节点处进行水印检测,只需要将检测结果传回,完成从"人找信息"到"信息找人"的转换,不仅节约了网络资源,而且提高了检测效率。

6.矢量地图数据数字水印系统的测试基准和评价指标体系

为衡量不同水印算法的性能,必须加强矢量地图数据数字水印性能评价体系的研究。建立一个客观、公正的测评体系是对不同算法进行测评的前提条件,从严格意义上说,没有一个被业界认可的、标准的测评体系,不同水印算法就没有可比性,就不可能对不同水印算法进行评价。

矢量地图数据数字水印还缺乏一套被业界认可的评价指标体系,还有许多问题没有解决,主要表现在:没有建立统一的评价指标体系及相关参数;没有进行统一性能描述;没有统一测试中使用的攻击方法;没有统一的测试基准数据库;没有一个标准的测试步骤,不能形成统一的评价标准。

　　矢量地图数据数字水印性能测评体系应从不可感知性、鲁棒性、有效载荷、算法复杂度、测试基准数据库、安全性、误报概率及效率等方面进行构建,如图 2.7 所示。

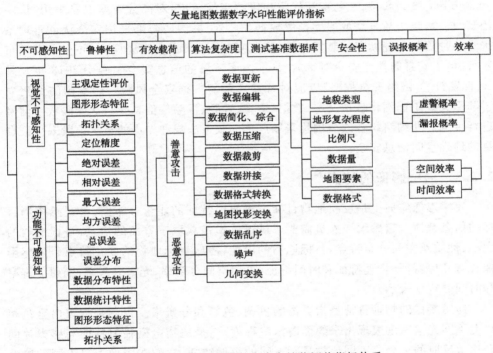

图 2.7　矢量地图数据数字水印性能评价指标体系

§2.3　遥感影像数字水印技术

　　遥感影像作为地理空间信息的重要载体,已经广泛应用于国防和国民经济建设的诸多领域,在地形测绘、专题地图编制、军事侦察、战场监测、精确打击和毁伤效果评估等方面发挥着不可替代的作用。近年来,我国航天遥感技术迅猛发展,"天绘一号""资源三号""高分一号"等测绘卫星相继发射升空并投入使用,遥感卫星的性能、获取影像的质量、影像分析处理技术都得到了显著提升。在信息化社会中遥感影像的作用将更加凸显,应用领域也必将得到不断拓展。

　　遥感影像应用的日益普及,其安全问题也引起世界各国的重视。例如,美国对一般的地理空间信息基本提供在线服务,但对其本土的高分辨率卫星影像和大比例尺地形图却采取相当严格的保密措施,即使是盟友也不能完全共享。2003 年 5 月 13 日,美国国防部颁布了第 5030.59 号指示令,明确规定对部分遥感影像及其他地理空间信息采取"限制分发"的政策。美军还通过保密处理有意简化地理空间信息的内容,有控制地降低地理空间信息的精度;为了防止被敌方利用,曾经对全球定位系统(Global Positioning System,GPS)实行选择可用性(selective availability,SA)政策;在阿富汗战争和伊拉克战争中,对高分辨率卫星采用"快门控制"技术,防止敌方获取遥感影像数据。此外,韩国国防部采用安全认证管理系统为各种资料及辅助存储装置加密、隐藏复制标志、防止非法篡改,并在全军颁布实行《电子信息防泄露安全对策》。日本内阁下属的信息安全中心于 2013 年 6 月 10 日发布了《网络安全战略》以应对日益复杂的数据安全风险。印度国防部建立了陆军无线工程网将各种文字、数据、影像、音频、视频等信息转换成密码数字信号进行传输。北约组织各成员国均采取严密的政策法规和先进的技术手段来保证自身的地理空间信息安全。

2.3.1　遥感影像的特点

遥感影像实质上是反映地物目标电磁辐射特征的能量分布图,是遥感探测目标的信息载体。遥感编译人员需要通过遥感影像获取三方面的信息:目标地物的大小、性质及空间分布特点,目标地物的属性特点,目标地物的变化特点。遥感影像具有几何特征、物理特征和时间特征,可用空间分辨率、光谱分辨率、辐射分辨率和时间分辨率表示。

遥感影像的物理特征是指影像的色调、色彩和分辨率。色调是指黑白全色相片上不同光学密度表现出来的黑白深浅程度,它是地物电磁辐射特征与感光片间光化学反应的记录。不同地物具有不同的辐射特征,它们在图像上以不同的黑白深浅程度反映出来。遥感影像的分辨率是衡量其质量和确定其使用价值的重要物理特性,它通常是指一幅图像内区分相邻两个物体的能力,常使用影像分辨率和地面分辨率两个概念描述。影像分辨率是指影像或底片上 1 mm 距离内能够分辨线条的数目。影像分辨率受成像系统的质量和感光材料的质量限制。地面分辨率是指离地面一定高度的空中所获得的影像资料,经过电子仪器的放大,所能观测到的地面最小物体的尺寸,即遥感影像上能分辨的最小物体的大小。在遥感影像判译中所说的分辨率是指地面分辨率。

与普通图像相比,遥感影像的内容更为复杂,除具有普通图像的性质外,它还具有以下特性(朱述龙 等,2006):

(1)遥感影像作为地球空间信息的重要组成部分,具有定位、定性、关系特征和时间特征。

（2）普通图像仅是"图"，只是满足人类视觉的需要；而遥感影像是空间物体的波谱特性在空间范围内的测量结果，不仅具有视觉特征，还是一种客观度量，还包含"数据"。单一的影像地图无法描述空间物体的完整特性，往往需要结合多幅同一时间拍摄的连续影像，或者具有时间跨度的同一地域的多幅影像，才能对环境进行一定时间下的完整描述。

（3）遥感影像具有持续动态性和多尺度性，是一种多尺度的、变时间粒度的复杂时态数据。

（4）遥感影像的像素值表示的是地物电磁波辐射的一种量度，与遥感所使用的电磁波工作波段、地物类型、理化性状及成像方式等有关，有明确的物理意义。

（5）遥感影像是制图区域地理环境与制图对象进行"自然概括"后的构像，通过正射投影纠正和几何纠正等处理后，它能够直观形象地反映地势的起伏、河流蜿蜒曲折的形态，具有很强的直观形象性。

（6）遥感影像具有多波段特性，不同的探测仪器、不同的波段所反映的地物信息也不同。

（7）地学信息反映的综合性质和不完备性，依赖于解释机制的阐释。由于传感器的空间分辨率和光谱分辨率的局限，混合像元和同谱异物的现象使遥感影像在表现地理信息方面还具有一定程度的模糊性和多义性。同时，信息内容复杂，不具备明显的主题特征信息。

（8）具有严格的数学基础，经过投影纠正和几何纠正处理的遥感影像，每个像素点都具有自己的坐标位置，可根据地图比例尺与坐标网进行量测。

（9）遥感影像获取地面信息快，成图周期短，能够反映制图区域当前的状况，具有很强的现势性。

（10）遥感影像的数据量一般比较庞大，单个影像的数据量可高达 GB 级。

（11）一般来说，遥感影像的熵值要比自然图像和人物图像小，这是由于自然图像通常由包含低频分量的平滑区、高频分量为主的纹理区及边缘区域三部分构成，且纹理区域过渡变化比较适度，仅在边缘区域过渡变化比较剧烈。而遥感影像所含的高频信息和纹理区域都较多，空间频率的局部变化较快，影像的不连续性较强。

（12）一般来说，自然图像尺寸较小，即目标范围很小，平坦的区域较多，含有的高频信息量相对较少，图像的相邻像素的灰度值连续性较大，图像的自相关性也较高。而遥感影像涉及的目标多、范围大、细节多、纹理丰富，其结构特征很难有整体的一致性，即像素的灰度值连续性较差、自相关性低。

（13）随着相隔像素数的增加，遥感影像的相关函数与自然人物图像的相关函数之间的差距变大，这说明遥感影像的相关范围比人物图像小。

此外，遥感影像各区域灰度变化、区域形状、大小及纹理等也是组成遥感影像的主要特征,其纹理结构(树林、作物、沙漠、城市建筑物)十分丰富,特征结构非常复杂,如各种线状目标(道路、桥梁、建筑物的轮廓边缘)和面状目标(湖面、地块等)的分布纵横交错。遥感影像本身所具有的这些丰富的特征为水印嵌入提供了契机。

2.3.2　遥感影像数字水印技术要求

遥感影像和普通图像表现形式相同,但是遥感影像作为一种重要的地理空间数据,具有明显的空间数据独有的特征。遥感影像往往数据量庞大,常常达到几个GB,而且除作为后期应用的底图使用外,还常用于空间定位、目标识别、地物提取等方面,因此与普通图像水印算法相比,对算法的快速性、稳定性、误差控制、抗攻击性等方面都提出了更高的要求,其水印不仅要满足人眼的视觉质量要求,数据还需要具有可用性,即不影响数据的后期使用。在遥感影像数字水印研究中,需要从系统角度、数据处理技术和可能遭受的攻击形式等方面进行考虑,每一个考虑因素都可能影响水印技术的选择。因此,遥感影像水印技术应满足以下几个方面的要求。

1. 不可感知性

不可感知性是对嵌入水印后的遥感影像在视觉上的最低要求。遥感影像数字水印的不可见性要求从主观视觉上无法感知水印信息是否存在,嵌入的水印所引起的原始数据的变化对于观察者来说是不可察觉的,满足人类视觉系统的基本要求。此外,目视判读是遥感影像的重要应用,它通过人眼对遥感影像的观察和研究,对相应地面目标的性质和意义进行识别和推断,是目前最常用的目标提取方法。目视判读依赖于视觉特性,因此,水印信息的嵌入不能影响遥感影像目视判读的结果。一般来讲,水印信息应该嵌入影像的每一个波段中。以全色遥感影像为例,应该从每一个波段或者是至少一个波段中能够检测到水印信息,而多光谱遥感影像对这一要求可适当降低。

2. 精度特性

精度特性是遥感影像水印区别于普通图像数字水印的一个重要方面,水印数据不仅要求不可感知性,还要保证其精度在允许范围内。普通图像嵌入水印后,只要对人类视觉系统不可感知即可,其最终目的主要是满足人类视觉要求。遥感影像数据作为地形分析、立体像对测量、影像判读、数字高程模型(digital elevation model,DEM)生成的基础数据,嵌入水印后还要进行一系列的应用,因此,对于遥感影像数据的数字水印技术而言,还应该满足精度要求,即"近无损性"。嵌入水印后,遥感影像的应用效果和原始影像的应用效果必须非常接近,不能因为水印信息的嵌入而影响遥感影像的使用价值。遥感影像数字水印算法要求具有好的精度,失去精度的水印算法将失去意义。

3. 鲁棒性

遥感影像的数字水印要求比普通图像数字水印具有更强的鲁棒性。这是因为针对遥感影像数字水印的攻击方式更加多样，这与遥感影像的自身特点和嵌入水印后的应用方式密切相关。例如，遥感影像由于自身大数据量的特性，在网络传输的过程中往往要进行压缩，传输信道中还存在着各种各样的噪声；为了视觉效果，通常还要进行匀光、滤波、色度和对比度调整等图像增强的操作；为满足各种应用的要求，需要进行缩放、旋转、平移等常见几何操作；为适应网络环境下的应用需求，还要进行大幅影像的剪切和瓦片数据的拼接等特殊处理。这就要求遥感影像的数字水印必须对这些复杂的攻击具有较强的鲁棒性。

分辨率是遥感影像的一个重要特征，一般来说，分辨率越高，影像的价值会越大。对分辨率较高的影像，即使裁剪下一小部分的数据仍然具有较高的应用价值和商业价值。因此，遥感影像数字水印算法对裁剪攻击的要求非常高。各种影响因素可以使遥感影像发生一些几何畸变，故算法应能抵抗常见的几何攻击。

图像压缩常用于降低数据量，无损压缩是最理想的状态，然而大多数情况下，近无损压缩是可以接受的。在近无损压缩中，遥感影像的畸变是有限的。高压缩比的有损压缩也常用来降低数据量，保证数据的质量。因而，可靠的遥感影像数字水印算法需要能够有效抵抗近无损压缩和高压缩比的压缩处理。

中值滤波操作常常用来增强影像的视觉效果，因而水印技术要能抵抗这种滤波攻击方式。其他的攻击方式及加噪或量化可以在一定程度上认为是近无损或有损压缩，水印技术也要能有效抵抗这样的攻击方式。

对于目视效果不理想的影像，常常需要进行图像增强，即调整亮度和对比度、匀光等，此时会造成图像亮度值的较大改变，算法应该有效抵抗这些攻击。为满足遥感理论研究和制图的需要，在一景遥感影像不能覆盖全部区域情况下，需要对遥感影像进行裁剪和拼接，拼接后的数据安全问题也是遥感影像水印算法需要解决的。因此，遥感影像数字水印算法要求能够抵抗遥感影像特有的攻击，从而确定数据的版权归属或者使用者信息。

4. 高效性

通常情况下，遥感影像的尺寸远大于普通图像，且自身数据量非常庞大，这就对遥感影像数字水印算法的效率提出了更高的要求。为满足实际应用的需要，算法应该具有尽可能快的执行速度、运算效率和高稳定性。

5. 安全性

数字水印应具有较高的安全性，难以被篡改或伪造，误报测率较低。如果试图除去或破坏水印，将导致遥感影像地图数据的精度超出误差容限范围从而失去使用意义，也无应用价值可谈。

6. 盲检测

遥感影像的数字水印检测算法应能实现盲检测，即在进行水印检测时不需要原始载体影像的参与。由于遥感影像具有成本高、现势性强等特点，在多数情况下，水印的检测方难以得到原始影像数据，所以在提取数字水印时，不能依赖于原始的遥感影像。

7. 不可检测性

在嵌入水印算法未知乃至已知的情况下，数据非法拦截者都无法判断数据是否含有水印信息，只有数据生产者才可以通过相应的软件进行水印信息的正确提取，其他任何单位和个人都对含有水印信息的数据无法提取水印信息，即水印具有不可检测性。

遥感影像数字水印算法需要实现与遥感影像自身特征的紧密结合，把保证嵌入水印后影像的数据精度作为基本前提，在此基础上尽可能地提高水印算法抵抗各种攻击的鲁棒性，统筹实际应用中算法的可行性、实用性、高效性和稳定性，设计真正适用于遥感影像的数字水印算法，使其能够有效保护遥感影像的安全。

2.3.3 国内外研究现状

遥感影像的数据组织采用栅格数据结构，但其作为地理空间信息的重要表现形式，又有着自身的特点。近年来，普通图像的数字水印算法得到了较为深入的研究，日趋走向成熟。与之相比，针对遥感影像的数字水印研究起步较晚，很长一段时间内，人们一直认为精密的遥感影像数据是不能进行任何修改的，这也是早期数字水印技术未能在遥感影像的安全保护上发挥作用的原因之一。直到后来才逐渐意识到，遥感影像在获取过程中本身就受到固定测量噪声的影响，在满足一定精度要求的情况下，轻微的修改是可以接受的。

目前，大多数遥感影像的水印算法都或多或少地采用了普通图像水印的思路，强调不可感知性和鲁棒性。为抵抗几何攻击，常采用的方法大致包括三种：选择几何不变量嵌入水印、在载体图像中嵌入防攻击模板和选择载体影像的重要特征嵌入水印。

对普通图像来说，其最终目的主要是为了满足人类视觉要求，因此它的不可感知性主要强调的是视觉不可感知性。而对于遥感影像，除满足视觉的不可感知性外，更应该强调精度的不可感知性，即"近无损"性，嵌入的水印不能影响遥感影像的使用价值，水印对遥感影像造成的损失并不是指像素值上的误差，而是指像素属性特征上的差异。

1. 遥感影像鲁棒水印研究现状

遥感影像的鲁棒水印主要用于所有权保护和分发跟踪等。Barni 等(2002)将近无损数字水印技术应用于遥感影像的版权保护上，首先在离散傅里叶变换和离散沃尔什变换域进行水印信息的调制嵌入,然后在空间域修剪水印,将原始载体影像和含水印载体影像的最大误差控制在用户定义的限差内,减小水印引起的影像降质。Ziegeler 等(2003)指出普通图像水印不能直接应用于遥感影像的水印中,需要分析遥感数据的本质特征,而不仅停留在可视效果上,并提出基于小波变换的遥感影像数字水印算法,研究了其嵌入水印后的分类效果。王贤敏等(2004)利用小波变换多分辨率分析的特性,将灰度水印图像加密压缩后利用相邻特征平均值和奇偶判别法嵌入二阶小波变换子带上,该算法能够抵抗多种常规攻击,且嵌入水印后基本不会影响遥感影像的边缘检测和分类等应用。陈辉(2005)将灰度水印进行一级小波分解,利用加性法则将低频、高频信息分别对应嵌入二级哈尔(Haar)小波变换后影像的低频和高频中。该算法在水印检测时需要原始遥感影像参与,属于非盲算法,实用性较差。胡英等(2005)对原始遥感影像和水印图像进行不同尺度的小波分解,将水印图像的低频系数嵌入原始图像的低频系数的起始位置,保证水印的不可感知性;将水印图像的水平、垂直、对角线方向的高频系数分别循环嵌入原始图像小波分解后各个尺度下对应方向的高频系数中,以保证水印的鲁棒性。王向阳等(2005)针对遥感影像设计了一种基于离散余弦变换的自适应水印嵌入算法,该算法充分利用了人眼的视觉特性,选取影像的纹理子块并采用加性规则嵌入水印,对噪声、滤波等常规水印攻击具有较好的鲁棒性。Insaf 等(2006)提出的基于离散沃尔什变换的数字水印算法,适用于多光谱影像的版权保护,水印检测效果较好,对剪切与滤波等具有较好的鲁棒性。王勋(2006)结合遥感影像大数据量的特点,将大幅影像分成 512×512 大小的子块,对纹理区进行双正交 7/5 小波三级分解,搜索绝对值最大的小波系数生成嵌入系数集合,通过重复嵌入水印信号的方式来增强鲁棒性,但是算法不能有效抵抗几何攻击。陈辉等(2007)为实现盲提取,提出了一种基于分形编码的水印算法,根据置乱后水印图像像素对应的值域块来搜索与其最佳匹配的遥感影像的定义域块,得到编码文件,通过迭代的方法嵌入水印。耿迅等(2007)利用人类视觉特性和视觉模型选择重要的小波系数嵌入水印,但在检测时同样需要原始影像参与,属于非盲算法,实用性受限。隋雪莲(2007)将水印信息扩频,使之与 L 层哈尔小波分解的低频子图大小相同,根据同级 LL、HH 子带中相同位置的小波系数来预测低频子带系数的量化步长。该算法虽然实现了盲检测,但对遥感影像的数据精度影响较大。陈晨等(2008)利用离散傅里叶变换的几何不变性,提出了一种基于内容的自适应离散傅里叶变换域数字水印算法,选取重要频谱系数嵌入水印,同时兼顾边缘信息不受大的损害。非监督分类实验结果表明,该算法较好地保持了数据精度,但是不能抵抗改变影像大小和相对位置的几何攻击。王兰(2010)对原始载体影像进行三级双树复数小波变换,利用 Förstner 特征点提取算子对影像的最低频子带进行特征点提取,根据提取的特征点位置,在高频子带的对应位置自适应地选择一个 $n \times n$ 大小的系数子块,进行水印信息的调制嵌入,且在提取水印信息的同时能够近无损重建原始影像。该算法兼顾了水印的鲁棒性和不可见性,能够有效抵抗剪切、平移、旋转等几何攻击,对线性拉伸、低通滤波等攻击也具有一定的鲁棒性。陈年福(2011)结合影像地图的地理属性,设计了基于小波域隐马尔可夫(Markov)树的数字水印算法,利用地理坐标对地图进行网格划分,对三级小波变换后的系数进行隐马尔可夫模型构建,采用基于容错机制的步长量化算法将水印嵌入。任娜等(2011a,2011b,2012)提出了基于映射机制和离散余弦变换的水印算法,通过构建映射机制函数实现攻击后水印信息的同步,使其能够抵抗复合攻击,对嵌入水印后影像的统计特性进行了分析以验证算法的近无损性;针对网络环境下遥感影像数据的瓦片存储方式,采用黄金分割法搜索定位机制设计了一种抗拼接遥感影像水印算法,利用瓦片数据的像元值在影像拼接前后的特性,确保了水印信息的正确提取。任娜等(2011b)采用模板匹配技术将水印信息扩频成与遥感影像同样大小,并与最高有效位进行匹配,生成密钥矩阵,将水印嵌入到最高位或次低位。提取水印时,采用模板匹配技术提取出最优信息。该算法虽然能够抵抗几何攻击,但是需要保存密钥矩阵,属于半盲算法,因此实用性较差。杨猛(2011)对每一级小波分解后的低频系数进行哈里斯(Harris)特征点提取和动态聚类分析,将含有多个特征点的特征区域作为嵌入区域。结合遥感影像地图的特征,提出了一种直接利用地理坐标进行水印检测的方案,省去重新定位的过程,进一步提高了算法的效率。付剑晶(2012)首先对原始影像进行 k 级双树复数小波变换,使能量集中在 2 个低频子带上;然后将生成的 2 个低频子带划分成互不交叉的影像子块,计算每个子块的第一主成分向量;根据给定的参考向量产生二进制水印序列,并对此序列进行置乱形成影像的原始版权签名。类似地,在水印提取阶段可获得一个恢复的版权签名,计算原始版权签名与恢复的版权签名的相关性,并根据阈值来判断影像版权归属。李丽丽等(2012)在原始遥感影像中提取哈里斯—拉普拉斯特征点,并据此确定水印的嵌入区域,将嵌入区域进行圆环或扇形划分,采用奇偶量化的方法修改像素值将水印嵌入。该算法虽能够抵抗几何攻击,但未采取有效措施来控制嵌入水印后遥感影像的数据精度。

2. 遥感影像半脆弱水印研究现状

遥感影像半脆弱水印主要用于内容认证和篡改区域定位,与脆弱水印相比,半脆弱水印还具有选择性认证功能,能够区分合理性失真和针对影像内容的恶意篡改攻击。目前,针对遥感影像半脆弱水印算法研究的较少。

王文君(2004)采用二进制小波提取遥感影像的边缘特征作为水印,针对多光谱影像采用正交小波包对 R、G、B 三个波段进行分解,根据敏感程度的不同嵌入不同强度的水印。该算法对图像的篡改具有一定的提示和定位作用,但是在水印检测时需要原始影像参与。然而,如果检测方拥有原始数据,那么通过与待检影像的简单对比即可判定影像是否被篡改,无须再进行水印的提取,因此该算法的实用性不强。

耿迅等(2008)采用双正交 9/7 小波对原始遥感影像进行三层小波分解,根据密钥决定是否在特定系数位置嵌入水印,对于要嵌入水印的位置将三个细节分量系数进行排序,通过对中间系数值进行量化来嵌入水印。该算法可以抵抗一定程度的 JPEG 压缩和图像增强,同时对内容篡改等恶意攻击表现出脆弱性,但需要保存水印的嵌入位置作为密钥,属于半盲算法,且对篡改区域的定位精度不高。

蒋力等(2012)采用影像直流量化系数的奇偶性作为水印信息,通过交织卷积编码实现篡改定位,利用中低频抖动调制来平衡不可见性及边缘信息之间的矛盾,在中低频区域随机选取奇数个交流系数进行修改以嵌入半脆弱水印。该算法在具有一定鲁棒性和篡改定位能力的同时,保存了影像的边缘信息,使嵌入水印后的遥感影像满足精度要求,但是算法不具备对篡改区域的恢复能力。

Ruiz 等(2011)将遥感影像进行自适应分块,为了更好地抵抗 JPEG 压缩、获取小波变换的低频子带构建树状结构,采用迭代的方式对其进行修改直至满足特定的要求。该算法虽能够抵抗高品质的 JPEG 压缩并具有篡改提示功能,但必须对每一子块保存特定的密钥,导致所需存储的信息量过多。

3. 存在的主要问题

遥感影像数字水印算法的研究虽然取得了一定的成果,但仍存在着许多问题亟待解决。

1)遥感影像鲁棒水印存在的问题

(1)抗几何攻击的鲁棒性不强。嵌入水印后的遥感影像在应用的过程中不可避免地要进行旋转、缩放、剪切、拼接等改变影像大小和位置的处理,而现有的许多算法抵抗几何攻击的能力较弱,有些需要将旋转、缩放后的影像恢复至原始大小后才能从中检测水印,实用性不强。很多研究只涉及了常见的几何攻击方式,对于大幅影像的剪切和瓦片数据的拼接等遥感影像所特有的几何攻击鲜有涉及。从实际应用的角度出发,提高抵抗几何攻击的鲁棒性是遥感影像的水印算法研究必须要攻克的难题。

(2)很少考虑对数据精度的影响。有些算法照搬普通图像的水印技术,仅从不可见性的层面对嵌入水印后的遥感影像进行了分析。然而,遥感影像作为地形分析、立体像对测量、影像判读、数字高程模型生成的重要数据源,在嵌入水印后还要进行多种应用。遥感影像的水印算法不仅要满足视觉上的不可见性,在此基础上还应满足数据精度要求,不能因为水印信息的嵌入而影响遥感影像的使用价值。因此,在水印嵌入的过程中,需要采取切实有效的措施对遥感影像的数据精度进行控制,使其保持在允许的范围内。

(3)水印检测时需要原始影像参与。现有的一些算法在检测水印时需要原始遥感影像参与，属于非盲算法。遥感影像生产成本高、现势性强，在多数情况下，水印的检测方难以得到原始影像，而且为了检测水印而保存原始影像会占据大量存储空间，造成资源浪费，给实际应用带来不便。因此，在数字水印的提取时，不能依赖于原始的遥感影像，非盲算法的实用性不强。

2）遥感影像半脆弱水印存在的问题

（1）篡改定位精度不高。半脆弱水印的重要用途之一就是进行篡改区域定位。有些算法虽能对遥感影像进行完整性认证，判定影像是否遭受了恶意篡改攻击，但对受攻击影像中的篡改区域定位精度不高，不能十分准确地显示哪些位置遭到了篡改，哪些位置保持不变。

（2）不具备篡改区域恢复能力。现有的遥感影像半脆弱水印算法大部分只具有内容认证和篡改区域定位的功能，而不能对被篡改的区域进行有效恢复。如果能在定位篡改区域的基础上对其进行近似恢复，使其满足基本视觉要求，则更加符合实际应用的需求，具有重要意义。

（3）水印检测时需要原始影像参与。有些遥感影像的半脆弱水印算法实用性不强，主要体现在水印检测时需要原始遥感影像参与。这与遥感影像的鲁棒水印算法存在的问题类似。然而需要特别指出的是，对于半脆弱水印算法而言，若在检测水印时能够得到原始遥感影像，那么通过两幅影像的视觉对比就能很容易地判定影像是否遭到了篡改，无须再通过设计算法实现。因此，非盲的半脆弱水印算法没有实际意义。

第3章　矢量地图数据抗常规攻击数字水印

对矢量地图数据嵌入水印的前提是对数据的扰动以不影响数据的精度为原则,在保证不可见性的前提下要能嵌入尽量多的信息。为了避免标志版权信息的数字水印被去除,这种水印应具有较强的鲁棒性和不可感知性,即要求处理后的地图数据在精度上没有明显损失,数据质量没有明显下降,从视觉上也观察不到明显变化,同时应具有较强的抵抗各种攻击的能力。

§3.1　基于统计特性的数字水印

把水印信息嵌入在地图节点的统计特性中,是许多矢量地图数据水印算法的核心思想。把数据分成很小的块(方块或条带),移动块内的节点,使得节点的分布呈现两种预定分布样式中的一种,从而代表嵌入水印位 1 或 0。块要足够小,使节点在块内的任何位置调整都在数据的容错范围内。

3.1.1　基于统计特性数字水印技术思想

"1-比特"隐藏方案是在数字载体中嵌入 1 比特,统计隐藏技术就是以"1-比特"隐藏方案为基础的,其思想是:若传输的是"1",就对载体的某些统计特性进行显著地修改;否则,就不改变隐秘载体。检测时,只需查看含水印载体的统计特征,从而达到盲检测的目的。这样接收方必须能区分未改变的隐秘载体部分和已改变的隐秘载体部分。

为了用多个"1-比特"方案构造一个 "$l(m)$-比特" 隐藏系统,必须把载体分成不相交的 B_1、B_2、$\cdots$、$B_{l(m)}$ 块。一个秘密位 m_i 插入第 i 块中:若 $m_i=1$,就把"1"放入 B_i 中;否则,该块在嵌入过程中保持不变。利用检验函数对一个特定位进行检测,该函数可区分修改的载体块和未修改的载体块,即

$$f(B_i) = \begin{cases} 1, & B_i \text{ 块在嵌入过程中被修改} \\ 0, & \text{否则} \end{cases} \tag{3.1}$$

函数 f 可以看作是一个假设检验函数,对 0 假设(块 B_i 没有被修改)和 1 假设(块 B_i 已被修改)进行比较测试。因此,称这一大类的隐藏系统为统计隐藏系统。接收方为了恢复每 1 比特的秘密信息,要对所有块连续地使用 f 函数。

典型的统计隐藏技术有 Bender 等(1996)提出的杂凑(patchwork)水印方案和Pitas(1996)提出的水印方案。

1. Patchwork 方案

1996 年，Bender 等提出了一种称为 Patchwork 的信息隐藏方法，是一种典型的统计水印算法，即在一个载体图像中嵌入具有特定统计特性的水印，它主要用于打印票据的防伪。

1）算法思想

Patchwork 算法嵌入的是一种数据量较小、能见度很低、鲁棒性很强的数字水印，能够抵抗图像剪裁、模糊化和色彩抖动。Patchwork 原指用各种颜色和形状的碎布片拼接而成的布料，它形象地说明了该算法的核心思想，即在图像域上通过大量的模式冗余实现鲁棒数字水印。Patchwork 并不是将水印隐藏在图像数据的最低有效位中，而是隐藏在图像数据的统计特性中。

以隐藏 1 位数据为例，Patchwork 算法首先通过密钥产生两个随机数据序列，分别按图像的尺寸进行缩放，成为随机点坐标序列；然后将其中一个坐标序列对应的像素亮度值降低，同时升高另一个坐标序列对应的像素亮度。由于亮度变化的幅度很小，而且随机散布，所以不会明显影响图像质量。为了提高鲁棒性，还可以改变随机点邻域的像素亮度，这样就形成了图像域上亮、暗模式（即所谓 Patch）的铺砌。

该算法基于一个基本的假设：给定一个足够大的 n，利用伪随机数发生器在密钥 K 的作用下生成两个伪随机序列，基于这两个伪随机序列选取图像像素对 (A_i, B_i)，设 A_i 的亮度为 a_i，B_i 的亮度为 b_i，令 $S_i = a_i - b_i$，重复上述过程 n 次，定义 S_n 为

$$S_n = \sum_{i=1}^{n} S_i = \sum_{i=1}^{n} (a_i - b_i) \tag{3.2}$$

如果 n 足够大，则有

$$E(S_n) = 0$$

$$\sigma_{S_n} \approx \sqrt{n} \times 104$$

这说明所有像素点 A_i 的亮度平均值与所有像素点 B_i 的亮度平均值非常接近。

水印嵌入后，所有像素点 a_i 的亮度平均值增加 δ，所有像素点 b_i 的亮度平均值减少 δ，整个图像的平均亮度保持不变，并且这些像素点的亮度变化能够被准确检测。这个假设是必要的且在水印嵌入和检测过程中可得到证实。

2）水印嵌入

（1）利用一个密钥 K 和伪随机数发生器来选择像素对 (A_i, B_i)，设它们的像素值分别为 (a_i, b_i)。

（2）将像素点 A_i 处的亮度值 a_i 提高 δ（δ 一般取值为 256 的 1%～5%）。

（3）将像素点 B_i 处的亮度值 b_i 降低同样的值 δ，则

$$\left.\begin{array}{l} a'_i = a_i + \delta \\ b'_i = b_i - \delta \end{array}\right\} \tag{3.3}$$

（4）重复上述步骤 n 次（n 的典型值为 10 000）。

通过这一调整来隐藏水印信息，整个图像的平均亮度保持不变。

3）水印检测

水印检测时，不需要原始图像的参与，仅根据待检测图像来鉴别。

（1）对编码后的图像利用同样的密钥 K 和伪随机数发生器来选择像素对 (A_i, B_i)，设它们的像素值分别为 (a'_i, b'_i)。

（2）计算 S'_n 为

$$S'_n = \sum_{i=1}^{n}(a'_i - b'_i) = \sum_{i=1}^{n}\left[(a_i + \delta) - (b_i - \delta)\right] = 2n\delta + \sum_{i=1}^{n}(a_i - b_i) \tag{3.4}$$

当 n 足够大时，$E\left(\sum_{i=1}^{n}(a_i - b_i)\right) = \sum_{i=1}^{n}(E(a_i) - E(b_i)) = 0$，因此，$S'_n = 2n\delta + \sum_{i=1}^{n}(a_i - b_i) \approx 2n\delta$。

在不知道密钥的情况下，随机选取像素对时，假设它们是独立同分布的，就有 $E(S'_n) \approx 0$。这表明，只有水印嵌入者可以对水印进行正确检测（$E(S'_n) \approx 2n\delta$），攻击者无法判断图像中是否含有水印（$E(S'_n) \approx 0$）。

4）Patchwork 算法的局限性

Patchwork 算法有其本身固有的局限性，表现如下：

（1）Patchwork 算法的信息嵌入率非常低，嵌入的信息量非常有限，通常每幅图只能嵌入 1 比特的水印信息，只能应用于低水印码率的场合。因为嵌入码低，所以该算法对串谋攻击抵抗力弱。为了嵌入更多的水印比特，可以将图像分块，然后对每一个图像块进行嵌入操作。

（2）Patchwork 算法必须找到图像中各像素的位置，否则经仿射变换后很难对加入水印的图像进行解码。

通过分析，可以发现任何基于改变图像像素点位置的攻击都会使水印难以被检测。为了增加水印的鲁棒性，可以将像素对扩展为小块的像素区域对（如 8×8 图像块），增加区域中所有像素点的亮度值而相应减少对应区域中所有像素点的亮度值。适当地调整参数后，Patchwork 算法对 JPEG 压缩、滤波及图像裁剪有一定的抵抗力且人眼无法觉察。

5）影响 Patchwork 算法使用效果的因素

影响 Patchwork 算法使用效果的因素主要有：

（1）Patch 的深度，指对随机点邻域灰度值改变的幅度，深度越大，水印的鲁棒性越强，但同时也会影响不可感知性。

　　(2)Patch 的尺寸,大尺寸的 Patch 可以更好地抗旋转、位移等操作,但尺寸的增大必然会引起水印信息量的减少,造成 Patch 相互重叠。具体应用时,必须在 Patch 的尺寸和数量之间进行折中。

　　(3)Patch 的轮廓,具有陡峭边缘的 Patch 会增加图像的高频能量,有利于水印的隐藏,但也使水印容易被有损压缩破坏;相反,具有平滑边缘的 Patch 可以很好地抵抗有损压缩,但易于引起视觉注意。因此,应根据可能会遭受的攻击确定 Patch 的轮廓。如果面临有损压缩攻击,应采用具有平滑边缘的 Patch,使水印能量集中于低频;如果面临对比度调整的攻击,应采用具有陡峭边缘的 Patch,使水印能量集中于高频;如果对所面临的攻击没有准确的估计,应使水印的能量散布于整个频谱。

　　(4)Patch 的排列,因为人眼对灰度边界十分敏感,可以采用随机的六角形排列,尽量不形成明显的边界。

　　(5)Patch 的数量,数量越多,解码越可靠,但会牺牲图像的质量。

　　(6)伪随机序列的随机性能。

　　除了这些因素外,还可以融合图像滤波技术,以提高水印的不可感知性或鲁棒性。

2. Pitas 水印方案

1)算法思想

1996 年,Pitas 等提出的水印方案是最有代表性的统计水印技术。首先把一幅图像分成一系列的图像块 B_i,并把图像块 B_i 的数据集合分成大小相同的两个数据集 C_i 和 D_i,那么各个图像块 B_i 的 C_i 和 D_i 的均值应该是相等的,但是在人为嵌入水印后的图像块 B_i' 中,C_i 和 D_i 的均值相差 K,这就是统计水印的原理——修改载体的统计特性。在进行水印检测时,基于统计假设检验是否有统计特性被修改。

2)水印嵌入

　　(1)假设载体信号为一幅大小为 $M \times N$ 的 t 级灰度图像,首先把图像分割为 $l(m)$ 个互不重叠的载体块 B_i,B_i 中包含的像素集合为 $\{p_{n,m}^i\}$,则 B_i 块可以表示为

$$B_i = \{p_{n,m}^i \mid p_{n,m}^i \in \{0,1,2,\cdots,t-1\}\} \tag{3.5}$$

式中,M、N 分别为块 B_i 的长和宽,$n \in \{0,1,\cdots,N-1\}$,$m \in \{0,1,\cdots,M-1\}$。

　　(2)令 $S = \{S_{n,m}\}$ 是同样尺寸的矩形伪随机二值图案,并且 S 中 1 和 0 的个数相等,而且只有收发双方知道 S(S 作为隐藏密钥)。S 可以表示为

$$S = \{S_{n,m} \mid S_{n,m} \in \{0,1\}\} \tag{3.6}$$

式中,$n \in \{0,1,\cdots,N-1\}$,$m \in \{0,1,\cdots,M-1\}$。

　　(3)发送方把图像块 B_i 按照 S 分成同样大小的两个集合 C_i 和 D_i(假定在 C_i

和 D_i 中的所有像素是独立同分布的随机变量），并规定对应 $S_{n,m}$ 为 1 的像素点 $p^i_{n,m}$ 放入集合 C_i 中，对应 $S_{n,m}$ 为 0 的像素点 $p^i_{n,m}$ 放入集合 D_i 中。

$$\left.\begin{array}{l} C_i = \{p^i_{n,m} \in B_i \mid S_{n,m} = 1\} \\ D_i = \{p^i_{n,m} \in B_i \mid S_{n,m} = 0\} \end{array}\right\} \tag{3.7}$$

（4）发送方对子集 C_i 中的所有元素都加上一个正的偏移 K，得到 C'_i，即

$$C'_i = \{p^i_{n,m} + K \mid p^i_{n,m} \in C_i\} \tag{3.8}$$

（5）合并 C'_i 和 D_i，形成嵌入了标记的图像块 B'_i，即

$$B'_i = C'_i \bigcup D_i$$

3）水印提取

水印检测的关键在于检查两个图像子集像素平均灰度值的区别。接收方由于拥有隐藏密钥 S，可以根据 S 重构集合 C_i 和 D_i。若块 B_i 中嵌入了水印信息，那么在 C_i 中的所有值比在嵌入水印后的值大，计算集合 C_i 和 D_i 的均值之差。如果均值之差大于一个阈值，则认为在块 B_i 中嵌入了比特"1"；如果均值之差小于阈值，则认为嵌入的为"0"。

如果假定在集合 C_i 和 D_i 中的所有像素是独立同分布的随机变量，可以是任意分布，检验统计量为

$$q_i = \frac{\overline{C}_i - \overline{D}_i}{\hat{\sigma}_i} \tag{3.9}$$

式中，$\hat{\sigma}_i = \sqrt{\dfrac{\mathrm{Var}(C_i) + \mathrm{Var}(D_i)}{|W|/2}}$，$\overline{C}_i$ 和 $\overline{D}_i$ 分别表示集合 C_i 和 D_i 中所有像素的均值，$\mathrm{Var}(C_i)$ 和 $\mathrm{Var}(D_i)$ 分别表示 C_i 和 D_i 中随机变量的估计方差。

根据中心极限定理，q_i 渐近于服从 $N(0,1)$ 正态分布。如果在一个图像块中嵌入了水印信息，q_i 的期望值将大于 0。接收方因此能通过图像检验块的统计量 q_i 在 $N(0,1)$ 分布下是否为 0 来重构第 i 个秘密信息位。

统计特征的体现需要较大的数据量，因此，这类水印载体性质稳定，但是水印容量不大。

3.1.2　基于自适应空间聚类的数字水印

1. 算法思想

基于空间聚类的水印算法是一种统计水印。为增强系统的普适性，首先利用空间聚类具有使同一子群内的数据对象具有较高的相似度而不同子群之间的数据对象相似度较低、具有较强的稳定性等特性，对地图数据进行聚类；然后根据水印信息对每一类数据的统计特性进行显著的修改。

对一幅地图，由于矢量地图数据是按要素分层表达的，各个要素层所含的数据量差别较大，如对植被、居民地等要素层，其定位数据可能只有几百 KB，甚至更

少；而对数据量丰富的等高线、水系等要素层，其定位数据可达数 MB。显然，在水印嵌入时对这些要素应区别对待，如果采用统一的数据分类模式、相同大小的水印信息显然不合适。

基于自适应空间聚类统计特性的水印算法在对各个要素层进行水印的嵌入时，首先考查该要素层的数据量，根据数据量的大小确定数据的分类规则，对数据量较小的要素层，可嵌入的水印信息量只有几十位；而对数据量丰富的要素层，嵌入的水印信息量可达上千位。确定分类规则后，按照分类规则对各个要素层的地图数据进行分类，将它们分配到各个数据单元，然后根据水印信息修改各个数据单元的数据点坐标，从而把水印信息添加到矢量地图数据中。提取水印时，对嵌入了水印的矢量地图进行与嵌入过程相同的数据点分类，通过统计栅格单元的统计特性获得水印信息。水印提取过程不需要原始矢量地图数据，并且能够具有较好的不可感知性和鲁棒性。

基于自适应空间聚类的数字水印算法可以用图 3.1 表示。

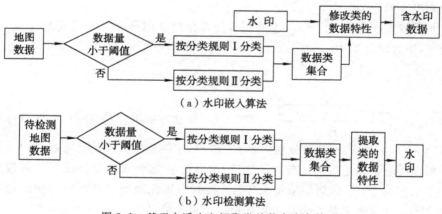

图 3.1　基于自适应空间聚类的数字水印算法

2. 水印置乱

要嵌入的水印信息是作为版权标志的二值图像的，为增强水印的安全性，首先对水印图像置乱加密，然后把它转换成 $\{-1, 1\}$ 的二值序列水印 W，即 $W = \{w_i\}$，$w_i = \{-1, 1\}$，$i = 0、1、\cdots、2M$。

3. 空间数据点分类

基于统计特性的水印方案是以"1-比特"方案为基础的，为了在地图数据中嵌入"$l(m)$-比特"的水印，必须对地图数据进行分类，在每一类数据中嵌入 1 位水印信息。对数据分类时，要遵循一个基本原则，即要保证所有的类中数据量的最小容量要求，尽量使数据均匀分布到所有的类中，如果一个类中的数据量太小，其统计特性不明显，检测时难以提取有效的水印信息；如果类中的数据容量太大，则水印信息对攻击操作不敏感。因此,分类规则极为重要,这些都与原始数据量的多少及水印的大小有关。

该算法采用两种数据分类规则,分别适用于对大数据量和小数据量数据的分类。

(1)对以居民地等要素层为代表的小数据量数据,分类规则 I 为:假设矢量地图数据被分成 M 类,根据特定的映射关系式把各个数据点映射到每一类型中,这种分类方法生成的数据类型少,所容许的水印容量也相应较小,即

$$S_1 = f_1(x_k x_{k-1} \cdots x_0, y_k y_{k-1} \cdots y_0)$$
$$= (a_0 x_0 + b_0 y_0 + a_1 x_1 + b_1 y_1 + \cdots + a_{n-1} x_{n-1} + b_{n-1} y_{n-1})/M$$

$$(3.10)$$

(2)对以等高线等要素层为代表的大数据量数据,分类规则 II 为:假设矢量地图数据被分成 $M = I \times J$ 类,根据点坐标的某些属性对数据点进行"栅格化"处理,即首先确定一个简单的二维栅格,然后根据矢量地图数据点坐标 $(x_k x_{k-1} \cdots x_0, y_k y_{k-1} \cdots y_0)$ 中的数据属性,按照特定映射规则式把该数据点映射到相应的栅格单元中,位于每个栅格单元中的数据作为一类,即

$$S_2 = f(x_k x_{k-1} \cdots x_0, y_k y_{k-1} \cdots y_0) = \text{mod}(x_2 x_1, I) + \text{mod}(y_2 y_1, J) \times I$$

$$(3.11)$$

这种分类方法生成的数据类型较多,所容许的水印容量也相应较大。

由于每一个定位点的坐标 (X, Y) 可以同时作为水印的嵌入域,因此如果数据集被分成 M 类,则可以嵌入的水印信息量不大于 $2M$ 位,所以数据集的大小、数据的分类规则及所嵌入的水印信息量是一个相互制约的关系。

4. 水印嵌入

水印嵌入是以数据分类为基础的,在每一类数据中嵌入 1 位水印信息。根据水印信息及数据的误差容限 g,对位于这一类中的所有数据的特定信息进行显著修改,实现水印信息的嵌入。

按以下步骤修改每一个数据点 $\text{point}(x, y)$:

(1)获取数据点 $\text{point}(x, y)$ 的特定信息 $n\text{Chara}(x, y)$ 和尾数 $n\text{Mantissa}$。

(2)如果在该类数据集中要嵌入的水印位 $w_i = 1$,执行第(3)步;否则,执行第(6)步。

(3)如果数据点的特定信息 $n\text{Chart} = B$,并且尾数满足 $n\text{Mantissa} - g w_i < 0$,修改该坐标点为 $\text{point}[j] = \text{point}[j] - g w_i$。

(4)如果数据点的特定信息 $n\text{Chart} = B$,并且尾数满足 $n\text{Mantissa} + g w_i > 10$,修改该坐标点为 $\text{point}[j] = \text{point}[j] + g w_i$。

(5)否则,修改该坐标点的尾数信息 $n\text{Mantissa} = D$,转第(9)步。

(6)如果数据点的特定信息 $n\text{Chart} = A$,并且尾数满足 $n\text{Mantissa} + g w_i < 0$,

修改该坐标点为 $\text{point}[j] = \text{point}[j] + gw_i$。

（7）如果数据点的特定信息 $n\text{Chart} = A$，并且尾数满足 $n\text{Mantissa} - gw_i > 10$，修改该坐标点为 $\text{point}[j] = \text{point}[j] - gw_i$。

（8）否则，修改该坐标点的尾数信息 $n\text{Mantissa} = C$。

（9）该数据点修改完毕。

上述各步中，数据点 $\text{point}(x, y)$ 的特定信息 $n\text{Chara}(x, y)$ 指的是该数据点 x 坐标的十位信息，A、B 分别代表该十位信息的奇偶性；尾数 $n\text{Mantissa}$ 指该数据点 x 坐标的个位信息，C、D 分别代表该个位信息为 4、5，g 为数据的误差容限。

5．水印提取

水印提取是水印嵌入的逆过程。当需要提取水印时，首先判断待检测矢量地图数据的数据量与数据门限的关系，根据这个关系确定数据的分类规则并对所有的数据点进行分类；然后统计各个数据类型的数据特性及数据的尾数信息，从而获得 1 位水印信息 w_i，把这些水印信息按一定的规则组合起来就获得了隐含在数据中的版权信息 w。

6．实验与分析

图 3.2 是采用该算法对大数据量要素层数据嵌入水印的一个实验效果图。所选数据源为一幅 1∶25 万地图的等高线数据，数据量为 3 MB，共有 141 311 个定位点。图 3.2(a)是原始矢量地图数据可视化的效果图，图 3.2(b)是用作版权保护的数字水印，图 3.2(c)是嵌入水印后的矢量地图数据可视化的效果图，图 3.2(d)是从图 3.2(c)中提取的水印。

图 3.3 是采用该算法对小数据量要素层数据嵌入水印的一个实验效果图。所选数据源为一幅 1∶25 万地图的交通数据，该要素层的数据量为 60 KB，共有 2 793 个数据点。图 3.3(a)是原始矢量地图数据可视化的效果图，图 3.3(b)是用作版权保护的数字水印，图 3.3(c)是嵌入水印后的矢量地图数据可视化的效果图，图 3.3(d)是从图 3.3(c)中提取的水印。

从图 3.2 和图 3.3 可以看出，算法具有很好的不可感知性，并且提取的水印效果非常好。

（a）原始矢量地图数据　　（b）用作版权　（c）嵌入水印后的矢量地图数据　（d）从图（c）
　　　　　　　　　　　　　　保护的水印　　　　　　　　　　　　　　　　　中提取的水印

图 3.2　大数据量矢量地图数据加水印的效果

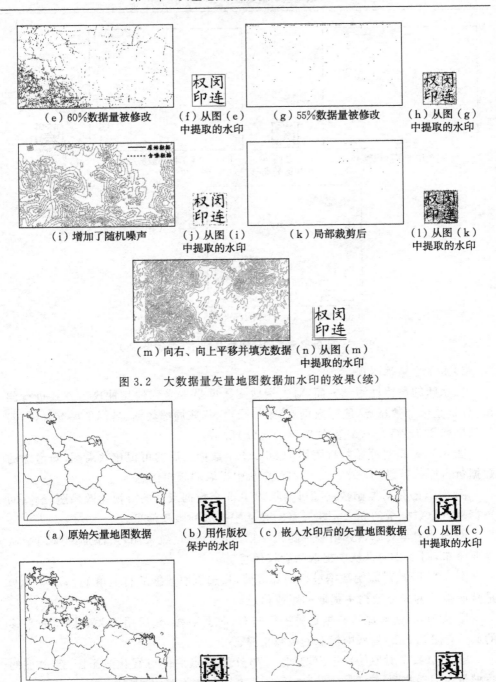

（e）60%数据量被修改　　（f）从图（e）　　（g）55%数据量被修改　　（h）从图（g）
　　　　　　　　　　　中提取的水印　　　　　　　　　　　　　　中提取的水印

（i）增加了随机噪声　　（j）从图（i）　　　（k）局部裁剪后　　　（l）从图（k）
　　　　　　　　　　中提取的水印　　　　　　　　　　　　　　中提取的水印

（m）向右、向上平移并填充数据　（n）从图（m）
　　　　　　　　　　　　　　　中提取的水印

图 3.2　大数据量矢量地图数据加水印的效果（续）

（a）原始矢量地图数据　　（b）用作版权　　（c）嵌入水印后的矢量地图数据　　（d）从图（c）
　　　　　　　　　　　保护的水印　　　　　　　　　　　　　　　　　　　　中提取的水印

（e）60%数据量被修改　　（f）从图（e）　　（g）55%数据量被修改　　（h）从图（g）
　　　　　　　　　　　中提取的水印　　　　　　　　　　　　　　中提取的水印

图 3.3　小数据量矢量地图数据加水印的效果

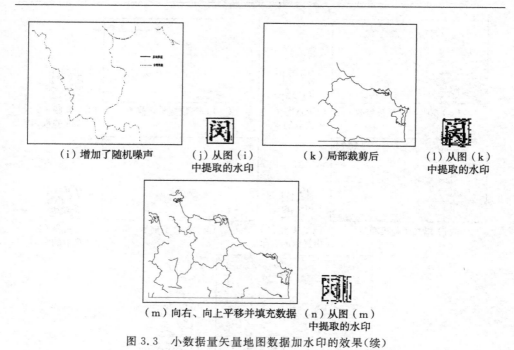

（i）增加了随机噪声　　（j）从图（i）　　　（k）局部裁剪后　　　（l）从图（k）
　　　　　　　　　　　中提取的水印　　　　　　　　　　　　　　中提取的水印

（m）向右、向上平移并填充数据　（n）从图（m）
　　　　　　　　　　　　　　　　中提取的水印

图 3.3　小数据量矢量地图数据加水印的效果（续）

1）水印鲁棒性

在水印的鲁棒性测试方面，对矢量地图数据最常受到的几种攻击方式进行测试，分别是增加数据点、删除数据点、添加噪声、裁剪局部数据、坐标平移等几种，实验效果如图 3.2(e)～(n)和图 3.3(e)～(n)所示。

图 3.2(e)是对原始数据再增加 86 264 个数据点后的可视化效果图，新增加的数据量占原数据量的 60%，图 3.2(f)是从中提取的版权信息。

图 3.2(g)是对原始数据随机删除 78 035 个数据点后的可视化效果图，删除的数据量占原数据量的 55%，图 3.2(h)是从中提取的版权信息。

图 3.2(i)是对原始数据添加随机噪声后的可视化效果图，所添加的噪声服从高斯分布，图 3.2(j)是从中提取的版权信息。

图 3.2(k)是对原始数据进行局部裁剪，只选取原数据的右上角 1/4，图 3.2(l)是从所裁剪的局部数据中提取的版权信息。

图 3.2(m)是对原始数据首先进行向右、向上平移，然后用无关数据填充平移的部分，图 3.2(n)是从中提取的版权信息。

图 3.3(e)是对原始数据再增加 1 676 个数据点后的可视化效果图，新增加的数据量占原数据量的 60%，图 3.3(f)是从中提取的版权信息。

图 3.3(g)是对原始数据随机删除 1 536 个数据点后的可视化效果图，删除的数据量占原数据量的 55%，图 3.3(h)是从中提取的版权信息。

　　图 3.3(i)是对原始数据添加随机噪声后的可视化效果图(选取局部地区放大显示),所添加的噪声服从高斯分布,图 3.3(j)是从中提取的版权信息。

　　图 3.3(k)是对原始数据进行局部裁剪,只选取原始数据的右下角 1/4,图 3.3(l)是从所裁剪的局部块中提取的版权信息。

　　图 3.3(m)是对原始数据首先进行向右、向上平移,然后用无关数据填充平移的部分,图 3.3(n)是从中提取的版权信息。

　　2)水印透明性(不可感知性)

　　水印的透明性主要从图形视觉上的透明性和数据定位精度的透明性两个方面来评价。

　　(1)图形视觉上的透明性。嵌入水印后,图形在视觉上不能引起人们可感知的变化,即对人类视觉系统是透明的,不能产生可感知的失真,图 3.4 为嵌入水印前后图形视觉效果的对比图。其中,线划图为原始数据可视化的图形,圆点表示嵌入水印后的数据,图形的变化是非常小的,人眼根本感觉不到。右图是左图选定区域放大后的效果图,可以看出,图形经过放大后,人眼仍感觉不到变化,因而该水印算法在视觉上是透明的。

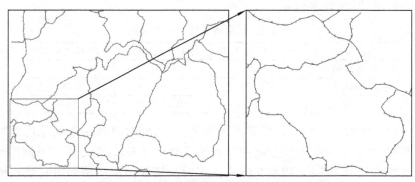

图 3.4　图形视觉不可感知性的效果图

　　(2)数据定位精度的透明性。图像等水印的透明性主要是指视觉上的透明性,而对矢量地图数据来说,水印的透明性不仅指图形视觉上的透明性,更重要的是数据定位精度的透明性。数据精度的透明性是评价地图数据水印的一个重要指标,因为数据精度是空间数据的本质特征,所以缺乏精度的数据将失去价值。水印的操作不仅不能引起人们视觉上的变化,更不能引起数据质量的明显下降,建立的水印算法必须满足对数据精度是透明的这一基本要求。对数据定位精度的透明性,采用均方误差和最大误差来衡量,测试数据为 1∶25 万矢量地图数据,数据单位为 1/4 秒,测试结果如表 3.1 所示。

表 3.1 数据精度不可感知性统计

数据点数	均方误差	最大误差/(1/4 秒)
141 311	0.495	1
2 793	0.498	1

表 3.1 表明,嵌入水印所引起的均方误差非常小,最大误差为 1 个单位 (1/4 秒),完全在 1∶25 万地图数据的精度范围内,并且水印操作所引起的数据误差是随机、均匀分布在整个数据空间上的。因此,该算法在数据的定位精度上也是透明的。

3)时间效率

采用 100 幅 1∶25 万矢量地图数据进行批量地图水印嵌入实验,检验该方案在实际应用中时间开销大小。

实验环境:CPU 为酷睿 2 T6600 2.20 GHz,内存为 2GB DDR2,操作系统为 Windows XP sp2。

首先对以文件形式存储的 50 幅 1∶25 万矢量地图数据采取批量嵌入的方式,然后对 100 幅矢量地图数据采用相同的方案嵌入,在地图数据各要素坐标层上均嵌入水印信息,时间效率如表 3.2 所示。

表 3.2 批量嵌入时间耗费对比

地图数量	数据大小/MB	总坐标点数/个	时间耗费/秒
单幅地图	8.59	256 386	1
50 幅地图	372.08	11 840 936	8
100 幅地图	638.32	20 627 538	17

本实验采用的是 1∶25 万矢量地图数据,算法同时也适用于其他比例尺的矢量地图数据,算法本身和地图数据的比例尺没有直接关系,但是由于不同比例尺地图数据所容许的误差不同,因此在嵌入水印时应确保误差严格限定在数据的精度范围内。

根据矢量地图数据各要素层所含数据量,设计两种不同的数据分类规则,实现嵌入不同大小水印信息的版权保护算法。对数据量较小的要素层,数据分类的类型少,可以嵌入的水印信息少;而对数据量丰富的要素层,数据分类的类型多,嵌入的水印信息多。水印检测时,不需要原始矢量地图数据的参与,是一种盲水印算法,适用范围广。该算法简单,易于实现,通用性强。实验表明:这种水印添加方案能够保证处理后的矢量地图数据在精度上没有明显损失,数据质量没有明显下降,从视觉上也观察不到明显变化,具有较好的隐蔽性、透明性;同时,对矢量地图数据最常受到的攻击具有很好的鲁棒性,在数据遭到大量裁减的情况下仍能提取有效的水印信息,可以有效地起到版权保护的作用,是矢量地图数据版权保护的一种实用方法。

§3.2 基于离散余弦变换的矢量地图数据的数字水印

一般来说,地图对象具有连续和光滑的形状,在一个单独地理实体内的顶点坐标往往具有较高的相关性。同时,离散余弦变换对高度相关的数据具有能量聚集的特性,矢量地图数据经过离散余弦变换后,变换数据的能量将被集中到直流系数和低频系数中。利用这一特征,可以由组成地理实体的定位点构成一个离散数据序列,对该序列进行离散余弦变换,并把水印嵌入离散余弦变换系数上。

3.2.1 算法思想

由于矢量地图数据存在一定的冗余,这些冗余数据被微小的改变或删除一般不会影响数据的精度和图形的视觉效果。与这些冗余数据相比,有些数据点则是不能随便更改或删除的,否则既改变了图形的视觉效果,也改变了数据的精度,影响数据的使用。因此,为了增加系统的鲁棒性,避免所嵌入的水印被有意或无意的攻击所去除,特别是抵抗对地图数据的简化攻击,应对数据点进行有选择的水印嵌入,即并不是所有的数据点都参与水印的嵌入/检测过程,而是选择一些特征点参与;然后,基于约定的规则,由这些特征点构成一幅伪数字图像;再对所构成的伪数字图像进行离散余弦变换,按照水印信息调整离散余弦变换的相关系数,对经过调整后的系数进行离散余弦逆变换,完成水印信息的嵌入。该算法流程如图 3.5 所示。

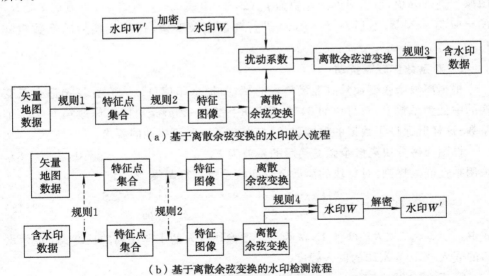

（a）基于离散余弦变换的水印嵌入流程

（b）基于离散余弦变换的水印检测流程

图 3.5 基于离散余弦变换的矢量地图数据的水印算法流程

从算法流程可以看出,水印检测时需要原始数据的参与,是一种非盲水印算法。该算法的关键是几个规则的制定。

3.2.2　水印嵌入

1. 水印加密

利用置乱技术打乱水印信息的相关性,实现水印信息的加密。

2. 提取矢量地图数据的特征点

设原始二维矢量地图为 G,提取二维矢量地图中的实体顶点,得到的顶点集为 $V=\{v_i \mid i=0,1,\cdots,n-1\}$,$n$ 为二维矢量地图中实体顶点的个数。按照道格拉斯－普克(Douglas-Peucker)法提取的特征点为 $\{(x_i,y_i) \mid i=0,1,\cdots,I\}$,其中,$I$ 为特征点的个数。

3. 特征图像的生成

根据矢量地图数据的精度要求,对所有的特征点 $\{(x_i,y_i) \mid i=0,1,\cdots,I\}(x_m\cdots x_2 x_1 x_0,y_n\cdots y_2 y_1 y_0)$ 依据数据点的坐标特性提取矩阵的元素值,对这些值按照约定规则构成一个大小为 $M\times N$ 的二维矩阵,把这个二维矩阵看作是一幅 256 色的数字图像的像素值序列,所生成的伪图像 f 就是所需要的特征图像,后面的操作都在这幅伪图像 f 上进行。

4. 对特征图像 f 进行离散余弦变换

为了减少计算的工作量,提高算法执行效率,按 8×8 的大小对生成的特征图像 f 进行分块,设生成的图像块为 $f_k(x,y)$,$0\leqslant x<8,0\leqslant y<8,0\leqslant k<K$,$K=M/8\times N/8$,然后对 $f_k(x,y)$ 进行离散余弦变换,得到变换后的系数矩阵 $F_k(u,v)$。

5. 对系数作轻微扰动

根据离散余弦变换具有能量集聚的特性,把水印信息嵌入在分块离散余弦变换的中低频系数上,对每块的 64 个系数进行锯齿(Zigzag)排序,修改第 6~21 个系数,这样既保证了数据的精度要求,又保证了水印鲁棒性的要求。

设图像做分块离散余弦变换后的系数为 $F_k(u,v)$,$(0\leqslant u<8,0\leqslant v<8)$,采用乘性嵌入规则,对每块的离散余弦变换系数进行调整,即

$$F'_k(u,v)=\begin{cases} F_k(u,v)(1+\alpha\times\omega_i), & (u,v)\in S_k \\ F_k(u,v), & \text{其他} \end{cases} \tag{3.12}$$

式中,$l\times k\leqslant i<l\times(k+1)$,$l$ 为每个图像块嵌入的水印序列的长度,S_k 表示水印的嵌入域,α 为水印的嵌入强度。

6. 离散余弦逆变换

对经过修改后的离散余弦变换系数 $F'_k(u,v)$ 进行离散余弦逆变换,得到包含

水印的图像 $f'(x,y)$，$f'(x,y) = \bigcup\limits_{k=0}^{K-1} \text{IDCT}\{F'_k(u,v)\}$。

7. 把水印信息嵌入在原始数据中

首先，计算 f'_i 与 f_i 的差值 Δf_i 为

$$\Delta f_i = f'_i - f_i \quad (i = 0,1,\cdots,N) \tag{3.13}$$

然后，把 Δf_i 添加到 (x_i,y_i) 中，即

$$y'_i = y_i + \Delta f_i \quad (i = 0,1,\cdots,N) \tag{3.14}$$

所生成的新的数据序列 (x_i,y'_i) 中含有所嵌入的水印信息。

3.2.3　水印检测/提取

水印检测采用的是非盲技术，即当对测试数据进行检测时，需要原始矢量地图数据的参与。

1. 特征图像的生成

对原始数据和待检测数据分别进行矢量地图数据—提取特征点—生成特征图像的过程，算法与嵌入过程的算法相同，只是获取待检测数据的特征图像时要考虑差值 $\Delta f_i = f'_i - f_i (i = 0,1,\cdots,N)$，设二者的特征图像分别为 $f_1(x,y)$ 和 $f_2(x,y)$。

2. 提取水印序列

首先对 $f_1(x,y)$ 和 $f_2(x,y)$ 分别进行分块离散余弦变换，记得到的系数分别为 $F_1(u,v)$ 和 $F_2(u,v)$；然后提取各块所嵌入的水印序列，即

$$W^*_k = \left\{ w^*_i = \frac{F_2(u,v) - F_1(u,v)}{\alpha \times F_1(u,v)} \right\} \quad ((u,v) \in S_k) \tag{3.15}$$

待检测数据的水印为

$$W^* = \bigcup_{k=0}^{K-1} W^*_k$$

式中，$l \times k \leqslant i < l \times (k+1)$。

3. 对 W^* 解密

对 W^* 执行解密操作，设解密后的水印为 W^*_0。

3.2.4　实验与分析

图 3.6 为利用本节算法对矢量地图数据进行水印嵌入的效果图。从实验结果来看，嵌入水印后对原始数据的精度影响不大，数据质量基本上没有明显下降，完全满足不可见性的要求，并且所提取的水印完全能够识别版权信息标志。同时，在数据遭到一定程度的攻击后，仍能提取有效的水印信息。

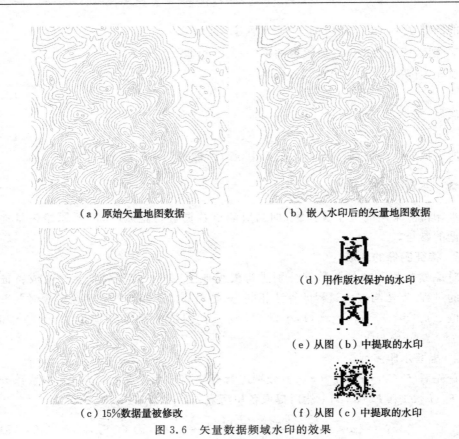

（a）原始矢量地图数据　　　　　　　（b）嵌入水印后的矢量地图数据

（d）用作版权保护的水印

（e）从图（b）中提取的水印

（c）15%数据量被修改　　　　　　　（f）从图（c）中提取的水印

图 3.6　矢量数据频域水印的效果

§3.3　矢量地图数据多重数字水印

鲁棒数字水印在保护数据的版权方面起着重要作用,但是在数据的篡改认证方面无能为力;脆弱数字水印可以有效对数据的篡改行为进行认证,但是抵抗对数据的攻击能力不强;对地图数据的一种攻击方式鲁棒的数字水印,抵抗另一种攻击的能力可能就很弱,如变换域水印对几何攻击具有较好的鲁棒性,但是对地图数据的更新操作等就不具有鲁棒性;另外,有些情况下可能需要多级管理者各自嵌入自己的水印以加强数据管理和责任划分。

3.3.1　多重数字水印

多重水印是指在同一个作品中以多种方式嵌入多个水印的技术,它将多个水印标识通过多种方式嵌入作品,并且每个水印标志都有不同的特征维度,满足数字作品多功能版权保护的需求。

多重水印主要有以下两种应用：

（1）为数字作品提供多功能保护，如在一份数字作品中同时嵌入鲁棒水印、脆弱水印和注释水印，利用鲁棒水印提供版权保护功能，利用脆弱水印提供完整性认证功能，利用注释水印提供作品注释功能。在这种情况下，除了原始数据对水印容量的限制外，还存在不同水印之间相互影响的问题，如鲁棒水印的嵌入可能会破坏脆弱水印。

（2）在数字作品的分发过程中多次嵌入鲁棒水印。数字作品的分发过程往往涉及不止一个销售环节，可能有多个环节需要标示其身份，这时需要在同一份数据中多次嵌入鲁棒水印。其难点在于数字作品容纳水印的能力是有限的，多次嵌入水印会降低数据的质量，甚至损坏其使用价值。

从水印的功能上，可以将多重数字水印分为互补型多重数字水印和分级型多重数字水印。互补型多重水印，即各水印在功能上存在互补关系，通过相互弥补各自的缺陷，增强系统的整体性能，达到提高水印性能和实用的目的。分级型多重水印，通常在数字作品的分销过程中，作品的每一级分销商根据需要嵌入自己的水印，每个水印之间是相互独立的。

从多重水印的生成及嵌入方法上，可以将多重数字水印分为合并型多重水印和组合型多重水印。合并型多重水印是指在水印嵌入前，先把多重水印按照一定的规则合并成单一水印，然后采用类似单值水印算法嵌入载体，嵌入和提取方法都回归到单个水印的操作。组合型多重水印是在水印嵌入过程中，结合载体实际情况先对载体数据进行特征划分，然后将分割后的载体以相同或不同的方式进行多个水印的嵌入。

3.3.2　矢量地图数据互补型多重数字水印

互补型数字水印是指在一份数字作品中嵌入多个数字水印，利用每一个数字水印的功能共同实现作品的保护功能，一般各个水印的功能是互补型的。互补型数字水印一般采取分域模式，如在空间域和频率域分别嵌入不同的水印，也可采取分频模式，如在中频、低频和高频分别嵌入不同的水印等。

1. 算法思想

变换域算法对旋转、平移、缩放等几何攻击具有较好的鲁棒性，但对数据乱序、更新及裁剪等攻击鲁棒性较差；空间域算法是基于图形分块、角度、面积、特征点、线、分布、统计等嵌入水印，可以抵抗增点、删点、压缩、简化、裁剪等攻击（特别是在水印信息重复嵌入的情况下），但不容易抵抗几何变换攻击。

基于空间域和变换域两类算法采用分域模式的优点是，在不同域上分别嵌入水印信息以共同实现地图数据的版权保护，既可以抵抗平移、旋转等几何变换，又可以抵抗裁剪、更新、简化、压缩等绝大多数攻击。

　　为了抵抗旋转等几何攻击,利用同一曲线上坐标的相关性,在特定的线、面上采用离散傅里叶变换算法实现水印的嵌入;为了抵抗裁剪、增删点、噪声等攻击,在剩余的其他坐标上采用基于网格聚类的算法实现水印的嵌入。这种处理方式,一是避免两种方法的水印嵌入对坐标数据的改变叠加,使其不超出地图数据的精度范围,不降低其使用价值;二是两种方法在互不干涉的域上嵌入水印信息,在进行水印检测时,便于水印信息的综合提取;三是从鲁棒性角度考虑,可以抵抗更多的攻击,增强实用性。

2. 多重水印嵌入

　　水印嵌入分为两步:①在地图坐标数据上选择满足一定条件的线、面目标,利用同一曲线上坐标数据的相关性,采用基于离散傅里叶变换方法,在傅里叶系数的幅值上实现水印嵌入;②在剩余的其他坐标数据上,依据基于网格聚类的方法实现水印的嵌入。具体过程包括以下两部分。

1)基于离散傅里叶变换的水印嵌入

　　(1)将待嵌入水印的各条曲线分别进行存储,考虑同一曲线的顶点坐标之间具有高相关性,对各条曲线分别取点,取点实际上即为取曲线,分别进行变换。得到的顶点序列记为 $\{v_k \mid v_k = (x_k, y_k)\}$,然后产生一个复数序列 $\{a_k\}$,即

$$a_k = x_k + \mathrm{i}y_k \tag{3.16}$$

式中,$k \in [0, N-1]$,N 为曲线 $\{v_k\}$ 的顶点数。

　　(2)对这个序列 $\{a_k\}$ 进行离散傅里叶变换,从而得到离散傅里叶系数 $\{A_l\}$,将其作为水印的嵌入空间,即

$$A_l = \sum_{k=0}^{N-1} a_k \left(\mathrm{e}^{-2\pi \mathrm{i}/N}\right)^{kl} \tag{3.17}$$

式中,$l \in [0, N-1]$。

　　(3)对离散傅里叶系数的幅值根据加法法则嵌入水印信息,数字水印为 $W = \{w_1, w_2, \cdots, w_N\}$,$W$ 对系数序列 $A = \{A_l\}$ 的幅值进行调制,调制方法为

$$\begin{cases} |A'_l| = |A_l| + p w_i, & \text{若 } \alpha N \leqslant i \leqslant \beta N \\ |A'_l| = |A_l|, & \text{其他} \end{cases} \tag{3.18}$$

式中,p 表示水印嵌入强度,α 和 β 是指定嵌入频率的高、低边界($0 \leqslant \alpha < \beta \leqslant 1$)。

　　水印信息可嵌入的位深由 $(\beta - \alpha)N$ 给出。为方便水印信息的提取,在水印信息嵌入过程中,将水印信息 $W = \{w_i \mid w_i \in \{0, 1\}, i \in [0, N-1]\}$ 转化为 $W = \{w_i \mid w_i \in \{-1, 1\}, i \in [0, N-1]\}$。

　　由式(3.18)可知,可以通过调节 p 的值来控制水印嵌入的强度,p 值越小,视觉上的不可见性越好,可用性也越好,但水印的稳健性就越差;p 值越大,水印嵌入得就越深,稳健性就越好,但视觉不可见性和可用性则变差。

　　(4)将经过修改的幅值序列 $A' = \{A'_1, A'_2, \cdots, A'_N\}$(其中第一个元素不做修

改)按规则还原为离散傅里叶变换系数,再经过离散傅里叶逆变换,得到嵌入水印后的复数数列 $a_k' = x_k' + \mathrm{i}y_k'$。

(5)然后根据 $\{a_k'\}$ 修改顶点坐标,生成嵌入水印后的矢量地图数据 $\boldsymbol{V}'$。

2)基于网格聚类的水印嵌入

在不影响数据精度的前提下,首先将坐标数据依据自身中间位进行变换处理,根据生成的二值图像水印信息大小,对变换后的坐标数据通过网格聚类,将同一水印信息位重复嵌入该聚类单元的坐标数据中。

(1)一般情况下,矢量地图数据定位点坐标的中间位值不会改变,选取绝大多数坐标数据都存在的某些中间位值,对其进行数学变换。

(2)将变换处理后的数据根据二值图像水印信息大小,采用基于网格的聚类,消除其在空间上的相关性,使得聚类后每个单元的数据从数值角度分析具有很大的随机性,便于水印信息的随机循环嵌入。

(3)根据水印信息第 i 位的特性,结合第 i 类数据的数学特性,通过修改坐标数据数学特性的方式,使得第 i 位水印信息的特性与第 i 个单元数据的坐标数据特性信息之间具有唯一的对应关系,从而达到嵌入水印信息的目的。

3．多重水印提取

由于该互补算法中的两种水印嵌入方法在进行水印嵌入时使用的是同一个水印信息,因而在水印提取时可以相互对比,将与原始水印信息相似度较大的作为最终的提取结果。

1)基于离散傅里叶变换的水印提取

基于离散傅里叶变换的水印提取是非盲提取,水印提取过程如图 3.7 所示。

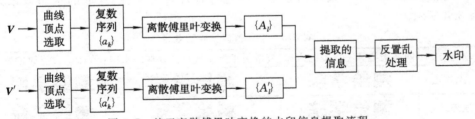

图 3.7　基于离散傅里叶变换的水印信息提取流程

(1)根据待检测的矢量地图数据 $\boldsymbol{V}'$,得到顶点序列 $\{v_k' \mid v_k' = (x_k', y_k')\}$。

(2)根据顶点集 $\{v_k\}$ 和 $\{v_k'\}$ 构造两个复数序列 $\{a_k\}$ 和 $\{a_k'\}$。

(3)对 $\{a_k\}$ 和 $\{a_k'\}$ 分别做离散傅里叶变换,得到变换系数的幅值 $\{A_l\}$ 和 $\{A_l'\}$。最后,提取二值水印信息,即

$$b_m' = \begin{cases} 0, & \text{若 } |A_l'| - |A_l| < 0 \\ 1, & \text{若 } |A_l'| - |A_l| \geqslant 0 \end{cases} \quad (\alpha N \leqslant l, m \leqslant \beta N) \qquad (3.19)$$

式中,b_m' 是提取的置乱水印信息位。α 和 β 必须与嵌入时的值相等。

（4）将提取的水印信息进行反置乱处理，生成水印信息提取结果。

2）基于网格聚类的水印提取

基于网格聚类的水印提取是盲提取，水印提取时不需要原始信息，直接利用水印信息位与各聚类单元中坐标数据数学特性的对应关系，进行水印信息的提取。具体过程如下：

（1）对待检测地图数据进行聚类。

（2）利用坐标数据的特性信息，提取聚类每个单元中坐标数据的水印信息位。

（3）对每一单元的水印信息位进行统计计算，当某单元数据中提取的水印信息位 $w_i=t(w_i \in \{0,1\}, i \in [0,k], k$ 表示该单元中坐标的个数）的比例大于某一阈值 m 的时候，就可以判定该水印信息位为 t，以此类推，提取全部水印信息位。

（4）将提取的水印信息进行相应的反置乱处理，生成水印信息提取结果。

将两个提取结果分别与原始水印信息通过图像相似度计算对比，把与原始水印相似度较大的作为综合提取结果。

4. 实验与分析

实验采用数据源为 1∶25 万地貌层数据，数据大小为 2.75 MB，坐标数据点为 160 182 个，水印信息是由文字信息生成的大小为 116×32 的二值图像，如图 3.8 所示。

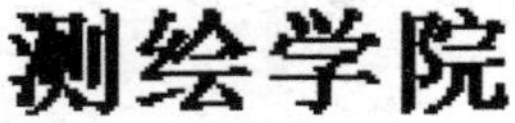

测绘学院

图 3.8 水印信息

1）鲁棒性

对嵌入水印后的矢量地图数据分别进行各种攻击实验，提取的水印效果如表 3.3 所示。

表 3.3 水印鲁棒性实验效果

攻击方式	网格聚类算法提取的水印	离散傅里叶变换算法提取的水印	水印综合提取结果
无攻击	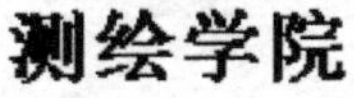 测绘学院	 测绘学院	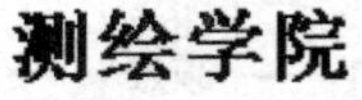 测绘学院
压缩攻击	 测绘学院	 测绘学院	 测绘学院
删除攻击	 测绘学院	 测绘学院	 测绘学院
裁剪攻击	 测绘学院	 测绘学院	 测绘学院
平移攻击	 测绘学院	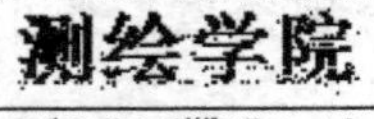 测绘学院	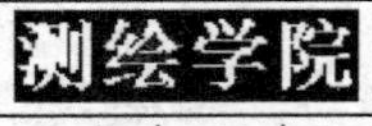 测绘学院
噪声攻击	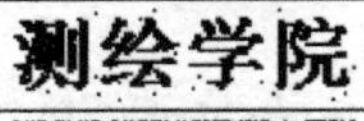 测绘学院	 测绘学院	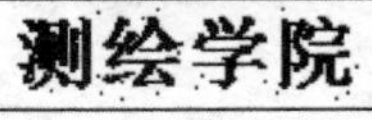 测绘学院
旋转攻击		 测绘学院	 测绘学院

表 3.3 中，压缩攻击采用的是道格拉斯压缩，删除攻击是随机删除 30% 的点，裁剪攻击是裁剪约 80% 的点，平移攻击是地图沿 X 方向平移 1 个单位、沿 Y 方向平移 2 个单位的攻击，噪声攻击是对 40% 的点添加强度为 3 的随机噪声攻击，旋转攻击的旋转角度为 5°。

由于方案采取两种算法互补结合的方式，因而在水印提取时，实际上进行的是两次提取，同时对两次提取的水印信息进行后台比较，将其中效果较好的作为综合水印提取结果。

从表 3.3 可以看出，该互补方案对于大多数水印攻击具有较好的鲁棒性，并且由于两种算法在嵌入时互不影响，因而可以保证其精度在可控范围之内。

2）透明性

（1）图形视觉上的透明性。嵌入水印信息的矢量地图数据与原始地图进行叠加显示。在初始显示情况下，基本看不出差异；将其不断放大显示，当放大到很大程度时，两者也只是在数据精度允许的范围内个别坐标稍有差异，嵌入水印后不影响地图的显示效果和质量，具有很好的不可见性。

（2）数据定位精度的透明性。原始地图数据和嵌入水印地图数据中的相应坐标点进行比较，绝对误差统计结果如表 3.4 所示。

表 3.4　相应坐标间的绝对误差统计

最大误差/（1/4 秒）	点数/个	百分比/（%）
0	139 983	87.389 968
1	19 336	12.071 268
2	863	0.538 762
>2	0	0

由表 3.4 可以看出，绝大多数的点基本没有变化，因嵌入水印信息而改动的坐标点只是少部分，并且误差控制在 2 个单位以内，水印的嵌入对数据影响严格控制在精度范围内，不影响数据的正常使用。

3.3.3　矢量地图数据分级型多重数字水印

分级型多重数字水印是指在数字作品的分销过程中，作品的每一级分销商根据需要嵌入自己的水印，每个水印之间是相互独立的。由于实际应用中，每一级分销商都需要保护自己的利益，因此分级型多重数字水印具有实际使用价值。在多重数字水印嵌入时，如果将需要嵌入的下一重水印信息与前面的水印信息进行合并，然后再次整体嵌入，其实质还是单重嵌入的方法。在分级型多重数字水印嵌入中，如果采取与上一级相同的水印嵌入算法，有可能会造成误差叠加、水印信息相互影响等问题，进而引起数据精度的降低或者无法提取水印信息等问题。例如，Adobe Photoshop 的插件 Digimarc 水印软件在一幅图上拒绝嵌入第二重水印，就是因为采用相同的嵌入方式可能会破坏或覆盖第一重水印。如果采取与上一级不同的水印嵌入算法,存在实践操作上可行性不高的问题。首先,同一个水印系统中,无法确定先进行哪一种算法的嵌入,两种算法是否相互影响;其次,在盲水印算法中,存储过多的辅助参数或密钥信息是比较复杂的问题,水印检测比较困难,容易产生错误;最后,可能也会引起数据精度降低或者无法提取水印信息等问题。

因此,可以基于网格聚类算法,利用坐标数据自身数学特性进行水印嵌入空间划分,实现分级型多重数字水印嵌入。

1. 基本思想

一个实用的多重数字水印方案应具备以下条件:每重水印嵌入满足数据的可用性、不可见性、鲁棒性要求;具有较大的水印容量,即满足水印在一定数量内的多重嵌入;多重嵌入的数字水印信息之间互不影响;无论是几重嵌入,必须满足盲数字水印算法,并且水印的检测不依赖水印的嵌入顺序。

水印信息的多重嵌入,实际归结为两个问题:一是不同重水印的嵌入空间划分,这是实现不同重水印多重嵌入的前提,这样就可使不同水印信息之间互不影响;二是有一个比较成熟的矢量地图数据盲水印算法,这样可以保证矢量地图数据不同重嵌入的可用性、不可见性、鲁棒性和盲检测等。

1)多重水印嵌入空间划分

矢量地图数据水印嵌入空间划分可以利用的相关特性有很多,可以按照线、面目标的特性(如长度、顺序、点数等)和空间数据的分块(点数分块、矩形分块等)等实现。

(1)根据线目标、面目标长度不同将其分类,具有很好的分类特性,其缺点是:计算量大,特别是计算数千条乃至上万条不同坐标点组成的线长度的时间开销较大;地图数据的有些图层线目标、面目标很少,有些甚至没有。

(2)根据线目标、面目标的顺序分类不具有可行性。一方面,地图数据在存储时实际上是无序的,对数据进行乱序操作既不影响图形的视觉效果,也不影响数据的定位精度,改变的只是数据的存储位置;另一方面,如果某一条线被删除,就会影响后面所有线的序号,引起分类混乱。

(3)根据线目标、面目标所拥有的点数分类,改进了线目标长度分类计算量大的缺点,但是同样面临有些图层线目标、面目标少的情况,适用范围不够广泛。

(4)规则矩形分块是指将地图按照特定的规格大小,分成宽、高相同的矩形块,然后在满足一定点数的每一个块中进行水印信息嵌入。该方案具有分类简单、计算快捷等特点,满足多重水印嵌入的条件,但是不能抵抗地图的裁剪攻击,因为裁剪攻击很有可能破坏矩形分块的位置。

(5)非规则矩形分块是指将地图数据按照四叉树算法分配为大小不等的矩形块,每一块含有足够的数据点数量,然后在各个不同的矩形块中进行水印的嵌入。

该方案不足之处在于：一是该方案矩形划分的大小不同，决定了它是一种非盲水印方案，而非盲水印在实践中价值不大；二是删点攻击对矩形的分类影响较大。例如，若将其中一个矩形内删除 n 个数据点，则对于与其相邻的下一个矩形的点数也产生影响，依次叠加，水印检测时就有很大影响。

通过分析可知，以上方案均不能较好地解决多重水印嵌入空间划分的难题。

2）多重盲数字水印方案

基于网格聚类多重水印利用坐标数据在水印嵌入过程中数据自身不易被改变的部分，根据其数学特性进行水印嵌入空间划分，使不同的水印嵌入空间相互平行，互不影响。该方案有三个特点：一是利用了基于网格聚类算法的可用性、不可见性、鲁棒性及盲水印算法的特性；二是利用坐标数据自身稳定部分的数学特性进行多重水印嵌入空间划分，相比其他多重水印嵌入方式，计算更加快捷；三是只需根据坐标数据自身稳定部分的数学特性判断是第几重水印进行检测，不依赖于多重水印嵌入的先后顺序，水印检测快速、灵活。

2.　多重水印嵌入

多重水印嵌入流程图如图 3.9 所示。

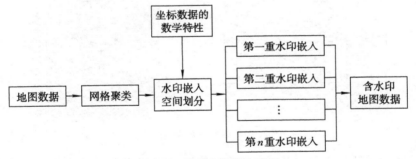

图 3.9　多重水印嵌入流程

（1）因为地图坐标数据的中间位值不会改变，利用坐标数据自身的稳定部分，将其进行数学变换处理；将变换处理后的数据根据二值图像水印信息采用基于网格的聚类，消除其在空间上的相关性，使聚类后每个单元的数据从数值角度分析具有很大的随机性，便于水印信息的随机循环嵌入。

（2）利用坐标数据自身稳定部分的数学特性进行多重水印嵌入空间划分，即对每个聚类单元中数据进行二次分类。这是为保证多重水印嵌入对地图数据的影响在精度允许的范围内，同时保证多重水印检测的快捷性。

一般情况下，水印嵌入只影响定位点坐标最低有效位（改变其他位将导致数据精度降低，甚至数据不可用），所以最低位一般不采用；另外，最高位由于数据记录的值的范围较广泛，大小有差异，采用其进行分类有可能不能将所有数据全部划分，所以最高位一般也不采用。

采取定位点坐标数据值的中间位可以保证所有数值都能得到有效分类，并且较稳定，不易受到水印嵌入的影响。假设 x 坐标表示为 $x = x_k x_{k-1} \cdots x_2 x_1$，$y$ 坐标表示为 $y = y_l y_{l-1} \cdots y_2 y_1$，$x_1$、$y_1$ 的值在水印嵌入时可能发生变化，x_k、y_l 等由于坐标数值范围较大，k、l 值不固定，都不具备数学稳定性计算的条件。因此选择其中绝大多数坐标数据都有的相对稳定的数据位进行处理，进行坐标数据二次分类，实现多重水印的嵌入算法。

假设对地图数据进行 m 重水印嵌入，将坐标值的中间部分 x_p、x_q、y_r、y_s（其中，$2 < p < k, 2 < q < k, 2 < r < l, 2 < s < l$）进行数学变换处理 $T = g(x_p, x_q, y_r, y_s)$，再通过 $u = h(T, m)$ 将坐标数据分为 m 类，也将水印嵌入空间分为 m 类，如图 3.10 所示。通过不同重水印嵌入空间的划分，各重拟嵌入水印数据实现了完全平行分离，互不影响，并且有利于后面的基于网格聚类的水印嵌入。在实现过程中，只需将此多重水印嵌入空间划分方式作为附加选择条件，利用基于网格聚类算法即可实现多重水印嵌入，计算简单快捷。

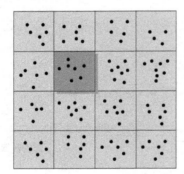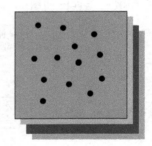

图 3.10　多重水印数据分类

（3）各重水印嵌入采用基于网格聚类算法实现，根据第 i 重水印信息的第 j 位的特性，结合第 j 个聚类单元中第 i 类数据的数学特性，通过修改坐标数据数学特性的方式嵌入水印，使不同重水印的各个水印信息位和与其对应分类的坐标数据的特性信息之间具有唯一的对应关系，从而嵌入水印信息。

3. 多重水印提取

水印提取步骤如下：

（1）对待检测地图数据进行网格聚类。根据嵌入时的分类规则对聚类每个单元的定位点坐标数据进行二次分类，保证其在数据分类上具有一致性，即对原始数据进行变换数处理。当变换数满足不同重水印的数据分类时，采取相应的水印检测方法。水印的检测可以不依赖水印嵌入的先后顺序进行随机检测，可以直接利用第二重或第三重水印信息的检测而不需要依靠其他重水印信息的检测。

（2）利用坐标数据的特性信息，提取聚类每个单元二次分类中坐标数据水印信息位；然后，对水印信息位进行统计计算，当提取的水印信息位 $w_i = t(w_i \in \{0,1\}, 0 \leqslant i \leqslant k, k$ 表示该单元中坐标的个数）的比例大于某一阈值 m 的时候，就可以判定该水印信息位为 t，以此类推，提取全部水印信息位；最后，对提取的信息进行相应的反置乱处理，得到嵌入的水印信息。

4. 实验与分析

实验采用数据源为 1∶25 万地貌层数据，数据大小为 2.75 MB，坐标数据点为 160 182 个，水印信息是由文字信息生成的大小均为 58×32 的二值图像，如图 3.11、图 3.12 所示。

图 3.11　水印信息一 　　　　图 3.12　水印信息二

假定将矢量地图数据分发到第一级——"学院"，然后"学院"这一级又将其分发到下一级——"四系"，要求从分发到"学院"的地图数据中提取相应的水印信息，从"学院"分发到"四系"的地图数据中提取两次加入的水印信息。

1）鲁棒性

对嵌入水印后的矢量地图数据分别进行攻击实验，提取的水印信息效果如表 3.5 所示。

表 3.5　多重水印鲁棒性实验效果

攻击方式	提取的第一重水印	提取的第二重水印
无攻击	 学院	 四系
随机删除 40% 的点	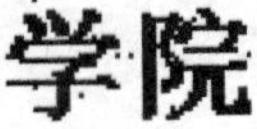 学院	 四系
裁剪约 60% 的点	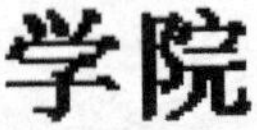 学院	 四系
X 方向平移 1 个单位、Y 方向平移 2 个单位	 学院	 四系
对 40% 点进行随机噪声攻击（强度为 3）	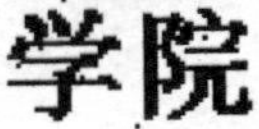 学院	 四系
格式转换攻击	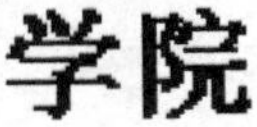 学院	 四系
压缩攻击	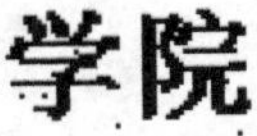 学院	 四系

2)透明性(不可感知性)

(1)图形视觉上的透明性。嵌入水印信息的矢量数字地图与原始地图进行叠加显示。在初始显示情况下,基本看不出差异;将其不断放大显示,当放大到很大程度时,两者也只是在数据精度允许的范围内个别坐标稍有差异,嵌入水印后不影响地图的显示效果和质量,具有很好的不可见性。

(2)数据定位精度的透明性。将原始地图数据和双重嵌入水印信息地图数据中的相应坐标点进行比较,绝对误差统计结果如表 3.6 所示。由表 3.6 可以看出,绝大多数的点基本没有变化,因嵌入水印信息而改动的坐标点只是少部分,并且误差控制在 1 个单位以内,水印的嵌入对数据影响严格控制在精度范围内,不影响数据的正常使用。

表 3.6 原始地图数据和含水印地图数据的最大误差

最大误差/(1/4 秒)	点数/个	百分比/(%)
0	145 876	91.068 909
1	14 306	8.931 090
>1	0	0

第 4 章　矢量地图数据抗投影变换数字水印

　　用于版权保护的水印算法应具有足够强的鲁棒性,能够抵抗裁剪、压缩、数据更新等多种合理攻击和非法攻击。现有的水印算法虽然对大多数攻击方式都具有鲁棒性,但是无法抵抗投影变换攻击。由于投影变形的存在,定位点坐标的绝对坐标值和相对坐标值都会发生较大的改变,投影变换后数据中的水印信息会遭到严重破坏。抵抗投影变换攻击的一种方式是将数据还原至嵌入水印前的投影坐标系下,然后再利用检测器检测水印。投影变换过程会对数据造成一定的精度损失,且投影变换过程计算量较大,会严重降低检测效率;同时,在检测过程中需要原始投影变换和当前投影变换的参数,而在很多情况下,检测方可能无法获取当前投影的参数,也就无法进行投影逆变换,进而也就无法对数据进行水印检测。

　　投影变换是矢量地图数据使用过程中常见的一种合法处理方式,设计一种能够有效抵抗投影变换攻击的鲁棒水印算法在实际应用过程中具有重要意义。

§4.1　投影变换特点分析

　　地图投影是把地球表面这个不可展的曲面转化为平面的理论与方法。地理坐标确定的是地面点在球面上的位置。为研究地形方便,要求将这些地形点转换在平面上。但球面是一个不能完整地铺展为平面的曲面,必须根据用图目的,按照一定的数学法则和要求,将地球椭球面上的经纬线网转化为平面上相应的经纬线网。这种转化的实质在于建立地面点的地理坐标 (B,L) 与地图上相应点的平面直角坐标 (x,y) 之间一一对应的函数关系。地图投影是地图的数学基础之一,它对于保证地图的几何特性,以及确定图上量算角度、长度和面积的方法与精度具有重要的作用。

　　由于球面的不可展性,投影到平面上的图形一定与球面上的图形存有差异,这种差异叫作投影变形,主要有角度变形、长度变形和面积变形。投影变形不仅改变了定位点的相对坐标和绝对坐标,还使地理实体发生一定的形变,由于这些改变,嵌入定位点的水印信息会遭到严重破坏,无法进行常规检测。投影变形虽然破坏了数据的大多数特征,但是在投影变换下仍然存在较多的不变特征,如数据的空间拓扑关系、等角投影变换中的角度特征等,在这些不变特征中嵌入水印能够确保水印算法在投影变换攻击下的鲁棒性。

4.1.1　地理要素的表达

矢量地图数据模型中,通常将地理要素根据其空间形态划分为点、线、面等,在矢量地图数据文件中用点、折线、闭合折线描述。如图 4.1 所示,左图为一幅遥感影像,影像中白色细长的部分为道路,在制作矢量地图数据时,通常是沿着道路选择多个关键坐标点,然后用线段连接起来,形成一条折线来近似描述道路,如图 4.1 右图所示,其中白色圆环为选定的关键坐标点。

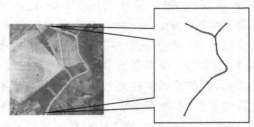

图 4.1　利用折线描述道路

在矢量地图数据模型中采用折线描述线状地物,是对地物位置的一种近似,而并非线状地物的真实精确位置。如图 4.2 所示,图中虚线是线状地物实际位置,实线是矢量地图数据模型利用折线对地物位置的近似描述。可以看出,仅定位点精确描述了地物的实际位置,而折线仅是对实际地物位置的近似,并不代表地物的实际位置曲线。当选择定位点越多时,折线就会无限接近地物所在实际位置曲线。

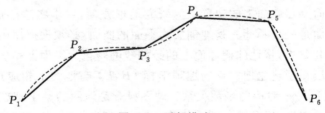

图 4.2　近似描述

投影变换是以定位点为单位进行的,而不是以线段为单位进行的,因此投影变换前后连接定位点的线段并不相同;由于投影变形的存在,投影前后折线段偏离地物实际位置曲线的程度也不同。

根据投影变换理论可知,在一个足够小的范围内,各个坐标点的形变程度可以看作近似相等,当两个定位点距离足够小时,两点之间的线段与地物真实位置曲线的偏差较小,即在足够小的范围内,折线可以表示曲线近似位置。

4.1.2　空间拓扑关系

矢量地图数据模型除了描述地物的绝对位置外,还描述地物之间的空间拓扑关系,如包含、相离、相交等。

　　根据投影变换的性质可知,投影变换后各个定位点的绝对坐标和相对坐标都会发生较大变化,投影后的地图与原地图相比会发生较大变形,但是无论怎样变形,地物之间的包含、相离和相交等关系都不会发生改变,否则该投影变换是无效的。

　　另外,由投影变换公式可知,投影变换是一个连续函数,对地图造成的形变也是连续变化的,不会发生任何跃变,因此,投影前后地理实体之间的相对位置虽然发生了改变,但是它们之间的空间拓扑关系不会发生较大改变。如图 4.3 所示,左图描述了投影前 A、B 两点包含在矩形地物范围内,投影变换后,矩形地物发生形变,变成了右图所示的曲多边形,A、B 投影后变成了 A'、B',但是不论矩形地物如何形变,虽然相对位置有所改变,但 A' 和 B' 始终在多边形内,包含关系并没有遭到破坏。

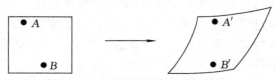

图 4.3　投影前后地物的包含关系

4.1.3　等角投影变换

　　投影变换会产生角度变形,在不同方向上产生的角度变形程度不同,最大角度变形是指某一点投影后所产生的角度形变的最大值。图 4.4 是以主方向为坐标轴的变形椭圆,长轴和短轴分别用 a 和 b 表示,则在 P 处产生的角度变形最大为(杨启合,1990;李国藻 等,1993)

$$\sin\frac{\omega}{2}=\frac{a-b}{a+b} \tag{4.1}$$

　　等角投影的条件是使地球表面上某个微分区域内的任意两个方向夹角在投影前后保持不变,为了满足这个条件,必须确保任意一个点处的角度 ω 最大变形为 0,即

$$\omega=0$$

　　由式(4.1)可得等角投影的条件为

$$a=b$$

　　由此看出,在等角投影变换中,变形椭圆仍然是一个圆,只是圆的半径发生了变化,不同定位点处圆的半径不同,即长度变形不同,但在同一个点处,各个方向

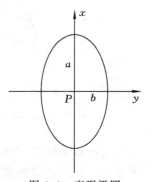

图 4.4　变形椭圆

上长度变形的大小相同。

　　等角投影变换并不是指投影变换后平面地图上任意两个线段之间的夹角不变,而是指在地球表面同一个点在地球表面两个切线方向的夹角保持不变,也就是说等角投影保持无穷小图形相似。等角投影中角度不变的结论仅限定于在一个足够小的范围内。如图 4.5 所示,假设在平面地图上有三个定位点 A、B 和 C,以点 A 为顶点,构成一个角 $\angle BAC$,等角投影变换后三个顶点分别为 A'、B' 和 C',变换后的角度为 $\angle B'A'C'$,如果三个点的距离较远,经过等角投影变换后 $\angle B'A'C'$ 并不等于 $\angle BAC$,且有一个较大偏差,分析其原因主要有以下两个:

　　(1)构成 $\angle B'A'C'$ 的线段 $B'A'$、$A'C'$ 并不是线段 BA、AC 投影后的结果,仅是连接顶点 A'、B'、C' 得到的,$B'A'$、$A'C'$ 与 BA、AC 并不代表地物实际定位线,而是一个近似结果,随着投影变形的增加,偏离地物实际定位线就越远,在不同投影下,$B'A'$、$A'C'$ 与 BA、AC 对应的实际地物变形程度是不同的。因此,当 A、B、C 三点距离足够远时,投影变换后 $\angle BAC$ 的值会发生变化。

　　(2)在一个微分范围内,虽然角度变形为 0,但是长度变形并不为 0。由于长度变形的存在,描述地物的线或面在投影后也会发生变形,A、B 和 C 三点的相对位置也会发生变化,最终 $\angle B'A'C' \neq \angle BAC$。

　　通过以上分析,平面地图上任意三个点构成的夹角经过等角投影变换后是会发生变化的,但是在地图实际使用过程中,为了提高地图与地球表面的相似程度,在投影时要选择合适的投影参数,使投影后的地图形变程度尽可能小。因此在一个足够小的范围内,地图投影变换的形变程度近似相等,当三个点的距离足够小时,夹角的相对改变量也较小,如果将水印嵌入三个点的夹角,投影变换对夹角的改变量不足以破坏水印信息,具体原因将在 4.2.1 节分析。

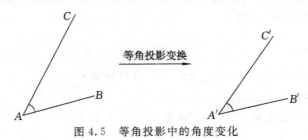

图 4.5　等角投影中的角度变化

§4.2　基于折线变换的抗等角投影变换水印

　　等角投影变换是一种常见的投影方式,本节基于等角投影变换的特点设计了一种鲁棒的抗等角投影变换水印算法。

4.2.1　算法原理及可行性分析

由等角投影变换的性质可知,当地图上构成一个角度的三个点在足够小的范围内时,投影变换后三者构成的角度发生的改变量足够小,如果在该角度上嵌入水印,等角投影变换后也不会破坏水印信息,那么多大的范围能够满足"足够小"的要求呢?

如图 4.6 所示,A、B 和 C 是矢量地图数据中的三个定位点,三点构成一个角度 $\angle ABC$,等角投影变换后三个定位点变为 A'、B' 和 C',三者构成的角度为 $\angle A'B'C'$,通过旋转、平移,令 AB、$A'B'$ 在同一直线上,则等角投影变换后产生的角度偏差为 $\angle CBC' = \beta$。

如图 4.7 所示,假设在 $\angle ABC$ 上嵌入水印,嵌入水印强度为 θ,水印嵌入后定位点 C 的位置发生改变,变为点 C',根据水印嵌入的要求,水印嵌入强度 θ 的最大值满足 CC' 的长度 d 不能超过误差容限 ε。

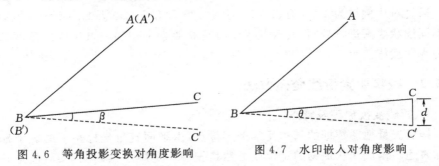

图 4.6　等角投影变换对角度影响　　　图 4.7　水印嵌入对角度影响

如果等角投影变换产生的角度偏差 β 和水印嵌入强度 θ 满足关系:$\beta \ll \theta$,说明投影变换对角度产生的改变量不足以破坏水印信息,即该角度可以作为水印嵌入的载体。

通过观察和分析矢量地图数据的线状要素,每个线状要素上相邻的三个定位点的距离足够小。下面分析同一线状要素上相邻的三个点构成的角度能否满足作为水印载体的要求。

由图 4.7 及三角形边角定理有

$$\theta = \arccos\left(\frac{BC^2 + BC'^2 - CC'^2}{2 \times BC \times BC'}\right) \leqslant \arccos\left(\frac{BC^2 + BC'^2 - \varepsilon^2}{2 \times BC \times BC'}\right) \quad (4.2)$$

由式(4.2)可知,水印嵌入强度 θ 的最大值由 BC、BC' 的长度和 ε 共同决定。由于水印仅嵌入到角度信息中,因此 BC 和 BC' 的长度相等,式(4.2)可以简化为

$$\theta \leqslant \arccos\left(1 - \frac{\varepsilon^2}{2 \times BC^2}\right) \quad (4.3)$$

由式(4.3)可知,线段 BC 越长,水印嵌入角度的可允许水印强度就越小。

在矢量地图数据采集过程中,相邻两个定位点之间的距离并没有严格的规定,只需要满足近似条件即可,而且不同比例尺下的地图对数据的误差容限要求不同,因此不同地图上的不同定位点构成的夹角所能够嵌入的水印强度是不同的。

根据上述分析结果,水印在某个角度上的嵌入强度应远大于投影变换对角度的改变量,由于投影变换后每个角度的改变量都不同,因此无法用严格的数学理论推证在线状要素相邻三个定位点构成的角度上嵌入水印能否满足抗等角投影变换条件,只能够通过实验确定。具体实验步骤如下:

(1)由地图比例尺确定水印嵌入的误差容限 ε。

(2)计算地图上线状要素两个相邻定位点构成的线段长度的最大值 l_{max}。

(3)由式(4.3)计算水印可嵌入的最大强度 θ_{max}。

(4)对数据分别做不同的等角投影变换,然后计算线状要素相邻三个定位点构成角度的最大改变量 β_{max}。

(5)若 $\beta_{max} \ll \theta_{max}$,则说明该数据可以作为水印载体。

通过对比例尺为 1:5 万、1:10 万、1:25 万和 1:50 万的多幅矢量地图数据中不同线状要素进行分析,发现几乎所有线状要素上相邻三点构成的角度都可以作为水印载体。

4.2.2　线状要素折线变换方法

1. 折线变换原理及特点

构成矢量地图数据的基本元素是定位点,由平面直角坐标系下的纵坐标和横坐标表达。构成线状地物的定位点虽然是按照一定顺序排列在一起,但是各个定位点之间是相互独立的。定位点只能够直接描述线状地物的位置,无法描述线状地物的弯曲程度和长度等,如图 4.1 所示。本节根据车辆在行走过程中的转向和行走距离动作,设计了一种用角度和长度描述线状地物的方法,如图 4.8 所示。

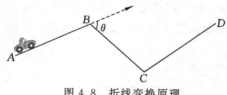

假设图 4.8 中车辆行走的所有路段都是直线,在描述车辆行走的路径时,可以通过直接记录车辆经过的四个关键点 A、B、C 和 D 的平面直角坐标来实现。除了这种描述方式外,还可以利用车辆行驶过程中行驶距离和转向角度来描述。例如,当车辆行驶至 B 时,下一个行驶目标是 C,这时描述点 C 可以用车辆在 B 点处转过的角度 θ、B 和 C 之间的距离来描述车辆到达点 C 所要执行的动作。用定位点描述车辆行走,仅能够描述车辆经过的节点和计算车辆行走的距离,而用转向角和距离描述车辆行走,可以直接告诉用户车辆行走的距离,以及在行走过程中的方向控制。

图 4.8　折线变换原理

同理,也可以用角度和长度代替平面直角坐标描述线状要素。以点 C 为例,C

的角度量是指由方向 AB 顺时针旋转至方向 BC 所转过的最小角度,C 的长度量是从点 B 到点 C 的欧氏距离。用角度、长度的描述方式表示线状要素可以形象地表述线状要素的弯曲程度,并且将离散化的描述方式转化为连续的描述方式。根据此原理,设计一种将线状要素在平面直角坐标描述方式和角度、长度描述方式之间转化的方法,满足水印嵌入的需要。将这种变换方式称为折线变换,包括折线正变换和折线逆变换。

2. 折线正变换

折线正变换是将线状要素从平面直角坐标描述方式转化为角度长度描述方式,具体实现步骤如下:

(1)依次提取线状要素上所有的定位点 $P_i(x_i,y_i)$,其中,$i=1、2、\cdots、n$,P_i 是第 i 个定位点,n 是定位点个数。

(2)选择初始参考位置 $P_0(x_0,y_0)$ 和初始参考方向。根据折线变换原理,描述下一个点时,需要前一条折线的方向作为参考方向,并将前一个点作为参考点。为了便于计算,选择坐标系原点作为初始参考位置,坐标轴横轴正方向作为初始参考方向。

(3)选择第 i 个定位点 $P_i(x_i,y_i)$,计算 P_i 对应的长度量 l_i,即

$$l_i=\sqrt{(x_i-x_{i-1})^2+(y_i-y_{i-1})^2} \tag{4.4}$$

(4)计算 P_i 对应的角度量 θ_i。令 σ_i 为从坐标横轴正方向顺时针旋转至方向 $P_{i-1}P_i$ 所转过的角度,计算 σ_i 的值为

$$\sigma_i=\begin{cases}\mathrm{mod}\left(\dfrac{1-g(x_i-x_{i-1})}{2}\pi-\arctan\left(\dfrac{y_i-y_{i-1}}{x_i-x_{i-1}}\right),2\pi\right), & x_i\neq 0\\[3mm]\mathrm{mod}\left(\dfrac{-g(y_i-y_{i-1})}{2}\pi,2\pi\right), & x_i=0\end{cases} \tag{4.5}$$

式中,$g(x)$ 为取符号函数,$g(x)=\begin{cases}1, & x>=0\\-1, & x<0\end{cases}$,$\mathrm{mod}(\cdot)$ 为取模运算函数。

按照式(4.6)计算 θ_i,得

$$\theta_i=\mathrm{mod}(\sigma_i-\sigma_{i-1},2\pi) \tag{4.6}$$

(5) P_i 对应的角度、长度描述量为 (l_i,θ_i)。重复步骤(3)~(5)完成所有点的转换。

3. 折线逆变换

折线逆变换是将线状要素由角度、长度描述方式转化为平面直角坐标描述方式。具体实现步骤如下:

(1)选择与折线正变换相同的初始参考点和初始参考方向。

(2)计算从坐标横轴正方向顺时针旋转至方向 $P_{i-1}P_i$ 所转过的角度 σ_i 的值,即

$$\begin{cases} \sigma_0 = 0, & i = 1 \\ \sigma_i = \mathrm{mod}(\theta_i + \sigma_{i-1}, 2\pi), & i > 1 \end{cases} \tag{4.7}$$

(3)计算 P_i 在平面直角坐标系下的坐标值 (x_i, y_i),即

$$\left. \begin{array}{l} x_i = l_i \times \cos\left(\dfrac{1 + g(\sigma_i - \pi)}{2} - \sigma_i\right) \\[4mm] y_i = l_i \times \sin\left(\dfrac{1 + g(\sigma_i - \pi)}{2} - \sigma_i\right) \end{array} \right\} \tag{4.8}$$

(4)重复步骤(2)~(3),依次计算所有定位点的坐标值。

4.2.3 角度修改方案

1. 精度可控的角度修改方案

根据算法原理,为了抵抗等角投影变换,可以将同一线状要素上相邻三个定位点构成的角度作为水印嵌入域,在折线变换中,描述每个定位点的角度变量是由当前定位点和前一个、后一个定位点共同计算得到的,因此可以作为水印载体。如图 4.9 所示,实线是初始线状要素,虚线是指在点 C 的角度变量中嵌入水印后的结果。

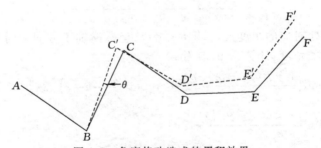

图 4.9　角度修改造成的累积效果

根据折线变换过程可知,折线变换后用角度和距离表示定位点使各个定位点之间具有了较高的相关性,前面定位点角度和长度变量的改动必然影响后面定位点的改变。由图 4.9 可以看出,当修改点 C 的角度变量后,C 点之后的定位点都会发生改变,且随着与点 B 欧氏距离的增加,改变量也越大。因此如果直接修改定位点的角度变量,可能会造成修改量的累积,折线逆变换后,折线中顺序偏后定位点的修改量就会超出误差容限。

如图 4.10 所示,假设将水印嵌入点 P_3 的角度变量中,修改量为 $\Delta\theta$,为了避免修改量的累积,角度修改后应当满足以下两个条件:

(1) P_3 后面的定位点在折线逆变换后坐标不发生变化。

(2)折线逆变换后,修改后的 P_3' 仍然在 $P_3 P_4$ 所在的直线上。

由图 4.10 可知,为了满足上述两个条件,应同时修改 P_3、P_4 的长度变量和角

度变量,这样才能确保在 P_3 的角度变量中嵌入的水印在折线逆变换后不会影响 P_3 后面坐标点的坐标。

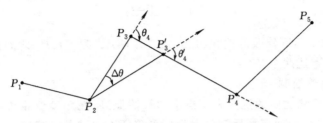

图 4.10　精度可控制角度修改方案

假设图 4.10 中点 P_1、P_2、P_3、P_4 和 P_5 对应的角度和长度变量分别为 $(l_1,$ $\theta_1)$、(l_2,θ_2)、(l_3,θ_3)、(l_4,θ_4) 和 (l_5,θ_5)。角度 θ_3 的修改量为 $\Delta\theta$,当 $\Delta\theta > 0$ 时,表示按顺时针旋转;当 $\Delta\theta < 0$ 时,表示按逆时针旋转。为了满足上述两个条件,下面介绍 P_3、P_4 的长度和角度修改量求解过程。

假设 (l_3,θ_3)、(l_4,θ_4) 修改后的值为 (l'_3,θ'_3)、(l'_4,θ'_4),根据三角形外角的性质有

$$\theta_4 = \Delta\theta + \theta'_4$$

则 P_3、P_4 的角度修改公式为

$$\left.\begin{aligned} \theta'_3 &= \mathrm{mod}(\theta_3 + \Delta\theta, 2\pi) \\ \theta'_4 &= \mathrm{mod}(\theta_4 - \Delta\theta, 2\pi) \end{aligned}\right\} \tag{4.9}$$

在 $\triangle P_3 P_2 P'_3$ 中,根据三角形正弦定理有

$$\frac{|P_2 P_3|}{\sin\angle P_2 P'_3 P_3} = \frac{|P_3 P'_3|}{\sin\angle P_3 P_2 P'_3} = \frac{|P'_3 P_2|}{\sin\angle P'_3 P_3 P_2} \tag{4.10}$$

令 $\Delta l_4 = |l'_4 - l_4|$,式(4.10)化简可得

$$\frac{l_3}{|\sin\theta'_4|} = \frac{\Delta l_4}{|\sin\Delta\theta|} = \frac{l'_3}{|\sin\theta_4|} \tag{4.11}$$

由式(4.11)可得

$$\left.\begin{aligned} l'_3 &= \frac{|\sin\theta_4|}{|\sin\theta'_4|} l_3 \\ \Delta l_4 &= \frac{|\sin\Delta\theta|}{|\sin\theta'_4|} l_3 \end{aligned}\right\} \tag{4.12}$$

下面针对不同情况进行讨论:①根据条件(2),P'_3 在 $P_3 P_4$ 所在的直线上,因此必有 θ_4、θ'_4 同时大于或小于 π,因此 $\sin\theta_4$ 与 $\sin\theta'_4$ 的值同号;② 当 $\theta'_4 > \pi$、$\Delta\theta < 0$ 或 $\theta'_4 < \pi$、$\Delta\theta > 0$ 时,有 $\sin\Delta\theta$、$\sin\theta'_4$ 同号;③ 当 $\theta'_4 < \pi$、$\Delta\theta < 0$ 或 $\theta'_4 > \pi$、$\Delta\theta > 0$ 时,有 $\sin\Delta\theta$、$\sin\theta'_4$ 异号。

P_3、P_4 的长度修改公式为

$$l'_3 = \frac{\sin\theta_4}{\sin\theta'_4}l_3 \left.\vphantom{\frac{\sin\theta_4}{\sin\theta'_4}}\right\}$$
$$l'_4 = l_4 - \frac{\sin\Delta\theta}{\sin\theta'_4}l_3$$

$$\tag{4.13}$$

因此,对 P_3 角度修改后按式(4.9)、式(4.13)修改 P_3、P_4 之间的长度和角度变量能够满足上述两个条件。

2. 角度修改控制

根据基于折线变换的抗投影变换水印算法原理,在角度变量中嵌入的水印强度 $\Delta\theta$ 应当满足折线逆变换后定位点坐标平移量不超过误差容限 ε,即 $\Delta l \leqslant \varepsilon$,如图 4.11 所示。

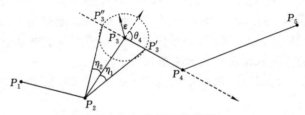

图 4.11　角度修改控制

以点 P_3 为圆心,以 r 为半径画圆,其中 $r = \varepsilon$,圆与直线 P_3P_4 的两个交点分别为 P'_3、P''_3,则 $\angle P'_3P_2P''_3$ 是水印嵌入角度可变化的范围。令 $\eta_1 = \angle P'_3P_2P_3$、$\eta_2 = \angle P''_3P_2P_3$,则 $(-\eta_2, \eta_1)$ 是定位点 P_3 处可允许的水印嵌入强度范围。

下面介绍 η_1、η_2 的求解过程。

由问题有

$$|P_3P'_3| = |P_3P''_3| = r \left.\vphantom{|P_3P'_3|}\right\}$$
$$|P_3P_2| = l_3$$

$$\tag{4.14}$$

令 $\delta_1 = \angle P_2P_3P'_3$、$\delta_2 = \angle P_2P_3P''_3$,根据几何图形中角度关系有

$$\left.\begin{aligned}\delta_1 &= \frac{\mathrm{sgn}(\theta_4 - \pi) + 3}{2} - \theta_4 \\ \delta_2 &= \theta_4 - \frac{\mathrm{sgn}(\theta_4 - \pi) + 1}{2}\end{aligned}\right\} \Rightarrow \left.\begin{aligned}\delta_1 &= \pi - \theta_4 \bmod\pi \\ \delta_2 &= \theta_4 \bmod\pi\end{aligned}\right\}$$

$$\tag{4.15}$$

对 $\triangle P_2P_3P'_3$ 和 $\triangle P_2P_3P''_3$ 使用余弦定理有

$$\left.\begin{aligned}|P_2P'_3| &= \sqrt{|P_2P_3|^2 + |P_3P'_3|^2 - 2\cos\angle P_2P_3P'_3 |P_2P_3| |P_3P'_3|} \\ &= \sqrt{l_3^2 + r^2 - 2l_3r\cos\delta_1} \\ |P_2P'_3| &= \sqrt{|P_2P_3|^2 + |P_3P''_3|^2 - 2\cos\angle P_2P_3P''_3 |P_2P_3| |P_3P''_3|} \\ &= \sqrt{l_3^2 + r^2 - 2l_3r\cos\delta_2}\end{aligned}\right\}$$

$$\tag{4.16}$$

由正弦定理有

$$
\left.
\begin{array}{l}
\dfrac{|P_3P'_3|}{\sin\eta_1}=\dfrac{|P_2P'_3|}{\sin\angle P_2P_3P'_3}\\[3mm]
\dfrac{|P_3P''_3|}{\sin\eta_2}=\dfrac{|P_2P''_3|}{\sin\angle P_2P_3P''_3}
\end{array}
\right\}
\Rightarrow
\left.
\begin{array}{l}
\sin\eta_1=\dfrac{r}{|P_2P'_3|}\sin\delta_1\\[3mm]
\sin\eta_2=\dfrac{r}{|P_2P''_3|}\sin\delta_2
\end{array}
\right\}
\tag{4.17}
$$

将式(4.14)、式(4.15)、式(4.16)代入式(4.17),可得

$$
\left.
\begin{array}{l}
\eta_1=\arcsin\left[\dfrac{r}{\sqrt{l_3^2+r^2-2l_3r\cos\delta_1}}\sin\delta_1\right]\\[4mm]
\eta_2=\arcsin\left[\dfrac{r}{\sqrt{l_3^2+r^2-2l_3r\cos\delta_2}}\sin\delta_2\right]
\end{array}
\right\}
\tag{4.18}
$$

因此,定位点 P_3 的角度修改量应当在 $(-\eta_2,\eta_1)$ 范围内。

4.2.4　水印嵌入

假设水印为二值序列 $W=\{w_k\mid k=1,2,\cdots,N\}$,其中,$N$ 为水印长度,k 为水印位置索引,水印嵌入的强度为 ε。根据以上分析,基于折线变换的抗等角投影变换水印嵌入步骤如下:

(1)计算所有折线中相邻定位点的最大欧氏距离 $d_{\max}$,并根据式(4.19)计算角度嵌入强度 δ,即

$$
\delta=\arccos\left(1-\frac{\varepsilon^2}{2d_{\max}^2}\right)
\tag{4.19}
$$

将 N 和 δ 作为密钥保存。

(2)选择图层文件,按照文件存储顺序,依次提取线状数据 L_1、L_2、$\cdots$、L_M,M 为线状数据数量。

(3)选择折线 L_i,并对折线进行正变换,得到变换后的角度和长度变量 $\{(l_{ij},\theta_{ij})\mid j=1,2,\cdots,m_i\}$,$m_i$ 为折线 L_i 上定位点个数。

(4)按照条带调制方案依次嵌入水印。嵌入时,为了保证不破坏数据的相交关系,共点处不嵌入水印;根据折线变换原理,折线的前两个点角度和长度变量的值受初始参考位置和初始参考方向的影响,在投影前后变化较大,不能够作为水印嵌入域。因此嵌入水印时,折线的前两个点、最后一个点及共点不作为水印的嵌入域。定位点与水印位置索引的映射关系为

$$
k=\bmod\left(\sum_{p=1}^{i-1}m_p-3\times i+j-2,N\right)
\tag{4.20}
$$

当水印位为"1"时,按照式(4.9)和式(4.13)修改角度和长度变量,使 $\bmod(\theta'_{ij},\delta)=3\delta/4$;当水印位为"0"时,按照式(4.9)和式(4.13)修改角度和长度变量,使 $\bmod(\theta'_{ij},\delta)=\delta/4$。

(5)进行折线逆变换,将 L_i 还原为平面直角坐标表示形式。

(6)重复步骤(3)~(5),直到所有的定位点都嵌入水印。

4.2.5　水印检测

与水印嵌入相对应,水印检测步骤如下:

(1)初始化一个值全为 0、长度为 N 的水印序列 $WA = \{wa_k \mid k = 1, 2, \cdots, N\}$。

(2)选择图层文件,按照文件存储顺序,依次提取线状数据 wL_1、wL_2、$\cdots$、wL_M,M 为线状数据数量。

(3)选择含水印折线 L_i,并作折线正变换,得到变换后的角度和长度变量 $\{(wl_{ij}, w\theta_{ij}) \mid j = 1, 2, \cdots, m_i\}$,$m_i$ 为折线 L_i 上定位点个数。

(4)按照式(4.20)建立折线 L_i 上定位点与水印位的映射关系,其中前两个点和最后一个点不含水印,不参与水印检测。

(5)按照式(4.21)提取水印并加入到水印数组中,即

$$wa_k = \begin{cases} wa_k + 1, & \mathrm{mod}(w\theta_{ij}, \delta) > \delta/2 \\ wa_k - 1, & \mathrm{mod}(w\theta_{ij}, \delta) < \delta/2 \end{cases} \tag{4.21}$$

(6)重复步骤(3)~(5),直到完成所有定位点的水印检测。然后,生成最终水印序列 $W' = \{w'_k \mid k = 1, 2, \cdots, N\}$,完成水印检测,即

$$w_k = \begin{cases} 1, & wa_k > 0 \\ 0, & wa_k \leqslant 0 \end{cases} \tag{4.22}$$

4.2.6　实验与分析

选择 1∶100 万等高线数据作为水印嵌入载体,所用投影为高斯投影,如图 4.12(a)所示,1∶100 万数据在平面坐标下的数据误差容限为 100 m。水印是大小为 40×40 的二值图像,如图 4.12(b)所示。

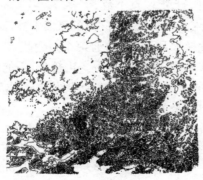

（a）原始数据载体　　　　　（b）二值水印图像

图 4.12　载体数据和水印图像

1. 可行性

为了分析算法的可行性,通过将高斯投影变换至兰勃特(Lambert)等角投影下, 分析投影变换前后长度、角度变量的变化量及角度变量上水印可嵌入强度,确定是否 符合水印嵌入条件。

投影变换前后长度变化量和角度变化量的分布如图 4.13 所示,长度的最大变 化量 $l_{max}=98.5$ m,角度的最大变化量为 $\theta_{max}=1.06\times10^{-4}$°,高斯投影下,折线上 两点之间最大的长度值为 $d_{max}=5.84\times10^{3}$ m。 根据式(4.24),角度变量上水印可 嵌入的水印强度为 $\delta=0.017\ 1$°,由于 $\delta\gg\theta_{max}$,因此角度变量可以作为水印的载 体,算法是可行的。

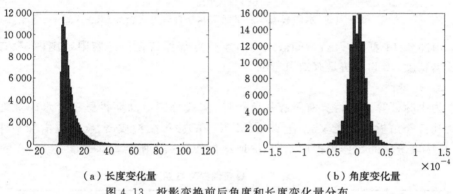

（a）长度变化量　　　　　　（b）角度变化量

图 4.13　投影变换前后角度和长度变化量分布

2. 有效性

嵌入水印后不应破坏数据的精度,图 4.14 是水印嵌入前后平面直角坐标值的 改变量分布,其中图 4.14(a)是横坐标改变量分布,图 4.14(b)是纵坐标改变量分 布,图 4.14(c)是对应坐标点平移的欧氏距离分布。

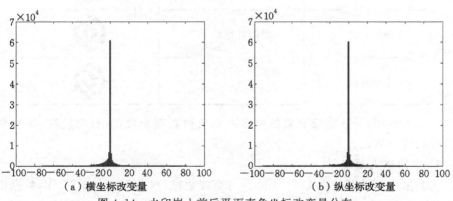

（a）横坐标改变量　　　　　　（b）纵坐标改变量

图 4.14　水印嵌入前后平面直角坐标改变量分布

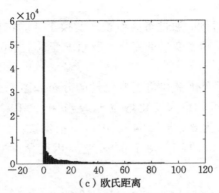

（c）欧氏距离

图 4.14　水印嵌入前后平面直角坐标改变量分布（续）

由图 4.14 可以看出，水印嵌入前后定位点都保持在误差容限范围内，没有破坏数据精度，因此算法是有效可行的。

3. 鲁棒性

为了验证算法是否具有足够的鲁棒性，实验分别对高斯投影下含水印数据进行兰勃特等角投影变换攻击、墨卡托（Mercator）投影变换攻击、旋转攻击和平移攻击，并从攻击后的数据中提取水印，提取结果如表 4.1 所示。

表 4.1　鲁棒性实验结果

攻击方式	攻击强度	检测结果
兰勃特等角投影变换	—	◉
墨卡托投影变换	—	◉
旋转攻击	顺时针旋转 10°	◉
平移攻击	横坐标平移 500 m、纵坐标平移 300 m	◉

表 4.1 表明，算法能够有效抵抗多种等角投影变换攻击，且对旋转、平移攻击具有较高的鲁棒性。

4. 水印嵌入效率

实验采用的地图数据为 1∶100 万等高线数据，数据大小为 2.1 MB，数据中共有 4 765 条线、117 888 个数据点，嵌入水印用时为 896 ms，算法具有较高的嵌入效率和较高的实用性。

§4.3　基于拓扑关系的抗投影变换水印

　　§4.2 设计的抵抗等角投影变换的鲁棒水印算法对其他投影变换并不适用，本节将利用地理实体间拓扑关系的不变性设计一种对常见投影变换都具有鲁棒性的水印算法。

4.3.1　算法原理

　　地图要素是构成地图的基本内容，分为数学要素、地理要素和辅助要素（也称整饰要素）。数学要素指构成地图的数学基础，如地图投影、比例尺、制图综合、大地控制基础（控制点）、坐标网、高程系统、地图分幅及地图定向要素等。这些内容是决定地图图幅范围、位置，以及控制其他内容的基础，保证地图的精确性，是图上量取点位、高程、长度、面积的可靠依据，在大范围内保证多幅图的拼接使用。数学要素对军事和经济建设都是不可缺少的内容。地理要素是地图内容的主体，指地图上表示的具有地理位置、分布特点的自然现象和社会现象。按其性质可分为自然要素（如水文、地貌、土质、植被、地球物理、气象、动物等）、社会经济要素（如居民地、交通线、行政境界，以及政治、行政、人口、城市、历史、文化和经济等方面的现象或物体等）、环境要素。辅助要素指位于内图廓以外，为阅读和使用地图而提供的具有一定参考意义的说明性内容或工具性内容，包括图名、图号、接图表、接合图号、图廓、图廓间注记、图例、数字比例尺与图解比例尺、坡度尺、三北方向图，以及其他附图、资料和成图方法说明等。

　　设计鲁棒水印算法主要是寻找嵌入过程中的鲁棒域。由 §4.1 分析可知，投影变换对定位点的坐标值产生较大的改变，但是没有改变对象之间的拓扑关系，因此可以利用拓扑关系设计鲁棒水印算法。由于投影变换后各对象之间的相对位置会发生一定程度的变化，对象之间的相离关系很难度量，而在相邻关系中嵌入水印又很容易破坏数据的有效性，因此可选择对象之间的包含关系作为水印嵌入域。

　　利用包含关系嵌入水印，重点在于构建易控制的、满足包含关系的面状对象的方法。

　　地图中的面状地物通常范围较大，投影变换后形变程度也较高，因此不易控制。经线、纬线在投影后仍然保持相交关系不变，且这些经线和纬线相交形成了一组经纬线网格。经纬线网格密度并不是固定的，可以根据需要进行加密。当经纬线网格加密到一定程度时，每个网格的范围足够小，根据投影变换的性质，该网格内的变形程度是近似相等的，而网格的边线也可以用折线近似处理，如图 4.15 所示，左图是一个初始经纬线网格，中图是投影变换后的结果，右图虚线是投影变换后的结果，实线部分是近似处理的结果。

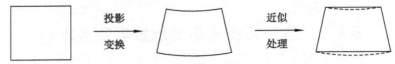

图 4.15　网格线近似处理

近似处理后的经纬线网格具有相对规则的形状,且投影的经纬线网格与网格内地物之间的包含关系不会发生变化,因此可以利用经纬线网格作为设计包含关系的面状对象。

图 4.16 表示一个经纬线网格,当每两条经线之间的宽度保持在误差容限范围内时,如果将一个经线条带内的点平移至相邻经线条带内,并不会破坏数据的精度,因此选择基于条带方式嵌入水印。

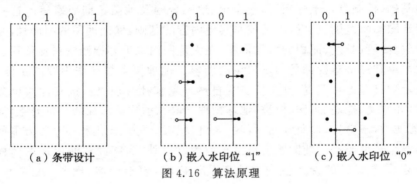

（a）条带设计　　　　　（b）嵌入水印位"1"　　　（c）嵌入水印位"0"

图 4.16　算法原理

算法具体步骤如下:

(1)对经纬线网格进行加密,使投影后的每个网格在纬线方向上的宽度不超过水印嵌入的最大强度,图 4.16(a)是经纬线构成的网格,实线为经线,虚线为纬线,利用经线将整个地图划分为一系列竖直的条带,每个条带依次对应水印位的"0"和"1"。

(2)当嵌入的水印位为"1"时,如图 4.16(b)所示,若定位点在对应的"1"条带内,则不对定位点做任何处理;如果定位点在"0"条带内,则将定位点平移至相同纬度、右侧"1"条带内。

(3)当嵌入的水印位为"0"时,如图 4.16(c)所示,若定位点在对应的"0"条带内,则不对定位点做任何处理;如果定位点在"1"条带内,则将定位点平移至相同纬度、左侧"0"条带内。

检测水印时,通过判定定位点所在条带代表的水印位,确定该定位点所嵌入的水印信息。

4.3.2　关键技术

1. 经纬线网格构建方法

矢量地图数据定位点坐标通常有两种表达形式:第一种是以经纬度表示的地

理坐标,第二种是某个投影下的平面直角坐标。用户通常不直接使用地理坐标数据,而是使用投影后的平面直角坐标数据。为满足用户需求,数据生产商提供的数据也是特定投影下的直角坐标数据。为了在数据中嵌入水印,根据基于拓扑关系的抗投影变换水印算法原理,需要构建平面直角坐标系下经纬线网格,但是由于投影变形的存在,平面直角坐标系内的经纬线网格并不一定是大小相同的矩形网格,而是一组曲线网格。网格大小和形状随着经纬度变化,因此直接在平面直角坐标系内构建经纬网格是很难实现的。平面直角坐标是由地理坐标经过投影得到的,且地理坐标不受投影变换的影响,因此可以根据地图范围在地理坐标下构建经纬线网格,然后再将经纬线网格投影至数据所在的投影平面下。

根据水印算法原理,经纬线网格的密度应当满足每个网格在经线方向上的宽度不超过最大水印嵌入强度,如果直接在地理坐标的形式下将网格加密到水印嵌入所需要的网格密度,网格内所包含的定位点数量较多,将网格做投影变换需要更长的时间,严重影响水印的嵌入和检测效率。为解决这个问题,采用"二次加密网格"的网格构建方法,如图 4.17 所示。

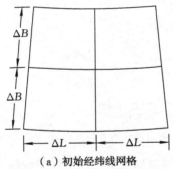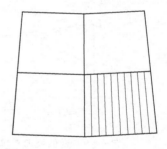

（a）初始经纬线网格　　　　　　（b）投影后网格及二次加密处理

图 4.17　二次加密网格

二次加密网格构建方法具体步骤如下:

(1)确定地图经度范围(L_0,L_1)和纬度范围(B_0,B_1)。

(2)以经差 ΔL 和纬差 ΔB 划分图幅,形成初始的经纬线网格,并进行投影变换,如图 4.17(a)所示。为了便于水印嵌入,投影变换后经纬线网格边线需要用直线近似处理,如果经差和纬差过大,近似处理的直线和实际经纬线所在的曲线相离就过大,近似处理会破坏网格与定位点之间的包含关系;如果经差和纬差过小,则网格密度过大,增加投影变换计算的负担。因此,需要构造一个变量来描述近似处理的网格线与实际投影后的经纬线的偏离程度,用来控制经差和纬差的划分。

图 4.18 是网格近似处理与实际投影曲线的关系,实线是近似网格,虚线是实际投影后的经纬线,为了描述近似处理直线与实际曲线的偏离程度,可以利用曲线与直线的最大偏差距离 d 来衡量。构造网格时,只需要满足每个网格的最大偏差

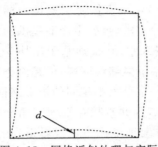

图 4.18　网格近似处理与实际
投影曲线的关系

距离 d 足够小,就能确保近似处理不会破坏网格与定位点之间的包含关系。

但是由于经纬线网格所在的曲线很难确定,因此最大偏差距离很难精确计算。为了描述偏差程度,采取另外一个变量描述近似处理直线与实际曲线的偏离程度,如图 4.19 所示。

图 4.19 是由经线 L_1、L_2、L_3 和纬线 B_1、B_2 共同组成的两个相邻的经纬线网格,虚线是经纬线实际投影,实线是对经纬线投影后的近似。其中,$L_2 = (L_1 + L_3)/2$。线段 AD、DE、AE 分别是对纬线 B2 实际投影曲线 $\overarc{AD}$、$\overarc{DE}$、$\overarc{AE}$ 段的近似,G 是近似处理后纬线 AE 与经线 CD 的交点,D 是在地理坐标系下纬线 B_2 与经线 L_2 交点的实际投影位置,利用线段 GD 的长度 d 来近似描述纬线 $\overarc{AE}$ 段近似处理后与实际投影纬线的偏离程度。同理,也可以用同样的方式描述经线近似处理后的偏离程度。

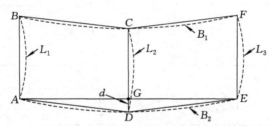

图 4.19　近似处理直线与实际投影曲线的偏离程度描述

根据以上分析,假设数据误差容限为 ε,构建地理坐标系下初始经纬线网格步骤如下:

第一步,设定值较大的经差 ΔL 和纬差 ΔB,构建地理坐标网格,并对经纬线交点进行投影变换。

第二步,利用相邻网格计算纬线近似直线与实际投影曲线的偏离程度 d_B,并求出最大的偏离程度 $d_{B_{\max}}$;同理,计算经线的最大偏离程度 $d_{L_{\max}}$。

第三步,如果 $d_{B_{\max}} > \varepsilon/M$($M$ 为正整数,通过实验 M 取 20 为宜),则说明纬线的近似直线与实际投影曲线的偏离程度较大,则加密经线,令 $\Delta L' = \Delta L/2$,如图 4.20 虚线所示;如果 $d_{L_{\max}} > \varepsilon/M$,则说明经线的近似直线与实际投影曲线的偏离程度较大,则加密纬线,令 $\Delta B' = \Delta B/2$,如图 4.20 点划线所

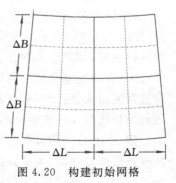

图 4.20　构建初始网格

示。对新增加的交点进行投影变换。

第四步,重复第二、三步,直到经线方向和纬线方向的最大偏离程度不超过ε/M,完成初始经纬线网格的构建。

(3)二次加密网格。按照图 4.17(b)中灰线所示,将每个投影后的经纬线网格按照纬线方向均匀划分为 K 个子网格,K 的取值需要满足每个子网格在纬线方向上宽度的最大值不超过 ε。

二次加密网格的方法仅需要对初始网格的交点做投影变换,这样就可以减少投影变换的计算量,提高水印嵌入和检测速度。

2. 四叉树检索方法

根据算法原理,嵌入水印时首先应判定定位点所在网格的位置,确定所在网格与待嵌水印位是否相同。但是由于投影变换后投影变形的存在,经纬线网格并不像矩形网格那么规整,如图 4.21 所示,无法通过坐标值直接计算定位点所在的网格位置。为了快速判定定位点所在网格位置,本节借鉴四叉树原理,设计了一种四叉树检索方法。

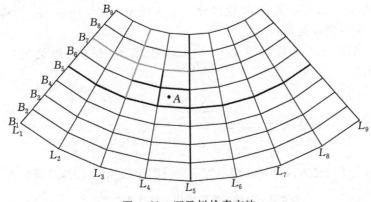

图 4.21　四叉树检索方法

首先建立每个网格的索引标记,若网格标记为 (p,q),说明该网格是纬线 B_p、B_{p+1} 和经线 L_q、L_{q+1} 所围成的网格。四叉树检索的步骤如下:

(1)首先利用中间的经线和纬线,将整个网格分成 4 个区域。如图 4.21 所示,用经线 L_5 和纬线 B_5 将网格划分为 4 个区域。

(2)判定定位点 A 所在的区域。如果 A 所在的区域可继续划分,则重复步骤(1)。

(3)当 A 所在的区域不可再划分时,终止检索,此时 A 所在的区域即包含 A 的网格。

(4)如果 A 所在网格的左侧经线和下侧纬线分别为 L_k、B_h,则 A 所在网格的索引序号为 (k,h)。

图 4.21 是由 9 条经线和 9 条纬线围成的网格,如果采用逐一判定的方法,平

均需要执行 32 次运算,而采用四叉树法平均需要运行 6 次运算,极大地降低运算次数,提高了水印嵌入和检测效率。

3．二值图像相关值计算方法

水印信息包括有意义字符、二值序列、随机序列、二值图像等多种形式,其中将二值图像作为水印信息是目前水印算法采用最多的一种形式。评价一个算法是否有效的方法是以检测结果能否作为版权认证的依据。以二值图像作为水印时,通常对检测结果采用视觉效果评价,是一个定性的评价结果。但是在某些应用场合,为了评价不同的水印算法的检测效果,或者在不同程度攻击下水印图像可认证的程度,需要给出一个定量的评价结果。将定性评价结果转化为定量结果最常用的一种方式是计算检测结果和原始二值图像的相关值。

目前,常用的相关值计算方法有以下两种:

(1)计算原始水印图像和提取的水印图像相同像素值的比率,即

$$NC = \frac{1}{M \times N} \sum_{i=1}^{M} \sum_{j=1}^{N} w_{ij} \odot w'_{ij} \tag{4.23}$$

式中,M、N 是水印图像的长、宽像素数,w_{ij} 为原始水印位的值,w'_{ij} 为检测结果水印位的值,$\odot$ 为同或运算。

(2)计算原始水印图像和提取的水印图像的归一化相关值(normalized correlation,NC),即

$$NC = \frac{\sum_{i=1}^{M} \sum_{j=1}^{N} w_{ij} w'_{ij}}{\sqrt{\sum_{i=1}^{M} \sum_{j=1}^{N} w_{ij} w_{ij}} \times \sqrt{\sum_{i=1}^{M} \sum_{j=1}^{N} w'_{ij} w'_{ij}}} \tag{4.24}$$

分别用上述两种方法计算几组不同的二值图像相关值,计算结果如表 4.2 所示。

表 4.2　两种二值图像相关值计算方法比较

组号	图像 1	图像 2	相关值	
			方法一	方法二
1			0.870 6	0.889 6
2			0.537 5	0.648 2
3			0.515 0	0.030 0
4			0	0

表 4.2 中,第 1、2 组实验是对两幅相同像素点较多、标识不同的二值图像进行相关值判定,实验结果表明,两种相关值计算方法的结果均较高;第 3 组实验计算两个不同的随机二值图像相关值,用方法一计算的结果可以达到 0.5,方法二计算的结果接近 0;第 4 组实验是对两个像素值完全相反的图像进行相关值计算,结果表明,两种相关值计算方法的结果均为 0,表示两个图像是完全不相关,但是作为版权认证时,两个图像均能够有效对数据的版权进行认证。实验结果表明,方法二在整体上要优于方法一,但两种方法都存在误判的可能性,不能够有效确定水印信息对版权的认证程度。

基于以上分析,设计一种用于判定二值图像可认证程度的相关值判定方法,计算公式为

$$NC = \frac{1}{M \times N} \Big| \sum_{i=1}^{M} \sum_{j=1}^{N} w_{ij} \odot w'_{ij} - \sum_{i=1}^{M} \sum_{j=1}^{N} w_{ij} \otimes w'_{ij} \Big| \quad (4.25)$$

式中,M、N 是水印图像的长、宽像素数,w_{ij} 为原始水印位的值,w'_{ij} 为检测出的水印位的值,$\odot$ 为同或运算,$\otimes$ 为异或运算。表 4.3 是利用式(4.25)计算的两个图像的相关值。

表 4.3　用于可认证程度判定的相关值计算方法实验结果

组号	图像 1	图像 2	相关值
1			0.075 0
2			0.030 0
3			1.000 0
4			0.653 8
5			0.653 8

表 4.3 中,实验 1 和实验 2 表明不相关的两个水印图像检测的相关值接近 0;实验 3、实验 4、实验 5 表明对检测结果取反并不影响相关值的计算,取反仍然能够同等程度地验证版权。实验表明,式(4.25)中判定两个二值图像相关值计算的方法是有效可行的。

4.3.3　水印嵌入

假设水印信号为 $W = \{w_i \mid i = 1, 2, \cdots, N\}$,其中,$i$ 为水印的位置索引,N 为水

印长度,水印嵌入的最大强度为 ε。 水印嵌入步骤如下:

(1)构建地图所在范围的经纬线网格,网格所在的投影与载体数据所在投影相同。记录网格左上、右下交点的经纬度 (B_{lt}, L_{lt})、(B_{rb}, L_{rb}),初始划分网格时的经差为 ΔL、纬差为 ΔB,二次划分网格时网格细化个数为 K,将这些参数作为公钥保存,用于在检测水印时重新构建经纬线网格。二次划分后每个子网格在纬线方向上的宽度最大不能超过 ε。

(2)从矢量地图数据文件中提取坐标点,构成坐标点数组 $PA = \{P_j(x_j, y_j) \mid j = 1, 2, \cdots, M\}$,其中,$P_j$ 为第 j 个定位点,M 为定位点个数。为了确保嵌入水印时不破坏相交关系,在选择定位点时排除共点的情况。

(3)利用四叉树检索方法,确定第 j 个定位点所在网格索引号 (Ph_j, Pl_j)。

(4)建立第 j 个定位点与水印位索引的映射关系,即

$$i = f(Pl_j) = \mathrm{mod}(\mathrm{floor}(Pl_j/2), N) \tag{4.26}$$

式中,$\mathrm{mod}(\cdot)$ 为取模运算函数,$\mathrm{floor}(\cdot)$ 为向下取整运算函数。

(5)当第 i 个水印位为"0"时,若 Pl_j 为奇数,则定位点不做任何处理;若 Pl_j 为偶数,则将第 j 个定位点移至第 (Ph_j, Pl_{j-1}) 个网格内。当第 i 个水印位为"1"时,若 Pl_j 为偶数,则定位点不做任何处理;若 Pl_j 为奇数,则将第 j 个定位点移至第 (Ph_j, Pl_{j+1}) 个网格内。

(6)重复步骤(3)~(5),完成对所有定位点的水印嵌入。

4.3.4　水印检测

水印检测算法的具体步骤如下:

(1)利用公钥 (B_{lt}, L_{lt})、(B_{rb}, L_{rb})、ΔL、ΔB、K 重新构建网格,与嵌入过程不同的是新网格所在的投影与待检测数据相同。

(2)构造一个长度为 N、值全为 0 的二值水印序列 $sW' = \{sw'_i \mid i = 1, 2, \cdots, N\}$,其中,$i$ 为水印的位置索引。

(3)提取待检测数据中的坐标点,构成坐标点数组 $PA' = \{P'_j(x_j, y_j) \mid j = 1, 2, \cdots, M\}$,其中,$P'_j$ 为第 j 个定位点,M 为定位点个数。

(4)利用四叉树法确定第 P'_j 所在的网格索引号 (Ph'_j, Pl'_j)。

(5)按照式(4.26)建立水印位置索引与定位点的映射关系 $i = f(Pl'_j)$。

(6)若 Pl'_j 为偶数,则 $sw'_i = sw'_i + 1$;若 Pl'_j 为奇数,则 $sw'_i = sw'_i - 1$。

(7)最终确定水印序列 $W' = \{w'_i \mid i = 1, 2, \cdots, N\}$,即

$$w'_i = \begin{cases} 1, & sw'_i > 0 \\ 0, & sw'_i \leqslant 0 \end{cases} \tag{4.27}$$

完成水印检测过程后,按照式(4.25)计算检测结果与初始水印信息的归一化相关值,给出一个量化的检测效果的评定结果。

4.3.5　实验与分析

为了对算法进行验证,实验采用比例尺为 1：50 万的线状数据作为水印载体,数据初始投影为高斯投影,共包含 9 518 个数据点,数据误差容限为 50 m,如图 4.22(a)所示。水印数据采用大小为 40×40 的二值图像,如图 4.22(b)所示。

（a）原始数据　　　　　（b）二值水印

图 4.22　原始数据与水印

1. 有效性

图 4.23 显示了水印嵌入后数据的纵、横坐标改变量的分布。实验表明,纵、横坐标的改变量均未超出数据的误差容限,未破坏数据的精度,因此算法是可行的。

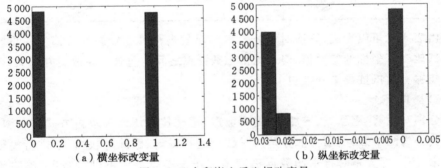

（a）横坐标改变量　　　　　　（b）纵坐标改变量

图 4.23　水印嵌入后坐标改变量

2. 不可感知性

图 4.24 左图是将水印嵌入前后的数据叠加显示的效果,右图是对一微小区域放大显示的效果。实验表明,水印嵌入后并未对数据造成视觉效果上的偏差,因此算法具有良好的视觉不可见性。

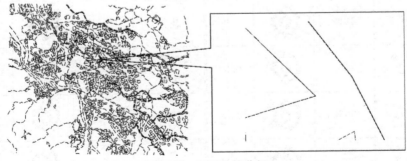

图 4.24　不可见性分析

3. 鲁棒性

1) 抗投影变换

为了验证算法能否有效抵抗投影变换攻击,实验分别对高斯投影下含水印数据进行墨卡托投影变换、彭纳(Bonne)投影、兰勃特等积方位投影、等距离方位投影等多种投影变换攻击,并对攻击后的数据进行水印检测,检测结果如表 4.4 所示。

表 4.4　投影变换鲁棒性实验结果

投影方式	检测结果	归一化相关值	投影方式	检测结果	归一化相关值
墨卡托投影		0.972	兰勃特等积方位投影		0.973
彭纳投影		0.965	等距离方位投影		0.970

由表 4.4 可以看出,算法对多种投影变换攻击都具有较高的鲁棒性。投影变换虽然改变了坐标的绝对值,但对网格与数据点之间的包含关系改变并不大,因此算法能够有效抵抗投影变换攻击。

2) 抗其他攻击

分别对裁剪、删除点、增加点、更新数据、道格拉斯压缩等攻击方式进行测试。测试共分为两个部分:第一部分是仅对数据进行裁剪、删除等攻击,不进行投影变换攻击;第二部分是对含水印数据进行墨卡托投影攻击后再进行裁剪、删除等攻击。实验结果如表 4.5 所示。

表 4.5　鲁棒性实验结果

未进行投影攻击				投影攻击后再进行其他攻击			
攻击方式	攻击强度	检测结果	归一化相关值	攻击方式	攻击强度	检测结果	归一化相关值
裁剪	42%		0.90	裁剪	41%		0.905
道格拉斯压缩	32%		0.93	道格拉斯压缩	30.5%		0.931
删除点	50%		0.89	删除点	50%		0.89
增加点	20%		0.95	增加点	21%		0.958

续表

未进行投影攻击				投影攻击后再进行其他攻击			
攻击方式	攻击强度	检测结果	归一化相关值	攻击方式	攻击强度	检测结果	归一化相关值
增加新数据	34%		0.945	增加新数据	24%		0.955
噪声攻击	$N \sim U$ (0,1)		0.155	噪声攻击	$N \sim U$ (0,1)		0.451

表 4.5 表明,该算法对大多数攻击方式都具有鲁棒性,检测结果均能有效验证版权。但是由于该算法是基于统计方案的水印算法,当噪声攻击较强时,就会破坏数据中的水印信息,因此算法对噪声攻击的鲁棒性较低。要增加算法对噪声攻击的鲁棒性,可以通过提高嵌入强度实现,但可能会损失数据的精度及算法的不可见性。

第5章 矢量地图数据非对称数字水印

数字水印技术是数字产品版权保护的一种新兴技术，已经被广泛应用到矢量地图数据版权保护、完整性和真实性认证等方面。目前，矢量地图数据数字水印基本都是对称的，即水印嵌入和水印检测是一个互逆过程，由检测算法及密钥可以很容易地推导水印的嵌入算法和密钥。因此，为了保护水印系统的安全性，需要对密钥和算法都进行保密，水印的嵌入和检测都只能在数据的发售端进行，接收端没有这个能力。这类水印在应用时存在很大的局限性。例如，用户购买数据后，非常关心数据的真实性和完整性、数据来源的合法性，以防止被动使用盗版数据，由于用户没有经过授权就无法对水印进行检测，也就无法对数据进行认证；而一旦被授权，一些非法用户很可能根据授权信息非法嵌入新的水印或去除水印。另外，对称水印机制从根本上也不符合信息安全最基本的 Kerchoffs 原则，即密码系统中的算法即使为密码分析员所知，也无助于明文或密钥的推导，即"一切秘密寓于密钥之中"。

为了解决以上问题，一些学者开始将公钥密码技术的思想引入数字水印技术。在非对称水印算法中，水印的嵌入和检测是非对称的，水印的整个算法、检测密钥可以被公开，任何用户都可以随时对数据进行检测，以判断地图数据的所有权、认证地图数据的真实性和完整性；但是在没有私钥的情况下，非法用户仅利用公钥和水印算法无法将水印从数据中去除。与对称水印相比，非对称水印有更大的实用价值：在数据分发过程中，密钥数量大大减少，彻底消除了经特殊保密的密钥信道分发密钥的困难，且有助于实现数字签名。图像的非对称数字水印已有人开始研究，而矢量地图数据的非对称数字水印相关文献还未见到。本章将通过分析矢量地图数据和非对称水印特点，研究矢量地图数据的非对称数字水印模型和算法。

§5.1 非对称数字水印

5.1.1 非对称数字水印概念

传统的数字水印大都是对称水印，如图 5.1 所示。嵌入水印时，首先将版权信息转化为二值水印序列，然后利用密钥和嵌入算法将水印序列嵌入原始数据；检测水印时，利用相同的密钥从待检测数据中提取水印信息。水印嵌入和检测过程是一个互逆过程。

随着数字水印在数据版权保护中的不断应用，对称水印算法逐渐暴露了自身

的缺点和不足,在实际应用中存在以下情况:

(1)数据购买者需要从数据中检测水印信息,以确定数据来源的合法性,防止被动使用盗版数据。

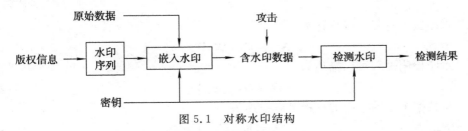

图 5.1　对称水印结构

(2)如果在多份数据中采用相同的密钥嵌入同一个水印,一旦一份数据的水印和密钥被公开,其他的数据也都不再安全。为了防止这种情况的发生,在对一份新数据进行水印嵌入时,通常会采用一个新的水印序列和密钥,这样就增加了密钥和水印序列在管理和分发上的困难。

(3)对称水印技术的安全机制类似于对称密码技术,数据的安全性依赖于密钥和整个水印算法的安全性,一旦授权数据购买方检测水印的权限,水印信息的安全就会面临严重威胁,水印购买方可能会利用水印算法和密钥移除或者篡改水印,使数据拥有者无法判定数据的归属,造成无法解决的版权纠纷。

为了提高数据的安全性,在密码学领域提出了一种公钥密码体制。公钥密码体制的核心思想是:加密密钥不同于解密密钥,且利用加密密钥无法推算解密密钥(至少在足够长的时间内),加密密钥用于数据的加密过程,数据的解密过程只能利用相应的解密密钥才能完成。由于加密密钥可以公开,因此其也称为公开密钥;为了保证加密数据的安全性,解密密钥只能被解密方拥有,因此也称为私人密钥。公钥密码体制中加密和解密是一个不可逆过程,任何人都可以利用加密密钥和加密算法对数据进行加密,但是在无法获得解密密钥的情况下,攻击者即便得到整个密码算法和加密公钥,也无法推算解密密钥,也就无法破解加密数据。

为了解决对称水印机制中的安全问题,Hartung 等(1997)将公钥密码思想引入图像水印算法中。图 5.2 是非对称水印算法的基本结构。

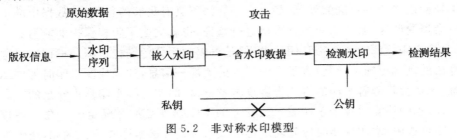

图 5.2　非对称水印模型

与对称水印算法不同之处在于,非对称水印算法在嵌入过程中采用私钥控制水印嵌入,检测时利用公钥提取数据中的水印信息。其中,公钥与私钥不同,且利用公钥无法推算私钥。假设原始数据为 X,水印序列为 W,公钥为 K_p,私钥为 K_s。

水印嵌入过程可以描述为

$$X_w = E_{K_s}(X,W) \tag{5.1}$$

水印检测过程可以描述为

$$W = D_{K_p}(X_w) \tag{5.2}$$

从数据中去除水印的过程可以描述为

$$X = E_{K_s}^{-1}(X_w) \tag{5.3}$$

非对称水印实现过程与公钥密码体制类似,都存在单向计算过程,但是由于公钥密码技术和非对称水印技术的目的不同,二者实现过程也不完全相同。相同之处在于,利用私钥可以计算公钥,但利用公钥无法推算私钥,即由私钥生成公钥是一个不可逆过程;不同之处在于,公钥密码体制利用公钥加密数据,利用私钥解密数据,而非对称水印算法则是利用私钥嵌入水印,而利用公钥检测水印。

在非对称水印算法中,用户能够获得完整的水印算法及公钥,能够对水印信息进行检测,但无法推算水印的嵌入过程;水印的检测结果中只包含与水印相关的信息,无法获得原始数据 X;用户只有在获得私钥作为附加信息的情况下,才能够将水印从数据中去除。

5.1.2 非对称数字水印特点

一个非对称水印算法是否有效,主要是看能否确保水印信息的安全,一个完美、有效的非对称水印算法应当具有以下特点:

(1)与公钥密码体制一样,攻击者仅凭检测算法和公钥无法移除或者篡改水印。

(2)水印检测应当是盲检测。如果非对称水印检测时需要原始数据,这样的非对称水印算法是无法保护数据安全的,也就失去了水印实际应用价值。

(3)算法应当具有足够的鲁棒性。含有水印的数据在使用和传输过程中,不可避免地会遭受一些合法的处理,如果水印算法不具有足够的鲁棒性,数据中的水印信息会遭受破坏,就无法对数据再次进行验证,也就失去了版权保护的能力。

(4)水印检测时不能带私钥信息,但是可以利用公钥进行检测。根据非对称水印算法的概念可知,私钥包含了水印嵌入的大部分信息,如果检测水印时需要私钥信息,无疑会将破解水印的方式告诉攻击者,这样的非对称水印是不安全的。

(5)水印检测时单个水印嵌入位置上的水印强度是不可确定的。在大多数对称水印算法中,水印检测时应先确定每个嵌入位置上的水印强度。例如,在矢量地图数据数字水印检测算法中,需要确定每个定位点上的水印强度,然后根据嵌入强度判定水印信息,最后根据水印信息生成可验证版权信息。在检测结果中不仅包括水印信息,还附带生成了不含水印的高精度数据,这也是对称水印算法安全性较低的主要原因。因此在非对称水印算法中,数据部分和水印部分应当作为一个整体参与水印检测,每个嵌入位置上的水印强度是不可确定的。

(6)水印嵌入时,包含随机过程。数据非法攻击者为了破解水印,通常会对数据进行蛮力攻击,企图利用检测算法和公钥将数据中的水印去除或者篡改。在水印嵌入过程中增加随机过程,可以增加算法的复杂度,提高破解难度。

(7)具有多对一关系。非对称水印算法的安全性在于水印算法过程的单向性,由于有些算法在合理的时间内可以通过枚举攻击的方式进行破解,因此为了提高算法的复杂程度和破解中的不确定性,可以设计多对一的非对称水印方案,即多种嵌入方案对应于一种检测方案。例如,§5.4 中基于过程的非对称水印算法,方差改变方案有多种,但是方差计算方式只有一种,这样可以增加枚举攻击的难度。

5.1.3　非对称数字水印攻击方式

为了达到某种目的,数据合法使用者和非法盗版商会对含水印数据实施一系列善意或恶意的攻击。善意攻击是指数据在使用过程中,使用者对数据进行的合理操作和处理;恶意攻击是指攻击者为了某种非法意图,企图破坏、去除或者篡改数据内水印信息而实施的攻击方式。

相对于对称水印算法,非对称水印算法虽然为数据版权验证提供了更安全、便捷的检测方式,但是公开水印算法和公钥,难免会暴露水印嵌入过程中的部分信息,攻击者会利用这些信息企图破坏、去除或者篡改数据中的水印信息。通常针对非对称水印算法的攻击方式主要有三种:蛮力攻击、减去攻击和伪造攻击。

1. 蛮力攻击

蛮力攻击是攻击者企图利用公钥和水印算法推算私钥的一种攻击方式。有些水印算法并未从数学上严格证明这种攻击方式的不可行性,就不能排除利用公钥和水印算法推算私钥的可能性,如有些非对称水印算法在足够长的时间内都可以通过枚举攻击的方式推算私钥。

2. 减去攻击

非对称水印的公钥、私钥和水印算法之间并不是完全独立的,三者之间具有一定的相关性,非法攻击者在无法获取私钥的情况下,通常会利用公钥对含水印数据进行减去操作,进而令公钥检测失败,使持有公钥的用户和版权所有者无法判定数据的真实版权归属。

3. 伪造攻击

在无法破解水印的情况下,攻击者为了造成数据归属的假象和无法解决的版权纠纷,通常会在数据中嵌入一个新的水印。但是这种攻击方式会对数据精度造成一定程度的破坏。非对称水印算法中,在蛮力攻击和减去攻击无法消除水印,同时又要在保证水印不可见性和数据精度的情况下,非法攻击者会利用已有的公钥结构、公钥生成方案和水印检测算法伪造一个新的公钥,在不重新嵌入水印的情况下,利用伪造的公钥检测一个新的水印。5.2.3节中对公钥伪造攻击的可行性进行了分析,并提供了一种公钥伪造方案。

5.1.4　图像非对称数字水印

图5.3是水印结构模型,嵌入阶段利用嵌入密钥K_e将水印嵌入载体数据,检测阶段利用检测密钥K_d从待检测数据中检测水印信息。传统的水印算法属于对称过程,即嵌入过程和检测过程是可逆的,且嵌入密钥和检测密钥相同。水印信息的安全依赖于算法的安全,一旦算法公开,攻击者就可以利用算法结构推算数据中的水印信息,进而去除或者破坏水印,这不符合信息安全中最基本的 Kerchoffs 原则。意识到对称系统中安全问题后,一些学者开始将公钥密码思想引入水印系统,设计了一系列非对称水印系统。在非对称水印系统中,检测密钥K_d和水印算法是公开的,任何拥有检测密钥K_d的个人都可以对数据进行检测,但是仅利用检测密钥K_d和水印算法无助于推算嵌入密钥K_e,进而也就无法去除水印。

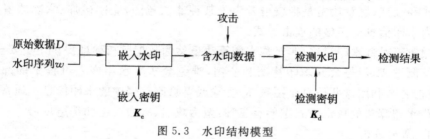

图 5.3　水印结构模型

目前,非对称水印算法集中在图像等多媒体数据领域,还未出现针对矢量地图数据的,但是多媒体非对称水印算法的一些研究成果可以为矢量地图数据非对称水印算法设计提供一定的借鉴。

基于扩频技术的视频非对称数字水印算法(Hartung et al,1997),首先,对水印序列 $w_i \in \{-1,1\}$ 进行扩频处理,得到新的水印序列 $b_i = w_j, j \cdot r \leqslant i < (j+1) \cdot r$;然后,利用一个二值随机序列 $q_i \in \{-1,1\}$ 对 b_i 进行调制并嵌入载体数据,即 $xw_i = x_i + a \cdot b_i \cdot q_i$。水印检测时,以公钥 q_i 与待检测数据之间的相关值作为判定数据中是否含有水印信息的依据。扩频方案具有较高的抗干扰性、伪随机性等特点,将扩频方案用于非对称水印优点在于攻击者利用公钥对水印进行攻击,虽然能够使公钥失效,但是利用私钥仍然能够检测水印;缺点在于如果公钥发布个数较多,攻击者很容易通过合谋攻击得到大部分嵌入信息,进而破坏水印。为了解决这

个问题,许多学者对扩频算法进行了改进,提高了算法的鲁棒性及检测效果。

除了扩频技术外,利用矩阵和向量运算的不可逆性设计非对称水印算法是目前采用最多的一种方式。该算法利用不满秩或行满秩、列满秩矩阵运算的不可逆性及特征向量的不唯一性等建模,其一般过程为:利用载体数据 x、初始矩阵 J 和原始水印序列 w,构造一对向量 P 和 K,这两组向量之间具有一定的相关性,其中一个向量 P 作为水印嵌入载体数据,另外一个向量 K 作为检测公钥;检测时,计算公钥向量与待检测数据的相关值,如果大于某个阀值,则说明数据中含有水印信息。算法中矩阵不是满秩的,无法构造逆矩阵,如果用户仅获得公钥向量是无法推算初始矩阵和原始水印序列的,因此利用矩阵运算设计非对称水印算法能够有效满足 Kerchoffs 安全原则。桂国富(2006)利用切比雪夫(Chebyshev)多项式构造了一个秘密矩阵 S,并利用该矩阵将多个检测序列 d_k 生成一个水印序列。检测时将多个检测序列 d_k 依次与待检测数据做相关性检测,并将相关值计算结果的均值作为最终检测结果。这种检测方法不仅确保了检测过程的非对称性,而且极大地降低了检测结果的虚警率,提高了检测的可靠性。Choi 等(2004)和 Liu 等(2006)利用旋转矩阵构建的非对称水印对噪声等攻击具有较高的鲁棒性。谭秀湖等(2007)通过将水印嵌入数据子空间,实现了一种抵抗多种攻击的鲁棒非对称水印算法。Kim 等(2012)分析了目前非对称水印算法遭受的攻击方式,并利用线性组合和矩阵运算设计了一种密钥生成方案,使算法对常见攻击具有鲁棒性。

除此之外还有一些其他的算法,例如,Boato 等(2008)和何少芳(2010)将公开密钥方案思想用于非对称指纹的构建,能够确定性地跟踪叛逆者;王兴元等(2008)利用迭代函数系吸引子具有的抗几何攻击特性,设计了一种对噪声、滤波、压缩等攻击具有鲁棒性的非对称水印算法;Mehra 等(2012)利用相位恢复算法将宿主图像中的水印信息生成为任意图像,并设计了一种有效的非对称水印方案。

§5.2　现有非对称水印算法问题分析

基于相关性计算设计非对称水印算法是目前多媒体数据普遍采用的方法,这类算法以线性代数中矩阵和向量运算为基础,设计公钥生成模型,利用私钥将水印嵌入载体数据,检测时通过计算公钥与载体数据之间的相关值确定载体数据中是否含有指定水印信息。

本节通过实验和理论分析证明,基于相关性计算设计的非对称水印算法具有良好的非对称性,能够确保数据中的水印信息不被非法去除或者篡改,但是这类算法自身也存在很大的缺陷:①为了确保水印的不可见性,水印的嵌入强度通常较低,特别是在矢量地图数据中,水印嵌入强度十分微小,在这种情况下,相关值计算结果中有较大部分属于原始数据与公钥的相关值,造成检测结果具有较高的虚警率;②为了降低检测的虚警率,目前非对称水印算法提供的公钥大都是无意义随机向量或者矩阵,公钥无法对自身的合法性进行认证,这时非法攻击者虽然无法计算私钥,但能够在不重新嵌入一个新水印的情况下,利用公钥和检测算法伪造一组新的公钥来声明版权的归属,从而使用户无法验证数据的真实版权和来源。

5.2.1　基于相关性非对称水印算法结构

5.1.1 节中提出了非对称水印算法的基本结构模型,假设初始载体数据为 X,嵌入数据中的水印信息为 W,利用私钥 K_s 将水印嵌入载体数据,得到含有水印的数据 S,其中 $S = X + W$。当数据出版商将数据发送到各个用户后,数据会遭受各种有意或无意的攻击 v,攻击后的数据表示为 $R = S + v$。当数据出版商怀疑数据 R 有侵权行为时,利用公钥 K_p 对数据进行检测,以证明数据的归属。

虽然不同非对称水印算法的检测算法各不相同,但是基于相关性计算的非对称水印算法的检测结构是大致相同的。基于相关性计算的非对称水印算法主要利用线性代数中的矩阵和向量计算完成检测过程,如图 5.4 所示。

图 5.4　基于相关性计算的非对称水印检测

检测公钥 K_p 一般包括公钥矩阵 J 和公钥向量 P 两个部分。基于相关性计算的非对称水印检测步骤如下:

(1)首先利用公钥矩阵 J 对待检测数据进行预处理,得到一个新的待检测序列 R',其中 $R' = JR$。

(2)计算待检测序列 R' 与公钥向量 P 之间的相关值 c,即

$$c = \text{sim}(R', P) = \frac{R'^{\text{T}} P}{M} \tag{5.4}$$

式中,$\text{sim}(\cdot)$ 表示相关性计算函数;M 表示相关值计算的系数,M 的取值不同,所表示的相关值含义不同。

相关值计算方法有多种,其中常用的有归一化相关值和线性相关值两种:① 当 $M = \|R'\| \times \|P\|$ 时,计算的相关值为归一化相关值,即在计算相关值时,对两组向量进行归一化处理;② 当 $M = N$ 时,计算的相关值为线性相关值,其中 N 为向量 R' 或 P 的维数。利用不同相关值计算方法得到的相关值不同,在设计非对称水印算法时可以根据算法需要选择合适的相关值计算方法。

(3)设定合适的检测门限 T,判定数据中是否含有水印信息,并给出判定结果 res,即

$$res = \begin{cases} 存在, & c \geq T \\ 不存在, & c < T \end{cases} \tag{5.5}$$

由于矢量地图数据具有较强的离散特性,且检测结果与数据和水印强度有关,因此相关性检测结果通常会具有一定的虚警率和漏报率。虚警和漏报是两个相互矛盾的变量,不存在一个检测门限能够同时降低虚警率和漏报率。当检测门限降低时,虽然降低了漏报率,但是提高了虚警率;当检测门限升高时,虚警率降低,漏报率升高。因此在实际应用中,需要综合考虑虚警率和漏报率,以设定合适的检测门限。

5.2.2 虚警率分析

由基于相关性计算的非对称水印检测过程可知,检测结果存在较高的虚警率,本节将分析虚警率较高的原因,为下一步设计非对称水印算法提供理论支撑。

1. 虚警率的几何分析

根据非对称检测过程,式(5.4)可以转化为

$$c = \text{sim}(\boldsymbol{R}', \boldsymbol{P}) = \frac{\boldsymbol{R}'^{\mathrm{T}}\boldsymbol{P}}{M}$$

$$= \frac{(\boldsymbol{J}(\boldsymbol{X} + \boldsymbol{W} + \boldsymbol{v}))^{\mathrm{T}}\boldsymbol{P}}{M}$$

$$= \frac{(\boldsymbol{J}(\boldsymbol{X} + \boldsymbol{v}))^{\mathrm{T}}\boldsymbol{P}}{M} + \frac{(\boldsymbol{J}\boldsymbol{W})^{\mathrm{T}}\boldsymbol{P}}{M} \tag{5.6}$$

令 $\boldsymbol{A} = \boldsymbol{J}(\boldsymbol{X} + \boldsymbol{v})$、$\boldsymbol{B} = \boldsymbol{J}\boldsymbol{W}$、$\boldsymbol{P} = \boldsymbol{P}$,向量 $\boldsymbol{A}$ 表示对待检测数据中原始载体数据和噪声部分预处理后的向量,向量 $\boldsymbol{B}$ 表示待检测数据中水印部分预处理后的向量,向量 $\boldsymbol{P}$ 仍然表示公钥向量,则水印检测相关值的分子部分可以分解为向量 $\boldsymbol{A}$、$\boldsymbol{B}$ 与 $\boldsymbol{P}$ 的内积和,即

$$c = \text{sim}(\boldsymbol{R}', \boldsymbol{P}) = \frac{\boldsymbol{A} \cdot \boldsymbol{P} + \boldsymbol{B} \cdot \boldsymbol{P}}{M} \tag{5.7}$$

任何向量都可以分解为两个相互垂直的向量之和,如图 5.5 所示。按照向量分解规则,将向量 $\boldsymbol{A}$ 分解为 $\boldsymbol{P}$ 方向分量 $\boldsymbol{A}_P$ 和垂直于 $\boldsymbol{P}$ 方向分量 $\boldsymbol{A}_{P\perp}$,即 $\boldsymbol{A} = \boldsymbol{A}_P + \boldsymbol{A}_{P\perp}$;将向量 $\boldsymbol{B}$ 分解为 $\boldsymbol{P}$ 方向分量 $\boldsymbol{B}_P$ 和垂直于 $\boldsymbol{P}$ 方向分量 $\boldsymbol{B}_{P\perp}$,即 $\boldsymbol{B} = \boldsymbol{B}_P + \boldsymbol{B}_{P\perp}$。

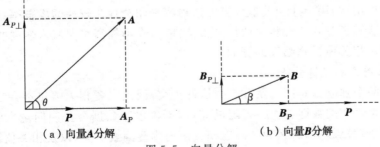

（a）向量 A 分解   （b）向量 B 分解

图 5.5 向量分解

根据向量内积计算公式,两个相互垂直的向量内积为 0,则有

$$A_{P\perp} \cdot P = 0$$

$$B_{P\perp} \cdot P = 0$$

式(5.7)可以转化为

$$c = \text{sim}(R', P) = \frac{A_P \cdot P + B_P \cdot P}{M} \tag{5.8}$$

由式(5.8)可以看出,水印检测相关值大小取决于待检测数据在公钥方向分量大小。由图 5.5 可知向量 A_P、B_P 和 P 的夹角均为 0,按照向量内积计算公式,式(5.8)可以转化为向量幅度和向量夹角的表示方法,即

$$c = \text{sim}(R', P) = \frac{\|A_P\| \times \|P\| + \|B_P\| \times \|P\|}{M} \tag{5.9}$$

式中,$\|\cdot\|$ 表示向量的模,即向量的幅度。

由式(5.9)可知,相关值计算的最终结果 c 包含两个部分,即数据部分 $\frac{\|A_P\| \times \|P\|}{M}$ 和水印部分 $\frac{\|B_P\| \times \|P\|}{M}$,因此利用相关值计算检测水印具有较低虚警率的前提条件为:在相关值计算结果中,水印部分的值足够大,不能被忽略,即 $\frac{\|B_P\| \times \|P\|}{\|A_P\| \times \|P\|} = \frac{\|B_P\|}{\|A_P\|}$ 的值足够大。

由上述条件可知,使虚警率降低的方法是降低数据向量 A 在公钥向量 P 方向上的分量 A_P 的幅值。由图 5.5 可知,影响 $\|A_P\|$ 大小的因素有两个,即数据向量 A 的幅值 $\|A\|$、数据向量 A 与公钥向量 P 的夹角 θ。

由嵌入水印条件可知,为保证水印的不可见性,水印的嵌入强度通常较低,即 $\|A\| \gg \|B\|$;由于数据向量 A 和公钥向量 P 不可能恰好正交,因此夹角 θ 是一个随机数值。为了验证数据的幅值和夹角能否满足低虚警率的条件,选择了一组固定的公钥向量 P,并选择 20 幅图像数据、10 幅矢量地图数据作为水印载体进行实验。实验结果发现,相关值检测结果具有较低虚警率的条件并不能很好地被满足,特别在矢量地图数据中,由于水印 $\|B\|$ 的幅值较小,会出现 $\|A_P\| \gg \|B_P\|$ 的情况。因此可以得出,利用上述相关值计算方法检测水印会存在较高的虚警率,而降低虚警率的办法则是寻找一种相关值计算方法,能够在不提高水印嵌入强度的情况下,降低数据对相关值计算结果的影响。

2. 虚警率的统计分析

由于两个独立分布的向量并不会恰好正交,因此二者相关值也不会恰好为 0。如果将不含水印的数据看作一个随机变量,不含水印数据与公钥向量之间的相关值也是一个随机数值,那么为了确定相关值与哪些因素有关,以及相关值服从什么分布,可以利用 Matlab 软件进行实验分析。实验采用均匀分布随机数组模拟不含

水印数据 $X \sim U(-\delta, \delta)$,采用均值为 0 的二值序列模拟公钥向量 $P = \{p_i \in (-1,1)\}$,相关值计算采用线性相关值计算方法,进行四组实验。

1)实验一

模拟 1 000 组数据 X,公钥向量 P 采用同一组二值序列,实验结果如图 5.6 所示。

图 5.6 表明,相关值近似服从正态分布,其均值为 $2.938\ 8 \times 10^{-4}$,方差为 0.001 6。

2)实验二

模拟 1 000 组公钥向量 P,数据 X 采用同一组随机数,实验结果如图 5.7 所示。

图 5.7 表明,相关值近似服从正态分布,其均值为 $5.017\ 3 \times 10^{-4}$,方差为 0.001 6。

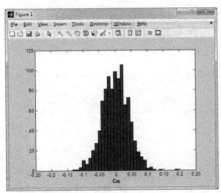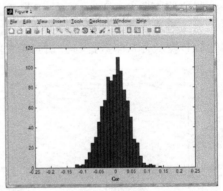

图 5.6　虚警率统计分析实验:第一组实验　　图 5.7　虚警率统计分析实验:第二组实验

3)实验三

逐渐增加数据 X 的分布范围,即增大 δ 的值,模拟 1 000 组范围逐渐增加的数据,公钥向量 P 采用同一组二值序列,实验结果如图 5.8 所示。

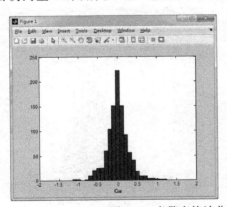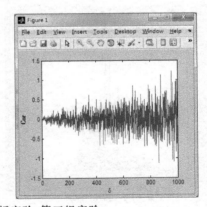

图 5.8　虚警率统计分析实验:第三组实验

图 5.8 左图表明,相关值近似服从正态分布,其均值为 $-6.031\ 7 \times 10^{-4}$,方差

为 0.073 8。

图 5.8 右图表明,当数据 $\boldsymbol{X}$ 范围增加时,相关值分布范围逐渐增加,即相关值分布的方差逐渐增加。

4)实验四

这一组将测试不同水印嵌入强度下,含水印数据、不含水印数据分别与公钥向量之间的相关值分布。假设水印为一组二值序列 $\boldsymbol{W} = \{w_i \in (-1, 1)\}$,原始载体数据为服从均匀分布的随机数据 $\boldsymbol{X} = \{x \sim U(0, 100)\}$(由于数据一般为正值,故载体数据取正实数),水印嵌入方式采用加性嵌入方式 $xw_i = x_i + \lambda_i w_i$,其中 λ_i 为水印嵌入强度,λ_i 分别取服从 $U(0, 5)$、$U(0, 0.5)$、$U(0, 0.05)$ 上的随机数,将 $\boldsymbol{W}$ 作为检测公钥,即 $\boldsymbol{P} = \boldsymbol{W}$。 实验结果如图 5.9 所示,其中图 5.9(a)、图 5.9(c)、图 5.9(e)表示不含水印数据与公钥向量之间相关值的分布,图 5.9(b)、图 5.9(d)、图 5.9(f)表示含水印数据与公钥向量之间相关值的分布。

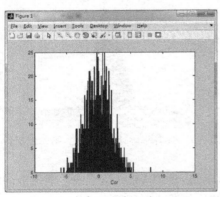

(a) $\lambda \sim U(0, 0.5)$

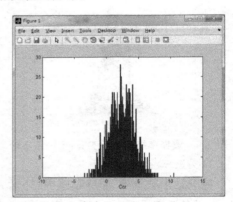

(b) $\lambda \sim U(0, 0.5)$

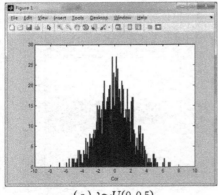

(c) $\lambda \sim U(0, 0.5)$

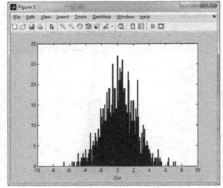

(d) $\lambda \sim U(0, 0.5)$

图 5.9　虚警率统计分析实验:第四组实验

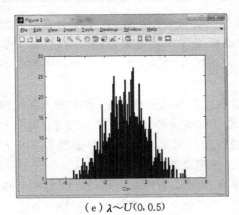 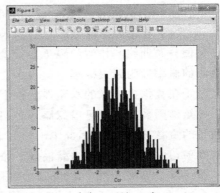

　　（e）$\lambda \sim U(0, 0.5)$　　　　　　　　　　（f）$\lambda \sim U(0, 0.5)$

图 5.9（续）　虚警率统计分析实验：第四组实验

　　图 5.9 中六组实验的相关值均近似服从正态分布，其均值和方差如表 5.1 所示。

表 5.1　虚警率统计分析第四组实验结果

组别	均值	方差	组别	均值	方差
a	−0.090 3	3.912 6	b	2.408 7	3.916 3
c	0.004 5	4.318 8	d	0.254 0	4.317 1
e	0.093 8	4.020 9	f	0.118 8	4.020 7

　　实验一至实验三表明，对不含水印的数据进行水印检测时，相关值是个随机数据，且近似服从正态分布，在理想情况下，相关值分布的均值为 0；数据分布范围越大，相关值分布的方差就越大。

　　实验四表明，在相同嵌入强度的情况下，含水印数据和不含水印数据与公钥相关值分布的方差几乎相等，但是均值不同；在嵌入强度逐渐减小的情况下，含水印数据和不含水印数据与公钥相关值分布的方差变化不大，但是均值的差别逐渐减小。实验结果如图 5.10 所示。

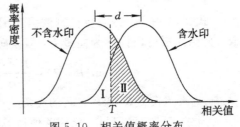

图 5.10　相关值概率分布

　　图 5.10 表明，含水印数据和不含水印数据与公钥的相关值都服从正态分布，二者相关值的方差相同但均值不同，说明含水印数据与公钥的相关值曲线是在不含水印数据与公钥相关值曲线基础上平移 d 得到的，且随着水印嵌入强度降低，两条分布曲线峰值间距 d 的值越来越小。

　　图 5.10 中 T 表示检测门限，根据基于相关值的非对称水印检测算法可知，当相关值 c 大于检测门限时，即 $c > T$ 时，说明数据中含有水印；当 $c < T$ 时，说明数

据中不含水印。不含水印数据与公钥相关值曲线与检测门限 T 相交的右侧部分区域 Ⅱ 表明,在不含水印数据检测到水印的概率即为虚警概率;含水印数据与公钥相关值分布曲线与检测门限 T 相交的左侧区域 Ⅰ 表明,在含水印数据中检测不到水印的概率即为漏报概率。

由于在数据中嵌入的水印强度较小,特别在矢量地图数据中,水印嵌入强度相对于矢量地图数据强度可以忽略不计,因此分布曲线峰值间距 d 会较小,两个分布曲线的重叠部分较大,因此不论如何设置检测门限都无法同时降低漏报概率和虚警概率,且重叠部分越大,漏报概率和虚警概率也就越大。

通过以上分析可知,同时降低虚警概率和漏报概率的方法是设计一种相关性计算方法,在不提高水印嵌入强度的情况下,扩大两个分布曲线峰值间距 d 的值。

5.2.3 公钥安全性分析

根据非对称水印算法原理,公钥和检测算法是用户对数据来源合法性进行认证的前提条件,用户获得公钥的方式有两种,即由数据出版商直接提供和从指定网站下载。虽然用户能够利用公钥和检测算法对数据进行认证,但是无法对公钥来源及公钥自身的合法性进行认证。由于非对称水印算法的安全性较高,非法攻击者很难利用公钥将水印从数据中去除,而重新嵌入水印有可能破坏数据的精度和可用性,为了避免破坏数据,非法攻击者可能会利用公钥和检测算法伪造一组公钥,并声明该数据归自己所有。伪造公钥的方式能够在不重新嵌入水印的情况下,混淆版权归属。一旦用户得到的是伪造的公钥,就会得到错误的认证结果,被动使用盗版数据。

1. 问题分析

式(5.4)中 R' 是对待检测数据利用公钥矩阵处理后的向量,可以描述为向量 R',公钥向量可以描述为向量 P,根据向量内积公式,式(5.4)可以转化为

$$c = \text{sim}(R', P) = \frac{R'^{\text{T}} P}{M} = \frac{\|R'\| \times \|P\| \times \cos(\theta)}{M} \tag{5.10}$$

式中,θ 表示向量 R' 和 P 之间的夹角。向量 R' 和 P 的关系可以用图 5.11(a)描述。

当式(5.10)采用归一化相关值计算时,相关值的大小仅取决于向量夹角的大小;当采用线性相关值计算时,相关值的大小取决于向量模和夹角的大小。由多维空间几何知识可知,以向量 OR' 为轴,令向量 OP 绕轴旋转 $360°$,得到一个曲面,如图 5.11(b)所示。在曲面上任选一点 C,则向量 OC 与 R' 的夹角都为 θ,即与指定向量 R' 具有固定夹角的向量有无数个。当采用归一化相关值计算时,有 $\text{sim}(OC, R') = \text{sim}(R', P)$;当采用线性相关值计算时,$C$ 的选取只需要满足 $\|OC\| = \|OP\|$ 即可,也可以保证 $\text{sim}(OC, R') = \text{sim}(R', P)$。

因此在多维空间中,与指定向量具有特定相关值的向量有无数个,当公钥向量

P 是一个无意义随机向量时,即便不在数据中重新嵌入水印信息,攻击者也可以伪造一个新的公钥 P',利用新伪造的公钥进行水印检测,也可以得到含有水印的结论。这也说明,利用相关性设计的水印算法中,如果公钥向量为随机向量,则公钥并不具有唯一性,可以被非法伪造。

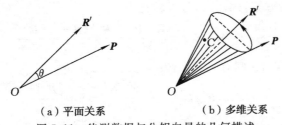

　　　　　（a）平面关系　　　　　　　　（b）多维关系
图 5.11　待测数据与公钥向量的几何描述

2．公钥伪造方案

为了充分验证公钥可以被伪造的结论,下面提供一种公钥伪造方案。由基于相关性非对称水印算法的检测结构描述中可以知道,公钥中包含了公钥矩阵 J 和公钥向量 P,两个公钥的伪造方法分别进行如下描述。

1)公钥矩阵 J 的伪造方法

在大多数非对称水印算法中,为了保证私钥的安全及非对称检测的顺利实施,都会给出公钥矩阵 J 的生成方案,使其具有某种特殊性质,因此可以利用水印算法中公钥生成方案构造一个新的矩阵 J',在没有生成方案时可以利用一个随机矩阵代替。例如,Tsai 等(2011)采用的公钥矩阵 Q 满足最后三行中每行 N 个元素都相同,其他 $N-3$ 行的元素随机分布,确保 $\text{rank}(Q) < N$,因此在伪造矩阵 Q 时,可以利用该方法进行伪造。

2)公钥向量 P 的伪造方法

相对于公钥矩阵的伪造,公钥向量 P 的伪造方法比较复杂。假设公钥向量 P 和预处理后的向量 R' 的相关值为 δ,P 和 R' 的长度均为 N,现伪造一个公钥向量 P',欲使 P' 与 R' 的相关值也为 δ,伪造过程如下:

(1)构造非奇次方程组

$$R'^{T}Y = 0 \qquad\qquad (5.11)$$

式中,$Y = \{y_i \mid i = 1,2,3,\cdots,N\}$,$Y$ 为待求未知向量。

(2)按照非奇次方程组的求解方法求解式(5.11),得到一个基础解系 $(l_1,l_2,l_3,\cdots,l_{N-1})$。根据非奇次方程组基础解析的特点,$(l_1,l_2,l_3,\cdots,l_{N-1},R')$ 构成一个 N 维空间的正交基。

(3)令 $B = k_1l_1 + k_2l_2 + \cdots + k_{N-1}l_{N-1}$,则 B 必定与 R' 正交,其中 k_1、k_2、$\cdots$、k_{N-1} 为实随机数。

(4)令 $P' = B + k_NR'$,则 P' 为伪造的公钥向量。其中,k_N 的取值与相关值计

算方法有关,当采用归一化相关值计算时,即 $M = \|\boldsymbol{R}'\| \times \|\boldsymbol{P}\|$,$k_N =$ $\sqrt{\dfrac{\|\boldsymbol{B}\|^2 \delta^2}{\|\boldsymbol{R}'\|^2 (1-\delta^2)}}$;当采用线性相关值计算时,即 $M=N$,$k_N = \dfrac{\delta \cdot M}{\|\boldsymbol{R}'\|^2}$。

现证明该伪造方案的可行性。

根据公钥伪造方案,式(5.4)可以转化为

$$c = \mathrm{sim}(\boldsymbol{R}', \boldsymbol{P}') = \frac{\boldsymbol{R}'^{\mathrm{T}} \boldsymbol{P}'}{M} = \frac{\boldsymbol{R}'^{\mathrm{T}}(\boldsymbol{B} + k_N \boldsymbol{R}')}{M}$$

由于 $\boldsymbol{B}$ 与 $\boldsymbol{R}'$ 正交,则有

$$c = \mathrm{sim}(\boldsymbol{R}', \boldsymbol{P}') = \frac{k_N \boldsymbol{R}'^{\mathrm{T}} \boldsymbol{R}'}{M} = k_N \frac{\|\boldsymbol{R}'\|^2}{M} \tag{5.12}$$

(1)当采用归一化相关值计算时,$M = \|\boldsymbol{R}'\| \times \|\boldsymbol{P}\|$,则式(5.12)计算为

$$c = \mathrm{sim}(\boldsymbol{R}', \boldsymbol{P}') = k_N \frac{\|\boldsymbol{R}'\|^2}{M}$$

$$= \sqrt{\frac{\|\boldsymbol{B}\|^2 \delta^2}{\|\boldsymbol{R}'\|^2 (1-\delta^2)}} \cdot \frac{\|\boldsymbol{R}'\|^2}{\|\boldsymbol{R}'\| \times \|\boldsymbol{P}\|}$$

$$= \sqrt{\frac{1}{(1-\delta^2)/\delta^2 + 1}}$$

$$= \delta$$

(2)当采用线性相关值计算时,$M=N$,则式(5.12)计算为

$$c = \mathrm{sim}(\boldsymbol{R}', \boldsymbol{P}') = k_N \frac{\|\boldsymbol{R}'\|^2}{M}$$

$$= \frac{\delta \cdot N}{\|\boldsymbol{R}'\|^2} \cdot \frac{\|\boldsymbol{R}'\|^2}{N}$$

$$= \delta$$

通过以上证明可知,伪造的公钥向量 $\boldsymbol{P}'$ 能够满足 $\boldsymbol{P}'$ 与 $\boldsymbol{R}'$ 的相关值也为 δ,充分证明了基于相关性的非对称水印算法公钥的可伪造性。

基于相关值计算的非对称水印算法的风险在于公钥的可被伪造性,主要原因是公钥无法对自身的合法性进行认证。解决公钥安全问题,核心在于如何让公钥能够对自身进行验证,解决方法主要有两种:①在水印算法中加入公钥验证步骤,确保公钥不是被伪造的;②采用有意义序列作为公钥。

§5.3　非对称数字水印模型

非对称数字水印模型主要有两类,即基于密钥的非对称数字水印模型和基于过程的非对称数字水印模型。

5.3.1 基于密钥的非对称数字水印模型

基于密钥的非对称数字水印结构模型如图 5.12 所示。

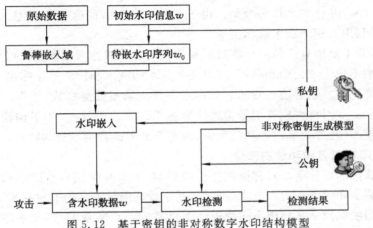

图 5.12 基于密钥的非对称数字水印结构模型

算法基本流程为:首先构建非对称密钥生成模型,并生成私钥和公钥,然后利用非对称密钥生成模型建立对应的水印嵌入和检测算法,嵌入时利用私钥将水印信息嵌入数据的水印鲁棒嵌入域中,检测时利用公钥对含水印数据进行检测。

由结构模型可知,基于密钥的非对称水印算法主要包括三个部分:非对称密钥生成模型、水印嵌入算法和检测算法,以及公钥和私钥。

1. 非对称密钥生成模型

非对称密钥生成模型与非对称密码体制中密钥生成模型类似,密钥生成过程是一个单向计算过程,非对称密钥生成模型应当满足两个条件:①利用私钥能够很容易通过计算产生公钥;②利用公钥和密钥生成算法无法推算私钥。只有满足这两个条件,才能够确保私钥的安全,在公钥和水印算法公开的情况下,数据中的水印信息才能够不被去除或者篡改。

非对称密钥生成模型的构建最终归结于寻找单向计算过程,具体实施时,可以通过分析现有的数学理论,寻找单向计算过程,然后根据单向计算过程设计非对称密钥生成模型。目前,栅格图像非对称水印算法中常用的单向计算过程包括扩频、矩阵特征值运算、空间变换、混沌系统、神经网络等。以基于特征向量计算的非对称水印算法为例(黄振华 等,2006)介绍相关模型生成流程。

假设有一幅栅格图像 I,首先提取其特征参数,构成一个长度为 N 的列向量 $\boldsymbol{X}$,然后构造大小为 $N \times N$ 的矩阵 $\boldsymbol{Q}$,$\boldsymbol{Q}$ 为不满秩矩阵,即 $\mathrm{rank}(\boldsymbol{Q}) < N$。令 $\boldsymbol{A} = \boldsymbol{Q}^{\mathrm{T}}\boldsymbol{Q}$,并求出 $\boldsymbol{A}$ 中两个不等且大于 0 的特征值 λ_1 和 λ_2,计算对应的特征向量 $\boldsymbol{w}_1$ 和 $\boldsymbol{w}_2$。

构建单向计算过程,即

$$x^{\mathrm{T}}Q^{\mathrm{T}}Q(w_1 + \alpha w_2) = 0 \tag{5.13}$$

调整 α 值,令式(5.13)成立。密钥构造方式为:令 $w = w_1 + \alpha w_2$,将 w 作为私钥;令 $P = Qw$,将 Q 和 P 作为公钥。由于 Q 是一个不满秩矩阵,Q 的 Q^{-1} 是不存在的,因此仅利用公钥无法求取私钥 w。

然而,并不是所有的单向计算过程都适合构建非对称密钥模型,因为非对称密钥生成模型不仅生成公钥和私钥,同时还参与水印嵌入和检测算法构建,只有合适的单向计算过程才能够使构建的非对称水印算法满足数据格式、数据冗余度和鲁棒性的需求。非对称密钥模型是构建非对称水印算法的核心,为了构建合适的非对称密钥模型,在寻找单向计算过程时,需要充分考虑数据本身的特点。

2. 水印嵌入算法和检测算法

水印算法的设计受非对称密钥模型的影响,非对称密钥模型的结构决定了在嵌入和检测水印时采用何种方式。例如,基于特征向量方案的非对称水印算法中,非对称密钥生成模型是利用不满秩矩阵不可逆的特点实现的,因此水印算法的整个过程是利用矩阵和向量的运算实现的,检测时利用相关性计算判定数据中水印的存在性。

3. 公钥和私钥

公钥和私钥是由非对称密钥模型生成,不同的密钥生成模型得到的密钥结构也不相同。密钥根据自身的特点可以分为有意义密钥和无意义密钥两种。有意义密钥是指密钥本身具有特定的含义,这种密钥不易伪造;无意义密钥一般是一个随机序列,这类密钥具有良好的统计特性,是目前非对称水印算法采用最多的一种形式。

5.3.2　基于过程的非对称水印模型

根据水印算法结构可以知道,水印算法由嵌入算法、检测算法和密钥空间组成,因此非对称水印算法不仅可以基于密钥空间实现,还可以基于算法过程实现。

一般水印算法的具体实现过程为:在数据中构造一个嵌入变量作为水印载体,并将水印嵌入该变量,在水印检测时通过判定检测变量的值提取水印信息。在对称水印算法中,水印的嵌入变量和检测变量是相同的或者在计算上是可逆的。现假设水印嵌入变量 κ_1 和检测变量 κ_2 具有以下特点:

(1)变量 κ_1 和变量 κ_2 是两个完全不同的变量。

(2)由变量 κ_1 可以很容易计算变量 κ_2,或者说 κ_1 的改变量决定变量 κ_2 的改变量,即 $\kappa_2 = F(\kappa_1)$。

(3)由变量 κ_2 无法或很难确定变量 κ_1,或者说 κ_2 的改变量无法确定 κ_1 的改变量,即函数 $F(x)$ 不存在反函数。

满足以上三个条件时,水印嵌入和检测的过程就变成了一个单向计算的过程,嵌入水印时通过改变嵌入变量 κ_1 的值,控制检测变量 κ_2 的值,使 κ_2 的值与对应水印位的值具有某种特定关系;当用户将水印算法及检测公钥公开后,用户可以利用检测算法和检测公钥计算 κ_2 的值,进而确定水印位的值。由于计算的不可逆性,用户利用检测算法和检测公钥无法进一步确定嵌入变量 κ_1 的值或改变量。

如果水印嵌入和检测过程满足以上假设,水印算法就构成一个非对称水印算法,称为基于过程的非对称水印算法。根据假设,基于过程的非对称水印结构如图 5.13 所示。

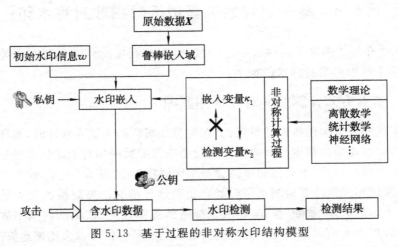

图 5.13　基于过程的非对称水印结构模型

从图 5.13 可以看出,基于过程的非对称水印算法的核心是非对称计算过程,设计非对称计算过程等同于设计单向陷门函数。根据陷门函数的特点,在没有私钥作为附加信息的情况下,攻击者是无法对单向陷门函数求逆的,只要能够确保私钥的安全,嵌入数据的水印信息就是安全的。

设计非对称过程离不开数学理论的支撑,由于矢量地图数据具有较强的离散特性和统计特性,且在离散数学和统计数学中具有较多的单向计算过程,因此可以构建基于过程的非对称水印算法。以方差计算为例,可以通过改变一个数组内数据点值来控制该数组的方差,但是通过方差值的改变量不能确定数组内数据点的分布及每个数据点的改变量。特别需要指出的是,基于矢量地图数据结构和所承受攻击方式的特点,设计的非对称水印计算过程还应当满足以下条件:

(1)对定位点数量变化具有稳定性。矢量地图数据数字水印攻击方式中,针对定位点数量的攻击方式较多,如压缩攻击、裁剪攻击、数据更新攻击等,在嵌入水印时,通常会将多个定位点的坐标值作为同一个水印位的嵌入变量。因此,为了确保水印算法的鲁棒性,检测变量应当对定位点数量变化不具敏感特性。

(2)对一定强度的坐标值变化不具敏感性。当用户对数据进行合理使用或者非法攻击时,都会对数据内定位点的坐标值做出一定程度的改变。为了保证水印信息不被破坏,当改变的强度不大时,检测变量的值应当保持稳定。

(3)水印嵌入域应当是鲁棒的。当满足条件(1)和条件(2)时,所设计的非对称水印算法就会具有足够的鲁棒性,但是并不能完全抵抗针对矢量地图数据的攻击,如投影攻击。为了提高算法的鲁棒性,还应当寻找鲁棒的水印嵌入域,使鲁棒水印嵌入域内的变量在遭受攻击时能够保持稳定不变,如线段长度比不随平移、旋转攻击而改变。

§5.4　基于过程的矢量地图数据非对称水印

§5.3介绍了两种非对称数字水印模型,本节利用统计学原理中方差计算过程设计基于过程的非对称水印算法。

5.4.1　基于方差计算的非对称水印原理

为了确保矢量地图数据的可用性,在矢量地图数据中嵌入水印时,水印嵌入强度通常会控制在地图精度范围内。矢量地图数据的精度相对于定位点坐标的绝对值而言十分微小,这时绝对坐标可能会对水印强度产生"压盖"效果,使检测结果不明显,如采用相关值计算检测水印时就会出现这种情况。提高检测效果的一种方法是,对坐标值进行"截断"操作,获取坐标值的尾部数据,在尾部数据中嵌入和检测水印,以扩大水印相对强度。对坐标值进行"截断"操作可以采用模运算的方式,对坐标值进行模运算得到的余数就是坐标值的尾部数据。由于矢量地图数据具有较强的离散特点,对坐标值"截断"后的数据是一组离散程度更高的数据,通过对多幅数据坐标值进行"截断",发现得到的尾部数据近似服从均匀分布。

根据5.3.2节中基于过程的非对称水印算法分析,为了确保嵌入数据的水印具有足够的鲁棒性,应当将水印嵌入数据鲁棒域。对一组离散数据而言,数据的长度和幅度会随着数据变化而变化,但是数据的统计量的变化是相对稳定的,如均值、方差、原点矩和中心矩等。

数据的方差描述了数据分布的离散程度,当数据的长度发生较小改变时,并不改变数据的整体分布,因此方差对增删数据点的攻击具有鲁棒性;攻击者为了保证数据的精度,通常不会对数据做较大强度的改变,微小的改变通常是随机的,这对数据方差的改变也不明显,因此数据的方差对坐标值强度改变也具有较高的鲁棒性。

假设一组离散的数据 $X = \{x_i \mid i = 1, 2, \cdots, n\}$,均值为 $\bar{x}$,方差的计算公式为

$$S^2 = \frac{1}{n} \sum_{i=1}^{n} (x_i - \bar{x})^2$$

　　根据方差计算公式可知,由离散数据每个分量的值很容易求出数据的方差,且可以通过改变每个分量的值改变方差;但是仅通过方差却无法推算每个分量的值,且即使获得每个分量的值及方差的改变量,也并不能确定每个数据分量的改变量。因此,数据方差计算过程是一个良好的非对称计算过程。

　　另外,改变一组数据方差的方式很多,而计算方差的公式却是唯一的,因此改变数据方差和方差计算是多对一的关系,很好地满足了非对称水印特点中的多对一关系。改变方差不仅具有多种方式,而且改变过程可以是随机的、不可确定的,因此也具有非对称水印特点中包含随机过程的特点。方差计算中的多对一和随机性特点能够有效提高数据中水印信息的安全,大大增加非法攻击者通过逆向计算去除水印的难度。

　　通过以上分析,可以利用方差计算设计基于过程的非对称水印算法,算法将一组数据的每个分量作为嵌入变量,而将方差作为检测变量。

5.4.2　一维离散余弦变换及其性质

1. 离散余弦变换

　　离散余弦变换是一种常见的数据处理方式,它将数据从空间域表达转变为频率域表达。

　　离散余弦正变换的公式为

$$\left.\begin{array}{l} C(0) = \dfrac{1}{\sqrt{N}} \sum\limits_{x=0}^{N-1} f(x) \\[3mm] C(u) = \sqrt{\dfrac{2}{N}} \sum\limits_{x=0}^{N-1} f(x) \cos \dfrac{(2x+1)u\pi}{2N} \quad (u=1,2,\cdots,N-1) \end{array}\right\} \tag{5.14}$$

　　离散余弦逆变换公式为

$$f(x) = \dfrac{1}{\sqrt{N}} C(0) + \sqrt{\dfrac{2}{N}} \sum\limits_{u=1}^{N-1} C(u) \cos \dfrac{(2x+1)u\pi}{2N} \quad (x=0,1,2,\cdots,N-1)$$

$$\tag{5.15}$$

式中,$C(0)$ 为变换的直流分量,$C(u)$ 为变换的交流分量。

2. 一维离散余弦变换的性质

1)可加性

　　假设有三组数据 $A = \{a_i \mid i=1,2,\cdots,n\}$、$B = \{b_i \mid i=1,2,\cdots,n\}$ 和 $C = \{c_i = a_i + b_i \mid i=1,2,\cdots,n\}$,其中,$C$ 是 A 和 B 对应元素相加生成的,即 $C = A + B$,三者对应的离散余弦变换系数分别为 A_{dct}、B_{dct} 和 C_{dct},则三者关系为

$$C_{\mathrm{dct}} = A_{\mathrm{dct}} + B_{\mathrm{dct}} \tag{5.16}$$

　　证明:对直流分量有

$$C_{\mathrm{dct}}(0) = \frac{1}{\sqrt{n}} \sum_{i=0}^{n-1} c_i$$

$$= \frac{1}{\sqrt{n}} \sum_{i=0}^{n-1} (a_i + b_i)$$

$$= \frac{1}{\sqrt{n}} \sum_{i=0}^{n-1} a_i + \frac{1}{\sqrt{n}} \sum_{i=0}^{n-1} b_i$$

$$= A_{\mathrm{dct}}(0) + B_{\mathrm{dct}}(0)$$

对交流分量有

$$C_{\mathrm{dct}}(u) = \sqrt{\frac{2}{N}} \sum_{i=0}^{N-1} (a_i + b_i) \cos \frac{(2i+1)u\pi}{2N}$$

$$= \sqrt{\frac{2}{N}} \sum_{x=0}^{N-1} a_i \cos \frac{(2i+1)u\pi}{2N} + \sqrt{\frac{2}{N}} \sum_{x=0}^{N-1} b_i \cos \frac{(2i+1)u\pi}{2N}$$

$$= A_{\mathrm{dct}}(u) + B_{\mathrm{dct}}(u)$$

所以有

$$C_{\mathrm{dct}} = A_{\mathrm{dct}} + B_{\mathrm{dct}}$$

2)数据均值与直流分量相关

假设一组离散数据 $A = \{a_i \mid i = 1, 2, \cdots, n\}$,对应的离散余弦变换系数为 A_{dct},则数据的均值与离散余弦变换系数的关系为

$$\overline{A} = \frac{1}{\sqrt{n}} A_{\mathrm{dct}}(0) \tag{5.17}$$

证明:根据式(5.14)有

$$\overline{A} = \frac{1}{n} \sum_{i=0}^{n-1} a_i = \frac{1}{n} \cdot \sqrt{n} A_{\mathrm{dct}}(0) = \frac{1}{\sqrt{n}} A_{\mathrm{dct}}(0)$$

3)数据方差与交流分量相关

(1)方差与离散余弦变换系数的关系是:一组离散数据的方差等于其离散余弦变换系数中交流系数的均方值,即

$$D(f(x)) = \frac{1}{N} \sum_{u=1}^{N-1} C^2(u) \tag{5.18}$$

证明:将离散余弦变换的正变换和逆变换分别用矩阵表示有

$$[C(0)\ C(1)\ \cdots\ C(N-1)] = [f(0)\ f(1)\ \cdots\ f(N-1)] \cdot \mathbf{A}$$

$$[f(0)\ f(1)\ \cdots\ f(N-1)] = [C(0)\ C(1)\ \cdots\ C(N-1)] \cdot \mathbf{B}$$

式中,矩阵 $\mathbf{A}$、$\mathbf{B}$ 为

$$\boldsymbol{A} = \begin{bmatrix} \sqrt{\dfrac{1}{N}} & \sqrt{\dfrac{2}{N}}\cos\dfrac{(2\times0+1)\times1\times\pi}{2N} & \cdots & \sqrt{\dfrac{2}{N}}\cos\dfrac{(2\times0+1)\times(N-1)\times\pi}{2N} \\ \sqrt{\dfrac{1}{N}} & \sqrt{\dfrac{2}{N}}\cos\dfrac{(2\times1+1)\times1\times\pi}{2N} & \cdots & \sqrt{\dfrac{2}{N}}\cos\dfrac{(2\times1+1)\times(N-1)\times\pi}{2N} \\ \vdots & \vdots & & \vdots \\ \sqrt{\dfrac{1}{N}} & \sqrt{\dfrac{2}{N}}\cos\dfrac{(2\times(N-1)+1)\times1\times\pi}{2N} & \cdots & \sqrt{\dfrac{2}{N}}\cos\dfrac{(2\times(N-1)+1)\times(N-1)\times\pi}{2N} \end{bmatrix} \quad (5.19)$$

$$\boldsymbol{B} = \begin{bmatrix} \sqrt{\dfrac{1}{N}} & \sqrt{\dfrac{1}{N}} & \cdots & \sqrt{\dfrac{1}{N}} \\ \sqrt{\dfrac{2}{N}}\cos\dfrac{(2\times0+1)\times1\times\pi}{2N} & \sqrt{\dfrac{2}{N}}\cos\dfrac{(2\times1+1)\times1\times\pi}{2N} & \cdots & \sqrt{\dfrac{2}{N}}\cos\dfrac{(2\times(N-1)+1)\times1\times\pi}{2N} \\ \vdots & \vdots & \vdots & \\ \sqrt{\dfrac{2}{N}}\cos\dfrac{(2\times0+1)\times(N-1)\times\pi}{2N} & \sqrt{\dfrac{2}{N}}\cos\dfrac{(2\times1+1)\times(N-1)\times\pi}{2N} & \cdots & \sqrt{\dfrac{2}{N}}\cos\dfrac{(2\times(N-1)+1)\times(N-1)\times\pi}{2N} \end{bmatrix}$$

$$(5.20)$$

离散余弦变换是一个正交变换,根据变换公式有

$$[C(0)\ C(1)\ \cdots\ C(N-1)] = [C(0)\ C(1)\ \cdots\ C(N-1)]\cdot\boldsymbol{B}\cdot\boldsymbol{A}$$
$$[f(0)\ f(1)\ \cdots\ f(N-1)] = [f(0)\ f(1)\ \cdots\ f(N-1)]\cdot\boldsymbol{A}\cdot\boldsymbol{B}$$

即

$$\left.\begin{aligned} \boldsymbol{B}\cdot\boldsymbol{A} = \boldsymbol{E} \\ \boldsymbol{A}\cdot\boldsymbol{B} = \boldsymbol{E} \end{aligned}\right\} \quad (5.21)$$

式中,$\boldsymbol{E}$ 为单位矩阵。将式(5.19)、式(5.20)代入式(5.21)并化简可得

$$\frac{2}{N}\sum_{x=0}^{N-1}\left(\cos\frac{(2x+1)u_i\pi}{2N}\cos\frac{(2x+1)u_j\pi}{2N}\right) = \begin{cases} 1, & u_i = u_j \\ 0, & u_i \neq u_j \end{cases} \quad (5.22)$$

$$\frac{\sqrt{2}}{N}\sum_{x=0}^{N-1}\cos\frac{(2x+1)u\pi}{2N} = 0 \quad (u \text{ 为正整数}) \quad (5.23)$$

$$\frac{1}{N} + \frac{2}{N}\sum_{u=1}^{N-1}\left(\cos\frac{(2x_i+1)u\pi}{2N}\cos\frac{(2x_j+1)u\pi}{2N}\right) = \begin{cases} 1, & x_i = x_j \\ 0, & x_i \neq x_j \end{cases} \quad (5.24)$$

根据方差计算公式有

$$D(f(x)) = E(f(x) - E(f(x)))^2 \quad (5.25)$$

将式(5.15)和式(5.17)代入式(5.25)中,可得

$$D(f(x)) = E\left(f(x) - \frac{1}{\sqrt{N}}C(0)\right)^2$$

$$= E\left(\sqrt{\frac{2}{N}}\sum_{u=1}^{N-1}C(u)\cos\frac{(2x+1)u\pi}{2N}\right)^2$$

$$= \frac{1}{N}\sum_{x=0}^{N-1}\left(\sqrt{\frac{2}{N}}\sum_{u=1}^{N-1}C(u)\cos\frac{(2x+1)u\pi}{2N}\right)^2$$

$$= \frac{1}{N} \sum_{x=0}^{N-1} \left(\left(\sqrt{\frac{2}{N}} \sum_{u=1}^{N-1} C(u) \cos \frac{(2x+1)u\pi}{2N} \right) \times \right.$$

$$\left. \left(\sqrt{\frac{2}{N}} \sum_{u=1}^{N-1} C(u) \cos \frac{(2x+1)u\pi}{2N} \right) \right)$$

将式 $\left(\sqrt{\frac{2}{N}} \sum_{u=1}^{N-1} C(u) \cos \frac{(2x+1)u\pi}{2N} \right) \times \left(\sqrt{\frac{2}{N}} \sum_{u=1}^{N-1} C(u) \cos \frac{(2x+1)u\pi}{2N} \right)$ 展开,有

$$D(f(x)) = \frac{1}{N} \sum_{x=0}^{N-1} \left(\left(\sqrt{\frac{2}{N}} \sum_{u=1}^{N-1} C(u) \cos \frac{(2x+1)u\pi}{2N} \right) \times \right.$$

$$\left. \left(\sqrt{\frac{2}{N}} \sum_{u=1}^{N-1} C(u) \cos \frac{(2x+1)u\pi}{2N} \right) \right)$$

$$= \frac{1}{N} \sum_{x=0}^{N-1} \left(\sum_{u_i=1}^{N-1} \sum_{u_i=1}^{N-1} \left(\frac{2}{N} C(u_i) C(u_j) \cos \frac{(2x+1)u_i\pi}{2N} \cos \frac{(2x+1)u_j\pi}{2N} \right) \right) \cdot$$

$$= \frac{1}{N} \sum_{u_i=1}^{N-1} \sum_{u_i=1}^{N-1} \left(C(u_i) C(u_j) \sum_{x=0}^{N-1} \left(\frac{2}{N} \cos \frac{(2x+1)u_i\pi}{2N} \cos \frac{(2x+1)u_i\pi}{2N} \right) \right)$$

根据式(5.22),有

$$D(f(x)) = \frac{1}{N} \sum_{u_i=1}^{N-1} \sum_{u_i=1}^{N-1} \left(C(u_i) C(u_j) \sum_{x=0}^{N-1} \left(\frac{2}{N} \cos \frac{(2x+1)u_i\pi}{2N} \cos \frac{(2x+1)u_i\pi}{2N} \right) \right)$$

$$= \frac{1}{N} \sum_{u_i=1}^{N-1} \sum_{u_i=u_j}^{N-1} (C(u_i) C(u_j))$$

$$= \frac{1}{N} \sum_{u=1}^{N-1} C^2(u)$$

所以,一组离散数据的方差等于其离散余弦变换系数中交流系数的均方值。

(2)交流系数变化与数据方差关系。当离散余弦变换系数中交流系数按比例 λ 缩放时,经过逆变换后的数据 $f'(x)$ 的方差与原始数据 $f(x)$ 方差关系为

$$D(f'(x)) = \lambda^2 D(f(x)) \tag{5.26}$$

证明:根据式(5.18)有

$$D(f'(x)) = \frac{1}{N} \sum_{u=1}^{N-1} (\lambda \times C(u))^2 = \lambda^2 \frac{1}{N} \sum_{u=1}^{N-1} C^2(u) = \lambda^2 D(f(x))$$

故式(5.26)成立。

5.4.3　数据方差修改方案

通过修改一组数据中对象的值控制该组数据方差的方式有很多种,依据矢量地图数据水印算法特点及离散数据的性质,可设计两种快速可行的方差修改方案,即"DCT法"修改方案和"跳跃法"修改方案。

假设有一组数据 $X = \{x_i \mid i = 1, 2, \cdots, n\}$,对数据 X 取模运算,得到 X 的尾部数

据 $Y = \{y_i = x_i \bmod M \mid i = 1,2,\cdots,n\}$，设尾部数据 Y 的方差为 σ^2。现对数据 X 进行修改，得到一组新的数据 $X' = \{x'_i \mid i = 1,2,\cdots,n\}$，然后对 X' 重新取模运算得到一组新的尾部数据 $Y' = \{y'_i = x'_i \bmod M \mid i = 1,2,\cdots,n\}$。假设 Y' 的方差为 σ'^2，那么如何修改数据 X 使 Y' 的方差 σ'^2 为某个指定值？下面分别对"DCT 法"和"跳跃法"两种修改方案进行描述。

1. "DCT 法"修改方案

根据 5.4.2 节的分析，离散数据的方差与其对应离散余弦变换的交流系数有关，且等于交流系数的均方和，因此利用这个性质构造一种数据方差修改方案，具体修改过程如下：

（1）对尾部数据 Y 进行离散余弦变换，得到其变换系数 Y_{dct}。

（2）利用伪随机数发生器构造一个服从正态分布的随机数组 $S \sim N(0,\sigma'^2)$，该随机数组的方差为 σ'^2，均值为 0，长度为 $n-1$。根据方差计算公式，当随机数组均值为 0 时，数组的方差等于数组内各元素的均方和。

（3）用 S 替换 Y_{dct} 的交流系数，得到一组新的变换系数 Y'_{dct}，然后进行离散余弦逆变换，得到一组离散数据 $Y' = \{y'_i \mid i = 1,2,\cdots,n\}$。

（4）为了确保水印嵌入强度尽量大，对得到的离散数组进行修改，得到最终尾部数组 X'，即

$$x'_i = \begin{cases} x_i - y_i + y'_i, & |y_i - y'_i| \geqslant M/2 \\ x_i - y_i + y'_i + M, & |y_i - y'_i| < M/2, y'_i < y_i \\ x_i - y_i + y'_i - M, & |y_i - y'_i| < M/2, y'_i > y_i \end{cases}$$

2. "跳跃法"修改方案

在统计数学中，不同分布数据的方差具有特定的表达形式，其中以均匀分布和正态分布最为常见。通过对不同矢量地图数据坐标值取尾部数据处理，发现尾部数据大致呈均匀分布，因此可利用均匀分布的特点构建一种"跳跃法"修改方案。

假设有一服从均匀分布的数组 $K \sim U(\alpha,\beta)$，则 K 的均值为 $(\alpha+\beta)/2$，方差为 $(\beta-\alpha)^2/12$。根据这个性质，只要通过缩放数据分布范围，就可以控制数组的方差。

如果令修改后 Y' 的方差为 σ'^2，根据均匀分布的性质，数组 Y' 应当服从均匀分布 $Y' \sim U(\mu - \sqrt{3\sigma'^2}, \mu + \sqrt{3\sigma'^2})$。如图 5.14 所示，根据模运算的特点，尾部数

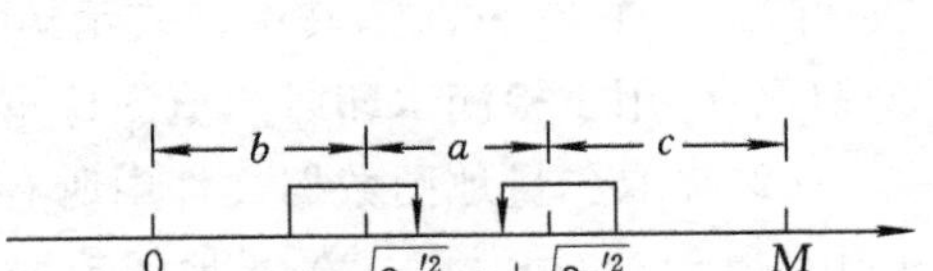

图 5.14　"跳跃法"修改方案

据服从均匀分布 $Y \sim U(0,M)$，将 Y 分割为 a、b、c 三个区域，其中，$a \in (\mu - \sqrt{3\sigma'^2}, \mu + \sqrt{3\sigma'^2}]$、$b \in [0, \mu - \sqrt{3\sigma'^2}]$、$c \in (\mu + \sqrt{3\sigma'^2}, M]$，只需要通过直接修改的方式将数据收缩至区域 a 内即可。

（1）分别计算区域 a、b、c 的长度 r_A、r_B、r_C，即

$$r_A = 2\sqrt{3\sigma'^2}$$

$$r_B = \mu - \sqrt{3\sigma'^2}$$

$$r_C = M - \mu - \sqrt{3\sigma'^2}$$

（2）利用伪随机数发生器构造一个随机数组 $S = \{s_i \mid i = 1, 2, \cdots, n\}$，其中，$S$ 服从均匀分布，即 $S \sim U(0, r_A)$。

（3）为了增加水印嵌入强度，提高水印的鲁棒性，并且加入随机过程，修改数据 X，即

$$x'_i = \begin{cases} x_i - y_i + M + r_B + s_i, & y_i \in c \\ x_i - y_i - r_C - r_A + s_i, & y_i \in b \\ x_i - y_i + r_A + s_i, & y_i \in a \end{cases} \tag{5.27}$$

3. 两种方差修改方案对比

两种方差修改方案均能够有效实现数据方差的修改，但二者各有优缺点：

（1）在执行效率方面，由于"DCT 法"需要进行离散余弦变换，因此该方法的执行效率要低于"跳跃法"修改方案。

（2）由"跳跃法"修改过程可知，该方法仅对减小方差有效，无法增加数据的方差，而"DCT 法"即可增加数据方差，也可以减小数据的方差。

（3）在数据精度控制方面，由于离散余弦变换中存在诸多不确定性因素，"DCT 法"很难控制每个数据点上改变的大小；而"跳跃法"是直接操作每个数据点，因此能够很好地控制每个数据点的改变量。

5.4.4　水印嵌入

假设原始矢量地图数据的误差容限为 ε，水印信息采用包含版权信息、大小为 $k_1 \times k_2$ 的二值图像 I。具体嵌入过程为：

（1）对二值图像 I 按行扫描，将图像转化为长度为 n 的一维水印编码序列 $W = \{w(i) \mid i = 1, 2, \cdots, n\}$，其中，$i$ 表示 $w(i)$ 的位置索引，$n = k_1 \times k_2$，将 k_1、k_2、ε 作为公钥保存，用于检测水印时二值图像重构。

（2）提取矢量地图数据文件中所有的定位点，构成定位点坐标序列 $P = \{(x_j, y_j) \mid j = 1, 2, \cdots, m\}$。矢量地图数据是由点、线、面等图元构成，这些图元不仅直接构成了地理实体，而且其位置关系也代表了地理实体之间的空间位置关系。地理空间实体通常包括相离、相交、相邻等空间位置关系，当两个实体发生相交或者相邻时，图元就会出现共点或者共线的情况，如图 5.15 所示。在存储文件中，共点随每个相关图元各存储一次。如果在嵌入水印时对这些点嵌入不同的水印，可能会造成共点分开的情况，即在表达地理实体时造成空间位置关系发生变化，会影响

数据的分析功能。因此在嵌入水印时,应当充分考虑共点的情况,在这些共点嵌入相同强度的水印。本算法在构造定位点坐标序列 P 时,具有相同坐标值的坐标点只选取一次。

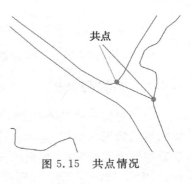

图 5.15　共点情况

(3)建立定位点坐标数组与水印位置索引之间的映射关系 $i = f(x_j, y_j)$,构建每个水印位置索引对应的坐标数组 $wP_i = \{(x_k, y_k) \mid k = 1, 2, \cdots, m_i\}$,其中,$wP_i$ 是指第 i 个水印位对应的定位点坐标数组,m_i 指 wP_i 中包含的坐标对个数。具体公式为

$$i = f(x_j, y_j) = \mathrm{mod}(\mathrm{floor}((x_j + y_j)/\varepsilon), n) \tag{5.28}$$

式中,$\mathrm{mod}(\cdot)$ 是取模运算函数,$\mathrm{floor}(\cdot)$ 是向下取整函数。

(4)利用"DCT 法"或"跳跃法"修改方案修改 wP_i 中横坐标的尾部数据,使修改后横坐标的尾部数据 $t_i = \{x_k \mathrm{mod}\varepsilon \mid k = 1, 2, \cdots, m_i\}$ 的方差为 δ',即

$$\delta' = \begin{cases} \varepsilon^2/(12 \times g_1), & w(i) = 1 \\ \varepsilon^2/(12 \times g_2), & w(i) = 0 \end{cases}$$

式中,g_1、g_2 为正实数,且 $g_2 > g_1 > 1$。

(5)检查 wP_i 中数据修改强度是否超过 ε,若超过则实施拉回操作,拉回强度等于 ε。

(6)对步骤(2)中坐标值相同的点嵌入强度相同的水印,得到含有水印的矢量地图数据。

5.4.5　水印检测

水印检测具体步骤如下:

(1)初始化一个值为 0、长度为 n 的二值数组 $W' = \{w'(i) \mid i = 1, 2, \cdots, n\}$,其中,$n = k_1 \times k_2$,$k_1$、$k_2$ 为检测公钥。

(2)提取地图数据文件中所有的坐标点,构成坐标点数组 $P = \{(x_j, y_j) \mid j = 1, 2, \cdots, m\}$。由于检测时不需要考虑图元之间的空间关系,因此不需要考虑共点问题。

(3)按照式(5.28)建立定位点坐标数组与水印位置索引之间的映射关系 $i = f(x_j, y_j)$,建立每个水印位置索引对应的坐标数组 $wP_i = \{(x_k, y_k) \mid k = 1, 2, \cdots, m_i\}$。

(4)计算 wP_i 中横坐标的尾部数据 $t_i = \{x_k \mathrm{mod}\varepsilon \mid k = 1, 2, \cdots, m_i\}$,并计算 t_i 的方差 δ_i。

(5)设定检测门限 $T_d = \varepsilon^2/(12 \times g)$,其中,$g_2 > g > g_1 > 1$。判定水印值 $w'(i)$,即

$$w'(i) = \begin{cases} 0, & \delta_i < T_d \\ 1, & \delta_i > T_d \end{cases} \tag{5.29}$$

(6)利用公钥 k_1、k_2 将提取的水印序列重新生成二值图像。

5.4.6　实验与分析

为了验证算法的有效性,对该算法进行了一系列实验验证。算法对各种格式的地图数据均适用,本实验选用 shp 格式、比例尺为 1∶5 万的某省局部地区水系数据作为实验数据,数据的误差容限 $\varepsilon = 10^{-5}°$,数据文件共包含 27 459 个数据点,如图 5.16(a)所示。水印图像采用大小为 40×40 的二值图像,如图 5.16(b)所示。方差修改方案分别采用"DCT 法"和"跳跃法"。

（a）原始地图数据　　　　　　　（b）水印图像

图 5.16　实验数据

1. 有效性

数据精度是评价矢量地图数据可用性的一项重要指标,在数据中嵌入水印不应破坏数据的精度,图 5.17 是采用两种方差修改方案嵌入水印后对数据改变量的分布图,如图 5.17 所示。

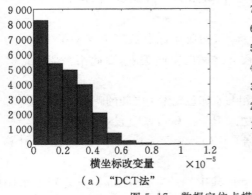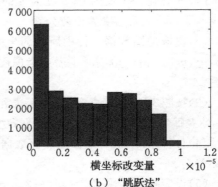

（a）"DCT法"　　　　　　　　　　（b）"跳跃法"

图 5.17　数据定位点横坐标改变量分布

由图 5.17 可以看出,两种方差修改方案都能够有效保证由于水印的嵌入而导致的数据改变量在数据精度范围之内,因此算法是有效可行的。

2. 安全性

由水印嵌入过程可知,水印嵌入是通过缩小尾部数据方差实现的,嵌入水印位 0 时尾部数据方差小于嵌入水印位 1 时的方差。当尾部数据方差大于等于检测门限时,判定水印位为 1;小于检测门限时,判定检测值为 0。

在对未嵌入水印的数据进行检测时,所有水印位对应的尾部数组都大致服从均匀分布,检测时尾部数组的方差都会大于检测门限,因此所有水印位的判定结果均为 1。由于随机过程的存在,并不排除在个别水印位处方差出现较明显的变化,极小概率出现某些水印位对应的尾部数组的方差小于检测门限,但是由于水印序列较长,个别水印位出现偏差并不影响整体的情况;即便在较多位置上都出现尾部数组的方差小于检测门限的情况,由于出现位置是随机的,在重构二值图像时,也不可能还原出具有版权标志的二值图像。因此,算法的虚警率是较低的。为了从实验上验证本算法的有效性,本算法还选择了多幅不含水印的矢量地图数据,结果表明从不含水印的数据中无法检测水印图像。

攻击者为了去除水印,会尝试通过公钥和水印算法将水印从数据中去除。但是公钥仅包含了检测时取模运算的模数及重构二值图像的长宽大小,公钥与水印嵌入过程并无关联,因此公钥中不包含任何嵌入过程中的信息,无益于去除水印操作。在检测过程中攻击者得到的是一组尾部数据的方差,且嵌入过程包含随机过程,根据算法设计原理,仅通过方差是无法推算每个坐标点处水印嵌入强度的。因此,蛮力攻击对本算法是无效的。

算法提供的公钥仅是用来在检测时取尾数运算及重构二值图像。当攻击者用一个新的 ε 对数据进行检测时,就会破坏嵌入水印时的方差关系,即便重新设置检测门限,得到的也仅是一幅黑色像素和白色像素随机分布的二值图像,不可能重新构造出一幅新的版权标识图像;对公钥 k_1、k_2 伪造的结果是破坏最终检测结果,但也无法得到具有新的版权标识的二值图像。因此,公钥伪造攻击对本算法是无效的。

3. 不可感知性

为了确保矢量地图数据的可用性,嵌入水印后,地图数据不能有较明显的可感知的失真。图 5.18 是含水印数据和不含水印数据叠加后部分区域放大显示的效果,原始数据用实线表示,含水印数据用圆点表示定位点位置。其中,图 5.18(a)采用"DCT 法"方差修改方案嵌入水印,图 5.18(b)采用"跳跃法"方差修改方案嵌入水印。通过对比可以看出,经放大显示后,从视觉上并没有看到数据明显的变化,因此在视觉上具有良好的不可感知性。

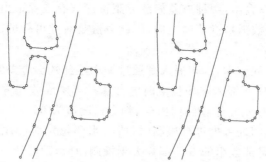

（a）"DCT法"修改方案　　　（b）"跳跃法"修改方案

图 5.18　不可感知性实验

　　通过对"共点"处分析,在共点处嵌入的水印强度是相同的,因此嵌入水印后共点没有分开,这说明数据的相邻和相交关系没有遭到破坏,因此该水印算法在数据分析上也具有良好的不可感知性。

4．鲁棒性

1)善意攻击

　　当含有水印的数据分发给用户后,用户会根据自己的使用需求,对数据做一些合理的操作,如压缩、更新、裁剪和拼接等,这些合理的操作都会对数据中的水印信息造成一定程度的破坏。为了确保水印对数据版权保护的作用,水印应当能够抵抗这些合理操作带来的攻击。实验针对道格拉斯压缩攻击、裁剪攻击、删除点攻击和增加点攻击进行了实验。攻击后水印检测结果如表 5.2 所示。

表 5.2　鲁棒性实验结果

攻击方式	攻击强度/(%)	方差修改方案对应检测结果		攻击方式	攻击强度/(%)	方差修改方案对应检测结果	
		"跳跃法"	"DCT 法"			"跳跃法"	"DCT 法"
删除点攻击	10			增加点攻击	100		
	30			增加新数据	5		
	50				10		
	80				13.8		
裁剪攻击	25			道格拉斯压缩攻击	37.4		
	50				67		

其中,增加点攻击是在线元上直接增加点,而增加新数据攻击是在数据中增加新的线元。

实验结果表明,本算法对大多数善意攻击都具有较高的鲁棒性。

2)恶意攻击

根据算法安全性分析可知,攻击者无法从数据中去除水印,但是为了造成无法解决的版权纠纷,攻击者通常还采用其他两种方式使水印失去认证能力:第一种是在数据中加入噪声,破坏原始水印信息;第二种重新嵌入一个新的水印序列,由于两个水印信息同时存在,导致无法确定哪个水印才是合法的。

(1)噪声攻击。实验分别采用服从均匀分布 $U(0,2\times 10^{-6})$、$U(0,3\times 10^{-6})$ 和 $U(0,5\times 10^{-6})$ 的噪声对数据进行攻击,分析算法对噪声攻击是否具有鲁棒性及数据精度是否被破坏。攻击后检测结果如表 5.3 所示。

表 5.3　噪声攻击实验结果

噪声	方差改变方案	超出误差容限点数/(%)	水印提取结果
$(0,2\times 10^{-6})$	"跳跃法"	2.261 6	
	"DCT 法"	0.025 5	
$(0,3\times 10^{-6})$	"跳跃法"	4.359 2	
	"DCT 法"	0.080 1	
$(0,5\times 10^{-6})$	"跳跃法"	10.073 2	
	"DCT 法"	0.688 3	

从表 5.3 中可以看出,算法能够承受一定程度的噪声攻击,但是当对数据加入强度较高的噪声时,就会有足够多的点超出数据的精度误差容限。虽然无法检测水印信息,但是数据精度的损失已经使数据失去其实用价值。这样可以迫使攻击者为了保护数据使用精度而不去破坏水印信息。

(2)解释攻击。加入新的水印信息是非法攻击者企图造成版权纠纷的另外一种方式,使版权拥有者无法对数据版权归属做出正确判断。实验通过在含水印数据中二次加入水印,测试二次嵌入水印后能否重新检测水印信息和对数据精度的破坏程度。二次水印采用如图 5.19 所示的大小为 40×40 的二值图像,检测结果如表 5.4 所示。

图 5.19　二次嵌入的水印图像

表 5.4　二次嵌入水印实验结果

首次嵌入 方差改变方案	二次嵌入后 原始水印检测结果	二次嵌入后 二次水印检测结果	二次嵌入水印 超出误差容限点数/(%)
"跳跃法"		好	20.26
"DCT 法"		好	9.49

通过实验可以看出,经过二次嵌入水印,矢量地图数据定位点坐标的尾部数据分布遭到破坏,首次嵌入的水印信息无法检测到,而二次嵌入的水印信息能够完好检测出来,但是数据精度已经遭到较大破坏,较大比例的数据都会超出误差容限。因此,经过二次嵌入水印后,虽然原始水印无法对数据版权进行认证,但是精度遭到破坏的数据也失去其使用价值。

通过以上分析,该算法虽然不能避免攻击者对数据的恶意攻击,但是能有效确保在遭受恶意攻击后造成较大程度的精度损失,使数据失去使用价值。

§5.5　基于密钥的矢量地图数据非对称水印

相关值是设计非对称水印算法的一种常用方法。§5.2 分析了这类算法具有较高虚警率及公钥存在安全风险的原因,为了解决这些问题,设计一种基于离散余弦变换的相关值计算方法,并基于该方法设计了一个高效的、安全的、基于密钥的非对称水印算法。

5.5.1　算法原理

通过§5.2 的分析可知,这类算法虚警率较高的原因是水印嵌入强度较低,在相关值计算结果中出现了数据"压盖"水印的情况。要降低虚警率,就需要降低载体数据在水印检测时对相关值计算结果的影响,即扩大图 5.10 中两个正态分布曲线峰值间距 d。传统的相关性计算方法是将整个载体数据都作为计算变量,因此无法解决虚警率的问题。本节利用离散余弦变换具有能量聚集的特点,设计了一种相关性检测方法,降低原始载体数据对检测结果的影响。

公钥容易被伪造的原因有两点:第一是公钥无法对自身进行验证,这是公钥可被伪造的主要原因;第二是公钥是一组离散数据,没有特殊构造特点。§5.2 中提出,防止公钥被伪造的一种方法就是采用有意义序列作为公钥,有意义水印序列可以是二值图像、文本序列等。

5.5.2　基于离散余弦变换的相关性判定方法

1. 原理分析

首先假设有一组变化平缓的离散数据 X，如图 5.20 中变化平缓曲线，对 X 进行随机置乱得到一组变化剧烈的数据 Y，如图 5.20 中波动剧烈曲线。

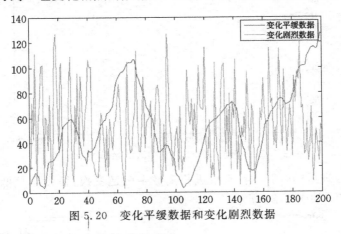

图 5.20　变化平缓数据和变化剧烈数据

对两组数据做以下三组实验进行对比。

1) 实验一

分别对两组数据 X 和 Y 进行离散余弦变换，得到对应的离散余弦变换系数 X_{dct} 和 Y_{dct}，如图 5.21 所示。

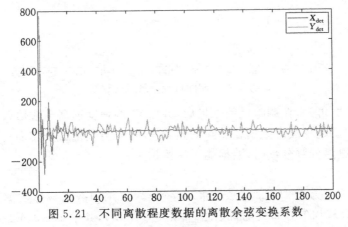

图 5.21　不同离散程度数据的离散余弦变换系数

由图 5.21 可以看出，X_{dct} 的低频系数强度远大于 Y_{dct}，但是 Y_{dct} 的高频系数远大于 X_{dct}。通过对多组离散数据的离散余弦变换系数进行对比，发现得到相同的结论，因此有结论一：离散余弦变换具有能量集聚的特点，数据变化越平缓，能量就越往低频系数集中;数据变化越剧烈,能量就越往高频系数分散。

2)实验二

将离散余弦变换系数 X_{dct} 和 Y_{dct} 的前 30 位低频分量变为 0,如图 5.22 所示。

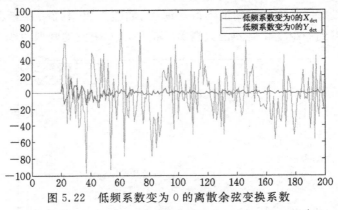

图 5.22 低频系数变为 0 的离散余弦变换系数

将处理后的余弦变换系数进行离散余弦逆变换,得到删除低频分量后的数据 X' 和 Y',如图 5.23 所示。

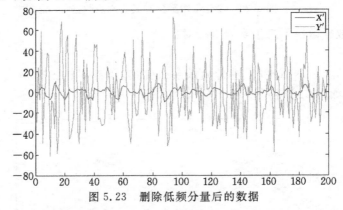

图 5.23 删除低频分量后的数据

由图 5.23 可知,在删除低频分量后,数据 Y' 的强度远高于数据 X',因此有结论二:变化程度越平缓的数据在删除低频分量时,本身能量丢失越多;反之,变化越剧烈的数据删除低频分量时,数据能量保留越多。

3)实验三

假设有一值为 $\{-1,1\}$ 的二值水印序列 w,将水印嵌入载体数据时的嵌入强度 λ 是一个服从均匀分布的随机数组,即 $\lambda \sim U(a,b)$,其中 $a>0$、$b>0$,则嵌入载体数据的水印序列为 $\lambda w = \{\lambda w_i = w_i \times \lambda_i\}$,$\lambda w$ 如图 5.24(a)所示,图 5.24(b)是 λw 的离散余弦变换系数 λw_{dct}。

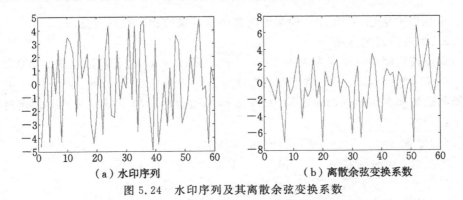

（a）水印序列　　　　　　　　　　（b）离散余弦变换系数

图 5.24　水印序列及其离散余弦变换系数

依次将离散余弦系数 λw_{dct} 的前 10、20、30 位低频分量变为 0，然后进行离散余弦逆变换，得到的数据如图 5.25 所示。

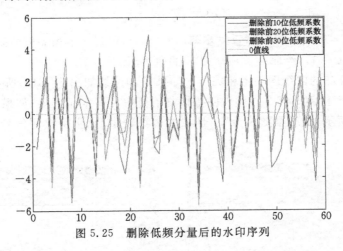

图 5.25　删除低频分量后的水印序列

由图 5.25 可以看出，删除一定程度的低频分量后，水印强度虽然有微小的损失，但是水印序列的数值符号（正负）没有发生较大变化，即删除低频分量后，水印序列 w 没有发生较大损失，因此有结论三：删除一定程度的低频分量，二值水印序列不会发生较大损失。

通过以上实验可以得出，如果在变化平缓的数据中嵌入水印信息，水印序列采用一组离散数据，当删除一定的低频分量后，会将载体数据的大部分能量删除，而水印信息则保留大部分能量；由式（5.16）可知，离散余弦变换运算具有可加性，因此删除低频分量等同于分别对载体数据和水印序列的低频分量的删除，二者不相互影响。根据以上结论，在计算相关值时，先删除数据经过离散余弦变换后的低频分量，再计算相关值能够有效降低载体数据对水印序列的"压盖"效果，扩大图 5.10 中两个正态分布曲线峰值间距 d，提高相关值计算结果。

根据以上结论,可设计一种基于离散余弦变换的相关性判定方法。

2. 相关性判定方法

假设待检测数据序列为 $\boldsymbol{X} = \{x(i) \mid i = 1,2,\cdots,n\}$,它的离散余弦变换系数为 $\boldsymbol{S} = \{s(i) \mid i = 1,2,\cdots,n\}$,水印序列为 $\boldsymbol{W} = \{w(i) = \{-1,1\} \mid i = 1,2,\cdots,n\}$,其中待检测数据和水印序列的长度均为 n,水印序列与待检测数据相关性的判定过程如下:

(1)令 $\boldsymbol{S}_j = \{s_j(i) \mid i = 1,2,\cdots,n\}$,其中

$$s_j = \begin{cases} 0, & 1 \leqslant i < j \\ s(i), & j+1 \leqslant i \leqslant n \end{cases}$$

(2)对 $\boldsymbol{S}_j$ 进行离散余弦逆变换,得到新的数据序列 $\boldsymbol{X}_j$。

(3)利用归一化相关值计算方法,计算 $\boldsymbol{X}_j$ 与 $\boldsymbol{W}$ 的相关值为

$$c(j) = \frac{\boldsymbol{X}_j^{\mathrm{T}} \boldsymbol{W}}{\|\boldsymbol{X}_j\| \times \|\boldsymbol{W}\|} \tag{5.30}$$

(4)令 $j = 1$、2、$\cdots$、$n-1$,重复步骤(1)~(3),得到一个相关值序列 $\boldsymbol{C} = \{c(j) \mid j = 1,2,\cdots,n-1\}$,绘制相关值序列 $\boldsymbol{C}$ 的曲线图。

(5)根据 $\boldsymbol{C}$ 的曲线图判定相关性。如果 $\boldsymbol{C}$ 的曲线如图 5.26(a)所示呈"凸"形,且最大值大于检测阈值 T_d,则说明待检测信号中含有水印序列;如果 $\boldsymbol{C}$ 的曲线如图 5.26(b)所示,曲线呈随机分布,且相关值都较小,说明待检测信号中不含水印序列。

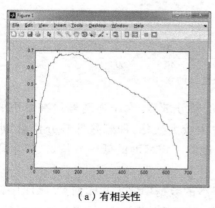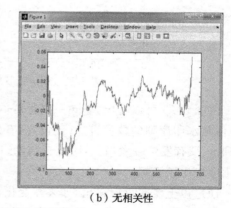

　　（a）有相关性　　　　　　　　　　（b）无相关性

图 5.26　相关值检测曲线

3. 影响因素分析及解决方法

基于离散余弦变换的相关性判定方法主要是利用变化剧烈程度不同数据的离散余弦变换系数在低、高频分布不同实现的,因此如果想利用该方法检测载体数据中是否含有指定水印信息,应当考虑载体数据的变化剧烈程度。但是大部分载体数据是一组变化剧烈程度较高的数据,这将极大影响相关性检测的结果,

因此,需要将数据转化为变化平缓的数据序列。将数据转化为平缓数据序列的方式可采用置换矩阵对数据进行置换处理,嵌入水印后利用置换矩阵的逆矩阵将数据恢复。

假设有一组离散数据 $\boldsymbol{X} = \{x_i \mid i = 1, 2, \cdots, n\}$,数据的长度为 n,置换矩阵的生成过程如下:

(1)选择一个变化平缓的曲线函数 $z = f(y)$。

(2)以 y_0 为起点、Δy 为步长生成长度为 n 的自变量数组 $\boldsymbol{Y} = \{y_i \mid i = 0, 1, \cdots, n-1\}$。

(3)计算自变量数组对应的因变量数组 $\boldsymbol{Z} = \{z_i \mid i = 0, 1, \cdots, n-1\}$。

(4)对数组 $\boldsymbol{Z}$ 按降序排列,得到 $\boldsymbol{Z}$ 降序排列的置换矩阵 $\boldsymbol{T}_z$,即 $\boldsymbol{Z}' = \boldsymbol{T}_z \boldsymbol{Z}$ 是一个降序排列的数组;同样,对数组 $\boldsymbol{X}$ 按照降序排列得到 $\boldsymbol{X}$ 的降序排列置换矩阵 $\boldsymbol{T}_x$。

(5)生成置换矩阵 $\boldsymbol{T}$,其中 $\boldsymbol{T} = \boldsymbol{T}_z^{-1} \boldsymbol{T}_x$,则 $\boldsymbol{T}$ 为使数据 $\boldsymbol{X}$ 变成变化平缓的置换矩阵,且变化后的数组具有函数 $z = f(y)$ 变化趋势。

如图 5.27 所示,图 5.27(a)是一组服从均匀分布的离散数据,通过置换矩阵按照图 5.27(b)的曲线变化将离散数据转化为图 5.27(c)的状态。

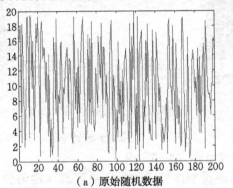

（a）原始随机数据

（b）曲线 $z = f(y)$　　　　（c）重新排列的数据

图 5.27　数据重排序

4. 检测阈值

式(5.30)中,令 $e_{X_j} = X_j / \|X_j\|$,则 e_{X_j} 为一单位向量,若水印序列 W 为二值水印序列,且水印长度为 n 时,有 $\|W\| = n$,则式(5.30)可以转化为

$$c(j) = \frac{1}{n} e_{X_j}^{\mathrm{T}} W \tag{5.31}$$

根据式(5.31)可以看出,式(5.30)转化为一个单位向量与水印序列的线性相关值,在水印序列固定的情况下,相关值仅与单位向量 e_{X_j} 有关。

令 e_{X_j} 随机取 10 000 组服从均匀分布的单位向量,分别与同一个水印序列 W 按照式(5.31)做相关值计算,水印长度 n 分别取 $n = 50$、$n = 100$,得到的相关值计算结果分布如图 5.28 所示。

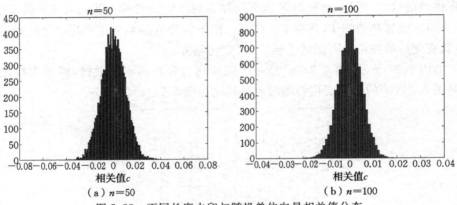

图 5.28   不同长度水印与随机单位向量相关值分布

通过实验可以发现,单位随机向量与水印相关值都足够小,当水印长度为 50 时,最大相关值也没有超过 0.05。

得到上述结论的前提条件是离散数据序列服从均匀分布,但是在矢量地图数据中,由于数据量的限制,每一组数据并不服从理想状态下的均匀分布,相关值计算结果可能会大于 0.05,因此不能将 0.05 作为水印检测的阈值。通过对多组不含水印矢量地图数据进行实验发现,不含水印数据与公钥序列的相关值几乎不会大于 0.2,因此可设定相关值判定的阈值为 $T_d = 0.2$。

5.5.3   水印预处理

根据公钥安全性分析的结果,无意义水印序列无法对自身进行验证,安全性相对较低,因此采用有意义水印作为待嵌入的水印序列。有意义水印通常为字符串或二值图像等,为了提高水印嵌入和检测效果,需要对水印序列做如下预处理:

(1)输入有意义水印序列 I。

(2)将 I 转化为二值序列 $W_0 = \{w_0(i) \mid w_0(i) \in (0, 1)\}$,$W_0$ 的长度为 N_0。

将二值图像转化为二值序列可采用按行扫描的方式；将有意义字符串转化为二值序列可以直接采用字符串的二值编码。

（3）统计 W_0 中"0"和"1"的个数，假设 0 的个数为 m_0，1 的个数为 m_1。

（4）在 W_0 增补"0"或"1"，使数组中的"0"和"1"的个数相等。如果 $m_0 > m_1$，则在 W_0 后增补 $m_0 - m_1$ 个"1"；如果 $m_0 < m_1$，则增补 $m_1 - m_0$ 个"0"；如果 $m_1 = m_0$，则不执行增补操作。

（5）将 W_0 中的"0"转化为"-1"，得到一个新的二值序列 $W_1 = \{w_1(i) \mid w_1(i) \in (-1,1)\}$，其中

$$w_1(i) = \begin{cases} -1, & w_0(i) = 0 \\ 1, & w_0(i) = 1 \end{cases}$$

（6）置乱水印。由于增补操作，序列 W_1 尾部是连续 $|m_0 - m_1|$ 个相同的值，这会影响水印检测的效果，为了消除连续相同值带来的影响，需要对 W_1 做随机置乱处理。以有意义水印序列 I 自身作为种子生成一个随机置乱矩阵 T，用随机矩阵对 W_1 进行置乱处理，得到最终的水印序列 W，其中 $W = TW_1$。

通过以上处理可以将有意义水印序列转化为一个均值为 0 的二值水印序列。

5.5.4　水印嵌入

假设原始矢量地图数据的精度误差容限为 ε，具体嵌入过程如下：

（1）输入包含版权信息的有意义字符串（或二值图像），将 I 转化为均值为 0 的二值水印序列 $W = \{w(k) \in \{-1,1\} \mid k = 1, 2, \cdots, N\}$，其中，$k$ 是水印序列的位置索引，N 为水印序列的长度。

（2）提取矢量地图数据文件中的坐标点，构成坐标点数组 $P = \{(x_i, y_i) \mid i = 1, 2, \cdots, M\}$，其中，$M$ 为坐标点数。在矢量地图数据中存在共点的情况，为了确保共点特性不被破坏，保护矢量地图数据对象之间的相邻或相交关系，共点不嵌入水印，因此在提取坐标点时去除共点。

（3）建立水印位置索引与坐标点数组之间的映射关系，即

$$k = f(x_i) = \mathrm{mod}(\mathrm{floor}(x_i/(\phi \times \varepsilon)), N) + 1 \tag{5.32}$$

式中，$\mathrm{mod}(\bullet)$ 是取模运算函数，$\mathrm{floor}(\bullet)$ 是向下取整函数，ϕ 为正整数。

根据非对称水印算法的要求，在检测水印时，含水印数据的水印部分和数据部分应作为一个整体参与检测。在矢量地图数据中，地图坐标的值远大于水印强度，这对水印正常检测影响较大。因此为了提高检测效果，需要对数据进行模运算，取数据的尾数部分和水印一起参与检测。为了保证检测的正确执行，水印嵌入阶段应当执行相同的模运算。$\phi \times \varepsilon$ 决定了取尾数的强度，由于相关性检测需要，ϕ 不能太大，否则会影响相关性检测；但是考虑数据和水印安全，ϕ 也不能太小。本算法将水印嵌入坐标点的横坐标，建立映射关系后每个水印位对应一个数组 $X_k = \{x_{kj}$

$\mid j=1,2,\cdots,M_k\}$，其中，M_k 是第 k 个水印位对应的数组长度。

（4）对载体数据做取尾部数据运算，得到每个水印位对应的尾部数据数组 $\boldsymbol{MANT}_k=\{mant_k(j)\mid j=1,2,\cdots,M_k\}$，其中

$$mant_k(j)=\mathrm{mod}(x_{kj},\phi\times\varepsilon)\tag{5.33}$$

（5）求每个水印位对应的尾部数组的均值，构成一个均值数组 $\boldsymbol{MEAN}=\{mean(k)\mid k=1,2,\cdots,N\}$，其中

$$mean(k)=\frac{1}{M_k}\sum_{j=1}^{M_k}mant_k(j)$$

（6）生成一个大小为 $N\times N$ 随机置换矩阵 $\boldsymbol{T}_1$，一个大小为 $N\times N$ 的不满秩随机旋转矩阵 $\boldsymbol{R}$ 及其对应的反旋转矩阵 $\boldsymbol{R}'$，即

$$\boldsymbol{R}=\begin{bmatrix}r_1 & 0 & \cdots & 0\\ 0 & r_2 & \cdots & 0\\ \vdots & \vdots & \cdots & \vdots\\ 0 & 0 & \cdots & r_{N/2}\end{bmatrix},\ r_j=\begin{bmatrix}\cos\varphi_j & -\sin\varphi_j\\ \sin\varphi_j & \cos\varphi_j\end{bmatrix}$$

式中，φ_j 是服从均匀分布 $U(-\varphi_0,\varphi_0)$ 的随机数，φ_0 为最大旋转角度。通过实验，φ_0 取值不能过大，应小于 $1°$。为了确保公钥的安全，旋转矩阵 $\boldsymbol{R}$ 应是一个不满秩矩阵，因此 r_j 以概率 p 取值 $\begin{bmatrix}0 & 0\\ 0 & 0\end{bmatrix}$，此时 $\boldsymbol{R}$ 的秩 $\mathrm{rank}(\boldsymbol{R})<N$。由于 $\boldsymbol{R}$ 为不满秩矩阵，不能够通过矩阵逆运算求取 $\boldsymbol{R}'$，因此在生成 $\boldsymbol{R}$ 的同时生成 $\boldsymbol{R}'$，即

$$\boldsymbol{R}'=\begin{bmatrix}r'_1 & 0 & \cdots & 0\\ 0 & r'_2 & \cdots & 0\\ \vdots & \vdots & \cdots & \vdots\\ 0 & 0 & \cdots & r'_{N/2}\end{bmatrix},\ r'_j=\begin{bmatrix}\cos\varphi_j & \sin\varphi_j\\ -\sin\varphi_j & \cos\varphi_j\end{bmatrix}$$

当 $r_j=\begin{bmatrix}0 & 0\\ 0 & 0\end{bmatrix}$ 时，有 $r'_j=\begin{bmatrix}0 & 0\\ 0 & 0\end{bmatrix}$。

（7）利用构造的置换矩阵 $\boldsymbol{T}_1$ 和旋转矩阵 $\boldsymbol{R}$ 对数组 $\boldsymbol{MEAN}$ 依次执行置换和旋转操作，得到一个新的数组 $\boldsymbol{MEAN}_1$。

$$\boldsymbol{MEAN}_1=\boldsymbol{R}\cdot\boldsymbol{T}_1\cdot\boldsymbol{MEAN}$$

（8）按照 5.5.2 节中置换矩阵的生成方法生成一个矩阵 $\boldsymbol{T}_2$，$\boldsymbol{T}_2$ 能将 $\boldsymbol{MEAN}_1$ 转化为一个变化平缓的数组 $\boldsymbol{MEAN}_2$，即

$$\boldsymbol{MEAN}_2=\boldsymbol{T}_2\cdot\boldsymbol{MEAN}_1$$

（9）按照式（5.34）嵌入水印，得到含有水印的序列 $\boldsymbol{WM}=\{wm(k)\mid k=1,2,\cdots,N\}$，即

$$\boldsymbol{WM}=\boldsymbol{MEAN}+\lambda\cdot\boldsymbol{T}_1^{-1}\cdot\boldsymbol{R}'\cdot\boldsymbol{T}_2^{-1}\boldsymbol{D}\cdot\boldsymbol{W}\tag{5.34}$$

式中，$\boldsymbol{D}$ 为随机对角矩阵，且对角矩阵元素为正实数；λ 为水印嵌入强度。

(10)根据 $wm(k)$ 的值修改第 k 个水印位对应的尾部数组 $MANT_k$ 中数据的值,使新的尾部数组 $MANT'_k = \{mant'_k(j) \mid j=1,2,\cdots,M_k\}$ 的均值等于 $wm(k)$。修改数组中数据的值时应满足数组中每个值的改变量不超过 ε。

(11)计算第 k 个水印位对应的载体数据的值,即

$$x'_{kj} = x_{kj} - mant_k(j) + mant'_k(j) \tag{5.35}$$

用新的横坐标值代替地图数据中对应坐标点的横坐标,得到含有水印的矢量地图数据。

(12)计算公钥矩阵 J,即

$$J = T_2 \cdot R \cdot T_1$$

由于矩阵 R 是一个不满秩矩阵,因此公钥 J 也是不满秩的。将版权序列 I、数值 ϕ、矩阵 J 作为公钥提供给用户,对待检测数据进行检测。

5.5.5　水印检测

水印检测具体过程如下:

(1)利用公钥 I 生成二值水印序列 $W = \{w(k) \in \{-1,1\} \mid k=1,2,\cdots,N\}$,其中,$k$ 是水印序列的位置索引,N 为水印序列的长度。

(2)提取坐标点,生成坐标点数组 $P = \{(x_i,y_i) \mid i=1,2,\cdots,M\}$,其中,$M$ 为坐标点数。提取坐标点时,不提取共点。

(3)按照式(5.30)建立水印位置索引与坐标点的映射关系,生成每个水印位对应横坐标数组 $X(k) = \{x_{kj} \mid j=1,2,\cdots,M_k\}$。

(4)按照式(5.31)提取坐标值尾数,生成每个水印位对应的尾部数据数组 $MANT(k) = \{mant_k(j) \mid j=1,2,\cdots,M_k\}$。

(5)求取每个水印位对应尾部数组的均值,得到一个均值序列 $MEAN = \{mean(k) \mid k=1,2,\cdots,N\}$。

(6)利用公钥矩阵 J 转换均值序列 $MEAN$,得到一个新的序列 Y,其中

$$Y = J \cdot MEAN$$

(7)利用基于离散余弦变换的相关性判定方法,判定 Y 与水印 W 是否存在相关性。如果存在相关性,则判定待检测数据中含有指定水印。

5.5.6　安全性分析

1. 虚警率

基于相关性计算的非对称水印算法首先利用公钥矩阵 J 将数据转化为变化平缓的数据,然后利用离散余弦变换的特性判定数据与水印序列的相关性。由于公钥矩阵 J 的生成过程与初始载体数据相关,因此一个公钥矩阵对应一个数据。当用公钥矩阵 J 对另外一组数据进行处理时,只能够得到离散的数据,而无法得到变化平缓的数据。根据基于离散余弦变换的相关性判定方法可知,一组离散的

数据与水印序列的相关值曲线的峰值较小,且曲线形状是离散的,因此利用一对公钥在另外一组数据中不会检测水印,换言之,该算法具有较低的虚警率。

2. 蛮力攻击

蛮力攻击是指攻击者企图利用公钥和水印算法将水印从数据中去除或者破坏的攻击方式。根据嵌入算法,在水印序列对应的均值数组 $MEAN$ 中嵌入的水印序列为 $\lambda \cdot T_1^{-1} \cdot R' \cdot T_2^{-1} \cdot D \cdot W$,由于公钥矩阵 J 是一个不满秩矩阵,因此无法利用公钥矩阵求出水印序列中的 $T_1^{-1} \cdot R' \cdot T_2^{-1}$,且对角矩阵 D 是一个随机矩阵,与公钥没有任何关联,仅利用公钥无法推算嵌入的水印序列。

另外,水印序列直接嵌入均值数组 $MEAN$,然后根据均值数组的变化计算每个坐标值的改变量。由于均值改变方案较多,且存在随机特性,即便攻击者确定了每个均值的改变量也无法确定每个坐标点的改变量。

通过以上分析,对含有水印的矢量地图数据载体进行蛮力攻击是不可行的。

3. 减去攻击

减去攻击是利用公钥向量和嵌入的水印信息之间的相关性,实施 $X'=X-\alpha W$ 的攻击方式,企图去掉数据中水印信息。这种攻击的前提条件是嵌入的水印序列 $\lambda \cdot T_1^{-1} \cdot R' \cdot T_2^{-1} \cdot D \cdot W$ 和 αW 具有相同的数值符号,否则减去攻击仅相当于在数据中加入噪声攻击,而本方法由于 $T_1^{-1} \cdot R' \cdot T_2^{-1}$ 具有对 W 置乱的特点,因此 $\lambda \cdot T_1^{-1} \cdot R' \cdot T_2^{-1} \cdot D \cdot W$ 与 αW 具有不同的数值符号。这仅限于对均值数组的去除水印操作,而水印真正嵌入的位置是分散在定位点的横坐标上,即便攻击者能通过减去操作从均值数组中去除水印,但是由于改变数组均值的不可逆性,如果强制对定位点横坐标进行修改,只能够破坏数据的精度。因此,减去操作是不可行的。

4. 伪造攻击

伪造攻击是攻击者企图利用公钥的特点和水印算法,构造一个新的公钥,在不嵌入水印的情况下检测水印信息。攻击者想伪造出公钥对 (J, I),就必须确保用公钥 J 处理后的数据与由 I 生成的 W 具有某种相关性,且利用基于离散余弦变换的相关性判定方法检测。

单纯伪造一个公钥 J 使其能够将数据进行某种特殊排列很容易做到,但要确保 JX 与 W 具有相关性,就需要伪造某个特定序列的 W。但是水印 W 是由有意义向量 I 生成的,由于不同的 I 在生成 W 时,I 中"1"和"0"的数量影响了 W 的长度,因此不同的 I 生成的水印向量长度相同的概率较低。如果 W 的长度与矩阵 J 的维数不同,就无法执行矩阵和向量之间的运算,无法进行相关性检测。另外,水印置乱操作需要以 I 为种子生成随机置换数组,该随机数组能够满足使 W 转换至与 JX 相关的概率是十分小的。因此,利用本算法伪造公钥是不可行的。

5.5.7　实验与分析

为了验证算法的有效性,对该算法进行了一系列实验验证。该算法对各种格式的地图数据均适用,本实验选用 shp 格式、比例尺为 1∶5 万的某省局部地区水系数据作为实验数据,数据的误差容限 $\varepsilon = 10^{-5}$ °,如图 5.29(a)所示。嵌入水印时采用 6 组字符串作为水印嵌入的版权标记,如图 5.29(b)所示,约定版权标记 1～6 分别记为 $BC1$、$BC2$、$BC3$、$BC4$、$BC5$、$BC6$。

1 测绘学院
2 信息工程大学
3 地理信息服务公司
4 版权保护代理服务公司
5 解放军总参谋部
6 中国人民解放军

（a）原始载体数据　　　　　　　　　　　　（b）版权标识

图 5.29　原始载体数据和版权标识

1. 有效性

在矢量地图数据中嵌入水印不能破坏数据的精度,否则数据将失去其使用价值,实验将 6 个不同的版权标识分别嵌入载体数据,本算法对数据的最大改变量及检测结果如表 5.5 所示。

表 5.5　本算法有效性实验结果

版权标识	$BC1$	$BC2$	$BC3$	$BC4$	$BC5$	$BC6$
坐标值最大改变量	9.997×10^{-6}	9.999×10^{-6}	9.998×10^{-6}	9.997×10^{-6}	9.992×10^{-6}	9.992×10^{-6}
检测结果是否含有水印	是	是	是	是	是	是

实验表明,本算法对数据的改变量最大不超过数据的误差容限 $\varepsilon = 10^{-5}$ °,且都能检测出水印,因此该算法是有效的。

2. 虚警率

假设原始矢量地图数据为 $\boldsymbol{WD}$,在地图数据中分别嵌入 $BC1 \sim BC6$ 不同的版权标识,得到对应的含水印地图数据依次为 $\boldsymbol{WD}1$、$\boldsymbol{WD}2$、$\boldsymbol{WD}3$、$\boldsymbol{WD}4$、$\boldsymbol{WD}5$ 和 $\boldsymbol{WD}6$,对应的公钥依次为 $(\boldsymbol{J}, BC1)$、$(\boldsymbol{J}, BC2)$、$(\boldsymbol{J}, BC3)$、$(\boldsymbol{J}, BC4)$、$(\boldsymbol{J}, BC5)$ 和 $(\boldsymbol{J}, BC6)$,用 6 组公钥依次对原始地图数据和 6 组含水印地图数据进行检测,检测结果如表 5.6 所示。

表 5.6　虚警率实验结果

数据	检测公钥对					
	$(J,BC1)$	$(J,BC2)$	$(J,BC3)$	$(J,BC4)$	$(J,BC5)$	$(J,BC6)$
WD	$-0.24\sim0.02$	$-0.2\sim0.19$	$-0.06\sim0.13$	$-0.1\sim0.13$	$-0.12\sim0.21$	$-0.07\sim0.19$
	随机	随机	随机	随机	随机	随机
WD1	$-0.01\sim0.89$	$-0.15\sim0.09$	$-0.12\sim0.07$	$-0.06\sim0.09$	$-0.16\sim0.07$	$-0.15\sim0.03$
	凸	随机	随机	随机	随机	随机
WD2	$-0.19\sim0.01$	$0.03\sim0.89$	$-0.13\sim0.05$	$-0.05\sim0.09$	$-0.15\sim0.09$	$-0.09\sim0.12$
	随机	凸	随机	随机	随机	随机
WD3	$-0.13\sim0.20$	$-0.16\sim0.11$	$-0.02\sim0.90$	$-0.14\sim0.06$	$-0.15\sim0.10$	$-0.13\sim0.09$
	随机	随机	凸	随机	随机	随机
WD4	$-0.08\sim0.20$	$-0.07\sim0.07$	$-0.11\sim0.17$	$0.08\sim0.90$	$-0.17\sim0.07$	$-0.19\sim0.00$
	随机	随机	随机	凸	随机	随机
WD5	$0.21\sim0.09$	$-0.16\sim0.06$	$-0.17\sim0.04$	$-0.21\sim0.01$	$-0.06\sim0.88$	$-0.08\sim0.06$
	随机	随机	随机	随机	凸	随机
WD6	$-0.12\sim0.11$	$-0.12\sim0.08$	$-0.12\sim0.14$	$-0.17\sim0.03$	$-0.13\sim0.11$	$-0.02\sim0.91$
	随机	随机	随机	随机	随机	凸

表 5.6 中检测结果包括两个部分,上面一行表示的是相关值分布曲线的最大值和最小值,下面一行表示相关值分布曲线的形状是随机曲线还是呈"凸"形曲线。如果相关值曲线的最大值大于 0.2 且曲线形状呈"凸"形,则说明数据中含有该公钥对应的水印信息。

通过实验可以发现,在不含有水印的载体数据中无法检测水印信息,用一组公钥对其他公钥对应的载体数据进行检测时,也无法检测水印信息,公钥仅与相应的含水印载体数据相关。该实验充分说明算法具有较低的虚警率。

3. 鲁棒性

鲁棒性实验是在载体数据中嵌入版权标识 $BC1$,然后对含有水印数据进行各种攻击,验证算法的鲁棒性。

1) 善意攻击

善意攻击是对数据进行的合法操作,主要包括裁减、压缩、数据更新等攻击。攻击方式及检测结果如表 5.7 所示。

表 5.7　善意攻击实验结果

攻击方式	攻击强度/(%)	检测相关值曲线		水印检测结果判定
		峰值	曲线形状	
无攻击	0	0.86	凸	含水印
裁剪攻击	26	0.59	凸	含水印
	40	0.43	凸	含水印

续表

攻击方式	攻击强度/(%)	检测相关值曲线		水印检测结果判定
		峰值	曲线形状	
删除点攻击	20	0.78	凸	含水印
	50	0.67	凸	含水印
增加点攻击	20	0.78	凸	含水印
	100	0.72	凸	含水印

由表 5.7 可以看出,算法对善意攻击具有较高的鲁棒性。

2)恶意攻击

恶意攻击是非法用户为了破坏数据中的水印信息而采用的一种攻击方式,主要是噪声攻击和二次嵌入水印。

(1)噪声攻击。数据的误差容限为 $\varepsilon = 10^{-5}$ °,实验分别采用服从均匀分布的 4 组噪声对含水印数据进行攻击,噪声分别为 $U(-5 \times 10^{-6}, 5 \times 10^{-6})$、$U(-1 \times 10^{-5}, 1 \times 10^{-5})$、$U(-2 \times 10^{-5}, 2 \times 10^{-5})$ 和 $U(-5 \times 10^{-5}, 5 \times 10^{-5})$,检测结果如表 5.8 所示。

表 5.8　噪声攻击检测结果

噪声	精度损失超出误差容限比率/(%)	检测相关值曲线		水印检测结果判定
		峰值	曲线形状	
$(-5 \times 10^{-6}, 5 \times 10^{-6})$	10.23	0.74	凸	含水印
$(-1 \times 10^{-5}, 1 \times 10^{-5})$	21.93	0.65	凸	含水印
$(-2 \times 10^{-5}, 2 \times 10^{-5})$	50.15	0.60	凸	含水印
$(-5 \times 10^{-5}, 5 \times 10^{-5})$	79.98	0.38	凸	含水印

由表 5.8 可以看出,在遭受一定程度噪声攻击后,数据会存在较大的精度损失,当对数据进行 5 倍误差容限的噪声攻击时,79.98%的定位点坐标的改变量会超出误差容限,但是仍然能检测水印信息,因此该算法对噪声攻击具有较高的鲁棒性。

(2)解释攻击。二次嵌入水印攻击是非法用户为了破坏数据中的水印及混淆版权认证,通常会采取在数据中嵌入一个新的水印信息。实验通过在载体数据中依次重复嵌入 $BC1 \sim BC4$ 四个版权标记,对应的公钥依次为 $(J, BC1)$、$(J, BC2)$、$(J, BC3)$ 和 $(J, BC4)$,然后利用 4 个公钥对含有 4 个版权标记的数据进行检测,检测结果如表 5.9 所示。

表 5.9　二次嵌入水印实验结果

	公钥			
	$(J, BC1)$	$(J, BC2)$	$(J, BC3)$	$(J, BC4)$
相关值曲线范围	0.0~0.77	-0.3~0.87	0.02~0.88	0.08~0.90
相关值曲线形状	凸	凸	凸	凸

　　由表 5.9 可以看出,在同一个数据中嵌入多个水印,仍然能够检测每个水印,因此该算法能够抵抗二次水印嵌入。但是多次嵌入水印会在一定程度上破坏数据的精度,当嵌入 4 个水印后,有 34% 定位点的坐标超出误差容限。

4. 抗合谋攻击

　　当数据分发给不同的用户时,数据拥有者为了对数据进行追踪,会在不同用户的数据中嵌入不同的水印信息作为指纹。一些非法用户为了谋取利益,会采用合谋攻击的方式企图破坏数据中的指纹信息。合谋攻击通常包括线性攻击和非线性攻击,线性攻击包括求均值等,非线性攻击包括最大值攻击、最小值攻击、中值攻击、最小最大值攻击、改良负攻击和随机负攻击等。实验针对这些合谋攻击测试算法的鲁棒性,实验将 $BC1 \sim BC6$ 这 6 个版权标识依次嵌入载体数据,得到含有水印的数据 $WD1$、$WD2$、$WD3$、$WD4$、$WD5$ 和 $WD6$,公钥依次为(J,$BC1$)、(J,$BC2$)、(J,$BC3$)、(J,$BC4$)、(J,$BC5$) 和(J,$BC6$),然后利用 $WD1$、$WD2$、$WD3$、$WD4$ 进行合谋攻击,并利用 6 组公钥对合谋攻击后的数据进行检测,实验结果如表 5.10 所示。

表 5.10　合谋攻击实验

攻击方式	检测公钥对					
	(J,$BC1$)	(J,$BC2$)	(J,$BC3$)	(J,$BC4$)	(J,$BC5$)	(J,$BC6$)
均值攻击	$-0.01 \sim 0.76$	$0.03 \sim 0.75$	$-0.03 \sim 0.77$	$0.08 \sim 0.76$	$-0.17 \sim 0.11$	$-0.15 \sim 0.0$
	凸	凸	凸	凸	随机	随机
最小值攻击	$-0.02 \sim 0.70$	$0.03 \sim 0.76$	$-0.04 \sim 0.71$	$0.07 \sim 0.71$	$-0.18 \sim 0.08$	$-0.09 \sim 0.1$
	凸	凸	凸	凸	随机	随机
最大值攻击	$0.01 \sim 0.69$	$0.03 \sim 0.72$	$-0.02 \sim 0.73$	$0.07 \sim 0.68$	$-0.20 \sim 0.09$	$-0.22 \sim 0.02$
	凸	凸	凸	凸	随机	随机
中值攻击	$-0.01 \sim 0.78$	$0.03 \sim 0.74$	$-0.03 \sim 0.75$	$0.08 \sim 0.75$	$-0.19 \sim 0.12$	$-0.12 \sim 0.01$
	凸	凸	凸	凸	随机	随机
最小最大值攻击	$-0.01 \sim 0.72$	$0.03 \sim 0.75$	$-0.02 \sim 0.77$	$0.08 \sim 0.74$	$-0.21 \sim 0.01$	$-0.16 \sim 0.01$
	凸	凸	凸	凸	随机	随机
改良负攻击	$0.0 \sim 0.52$	$0.03 \sim 0.61$	$0.02 \sim 0.62$	$0.02 \sim 0.55$	$-0.15 \sim 0.11$	$-0.14 \sim 0.11$
	凸	凸	凸	凸	随机	随机
随机负攻击	$0.0 \sim 0.77$	$0.03 \sim 0.78$	$-0.04 \sim 0.76$	$0.08 \sim 0.76$	$-0.18 \sim 0.1$	$-0.13 \sim 0.05$
	凸	凸	凸	凸	随机	随机

　　表 5.10 中检测结果包括两个部分,上面一行表示的是相关值曲线的最大值和最小值,下面一行表示相关值曲线的形状是随机曲线还是呈“凸”形曲线。由实验可以看出,改良负攻击对水印检测的影响最大,但是并不影响检测,算法能够抵抗多种线性和非线性的合谋攻击,且能够检测所有的参与者。另外,对未参与合谋攻击的用户检测结果为不相关,因此不会导致“诬陷”或者“冤屈”其他合法用户的情况。

　　实验证明,该算法不仅可以作为保护数据版权的鲁棒非对称水印算法,还能够嵌入用户的指纹,为版权所有者追踪盗版来源提供坚实的技术支撑。传统的非对称水印算法为了抵抗合谋攻击,通常会选择一组正交的向量作为用户指纹,不同用户的指纹长度是相同的,因此这种指纹库机制中指纹的数量较少,且抵抗合谋攻击的能力较弱。而本算法中用户的指纹长度是变长的,与传统的指纹算法相比,能够极大地扩大指纹库的容量。

第 6 章 矢量地图数据拼接水印检测

§6.1 拼接水印检测原理

6.1.1 拼接水印检测需求

矢量地图数据在生产过程中,为了便于储存、管理等,需要对地图进行分幅处理,每个图幅都包含了固定的地域范围。但是在实际使用过程中,单一的图幅并不能够包含使用者需要的所有区域,因此,需要将多幅相邻的地图拼接起来。如何从拼接后的地图中提取水印信息是水印算法面临的一个重要问题。另外,在一些情况下,版权所有者为了保护重要区域数据的精度,并不会在整个数据中嵌入水印信息,而是选择在地图的局部区域嵌入水印。

无论上述哪种情况,水印信息仅存在于地图的局部区域中,数据中大多数定位点都不含有水印信息。与数据更新攻击不同,数据更新攻击后仅有少量的点不含水印信息,一般不会影响水印检测。上述两种情况中,绝大多数定位点不含水印信息,为了确保水印信息检测准确性,就必须确定水印嵌入区域,然后再执行检测。

6.1.2 算法原理及可行性分析

水印嵌入方式包括加性规则、乘性规则和量化规则等。其中,量化规则的核心思想是,当为某个变量嵌入水印时,根据嵌入水印位的值“0”或“1”分别进行不同程度的显著修改。检测水印时,通过判定该变量的值确定该变量中嵌入的水印值。在空间域水印算法中,水印信息直接嵌入定位点坐标上,量化规则通过直接修改坐标值的不重要位嵌入水印,使尾部数据呈现某种特殊分布形态。

假设数据的误差容限为 ε,水印嵌入后每个坐标值的修改量都不应超过 ε,选择 12 幅、数据量超过 1 MB 的矢量地图数据,分别对每幅图的横坐标值 X 和纵坐标值 Y 取模 ε 运算,得到地图的尾部数据。对尾部数据进行统计分析可以发现地图数据的尾部数据近似服从均匀分布,如图 6.1 所示。

现对地图数据分别用基于条带调制的水印算法、基于掩模调制的水印算法、基于方差计算的非对称水印算法嵌入水印,然后再对数据取模 ε 运算,得到含水印地图数据的坐标值尾部数据分布,如图 6.2 至图 6.4 所示。

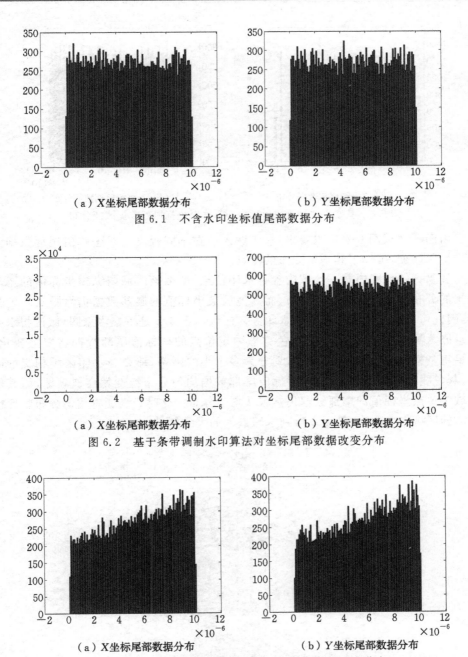

（a）X坐标尾部数据分布　　　　　　　　（b）Y坐标尾部数据分布

图 6.1　不含水印坐标值尾部数据分布

（a）X坐标尾部数据分布　　　　　　　　（b）Y坐标尾部数据分布

图 6.2　基于条带调制水印算法对坐标尾部数据改变分布

（a）X坐标尾部数据分布　　　　　　　　（b）Y坐标尾部数据分布

图 6.3　基于掩模调制水印算法对坐标尾部数据改变分布

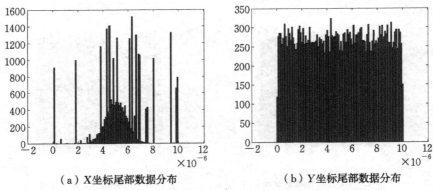

（a）X坐标尾部数据分布　　　　　　　　（b）Y坐标尾部数据分布

图 6.4　基于方差计算非对称水印算法对坐标尾部数据改变分布

　　由图 6.2 至图 6.4 可以看出，水印嵌入后在不同程度上对坐标值尾部数据分布产生了改变，破坏了其均匀分布的特点。

　　如果一幅地图内某一区域内含有水印信息，那么该区域内纵横坐标值的尾部数据的分布就不再服从均匀分布，而其他区域坐标值的尾部数据仍然服从均匀分布，因此可以利用这个特点判定水印嵌入区域。图 6.5 是一幅水系图，假设将水印信息嵌入黑色粗方框区域内，黑色方框内定位点的坐标值尾部数据会发生变化。如果将整幅地图按照图 6.5 所示划分为多个小的网格，那么与水印区域相交的网格（灰色线划区域）内定位点的坐标值尾部数据均匀分布特性就会被破坏，而其他区域定位点坐标值的尾部数据仍然服从均匀分布。这时只需要将均匀分布特性被破坏的区域提取出来，就可以得到水印嵌入的大致区域。

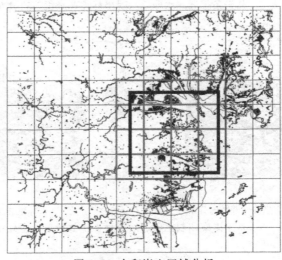

图 6.5　水印嵌入区域分析

§6.2　分布拟合检验

6.2.1　分布拟合检验方法

对于一个离散的样本,有时并不知道其总体服从的分布,需要根据样本值判断总体是否服从某种指定的分布。解决这个问题的一般方法是采用分布拟合检验方法,解决过程如下:

(1)在给定的显著水平 α 下做如下假设,即

$$H_0 : F(x) = F_0(x)$$
$$H_1 : F(x) \neq F_0(x)$$

(2)对该假设做显著性检验。其中,$F(x)$ 是样本的分布,$F_0(x)$ 是某个指定的分布。若 H_0 为真,则说明在显著水平 α 下样本服从指定的分布;若 H_1 为真,则说明在显著水平 α 下样本不服从指定分布。

目前,常用的分布拟合检验方法包括 Pearson 的 χ^2 检验和柯尔莫哥洛夫 (Kolmogorov)的 D_n 检验法。其中,χ^2 检验法是通过比较样本频率和理论频率而实现的,它依赖于良好的区间划分;而 D_n 检验法是在每一点上计算样本分布和假设分布之间的偏差,克服了 χ^2 检验法依赖区间划分的缺点。因此,可选择 D_n 检验法作为抗拼接水印算法中分布拟合检验方法。

采用分布拟合的方法判定水印嵌入区域,主要是判定样本是否符合均匀分布。假设样本的长度为 n,检验的具体步骤如下:

(1)确定合适的显著水平 α,构造假设为

$$\left. \begin{array}{l} H_0 : F(x) = F_u(x) \\ H_1 : F(x) \neq F_u(x) \end{array} \right\} \tag{6.1}$$

式中,$F(x)$ 是样本的经验分布函数;$F_u(x)$ 是 (a,b) 上的均匀分布函数,即 $F_u(x) \sim U(a,b)$;H_0 指接受样本服从均匀分布 $U(a,b)$;H_1 指拒绝样本服从均匀分布 $U(a,b)$。

(2)计算样本的经验分布函数,即

$$F(x) = \begin{cases} v_1, & a \leqslant x \leqslant (b-a)/k \\ v_2, & (b-a)/k \leqslant x \leqslant 2(b-a)/k \\ \quad\vdots \\ v_k, & (k-1)(b-a)/k \leqslant x \leqslant b \end{cases} \tag{6.2}$$

式中,v_k 为样本累积频率。

(3)按照式(6.2)的区间求取均匀分布 $U(a,b)$ 的理论累积频率,即

$$
F_u(x) = \begin{cases} 1/k, & a \leqslant x \leqslant (b-a)/k \\ 2/k, & (b-a)/k \leqslant x \leqslant 2(b-a)/k \\ \quad\vdots \\ 1, & (k-1)(b-a)/k \leqslant x \leqslant b \end{cases}
$$

(4)计算 $F(x)$ 与 $F_u(x)$ 之间累积频率偏差的最大值 D_n，即

$$
D_n = \sup_{-\infty < x < +\infty} \left(\left| F(x) - F_n(x) \right| \right)
$$

式中，$\sup(\cdot)$ 为取最大值函数。

(5)通过查表得到长度为 n、显著水平为 α 的柯尔莫哥洛夫分位数值 $D_{n,1-\alpha}$。若 $D_n \geqslant D_{n,1-\alpha}$，则拒绝 H_0，说明样本不服从均匀分布 $U(a,b)$；若 $D_n < D_{n,1-\alpha}$，则接受 H_0，说明样本服从均匀分布 $U(a,b)$。

当 $n > 100$ 时，统计量 D_n 分位数值的近似公式为（庄楚强 等，2006）：当 $\alpha = 0.20$ 时，$D_{n,0.80} \approx 1.07/\sqrt{n}$；当 $\alpha = 0.10$ 时，$D_{n,0.90} \approx 1.23/\sqrt{n}$；当 $\alpha = 0.05$ 时，$D_{n,0.95} \approx 1.36/\sqrt{n}$；当 $\alpha = 0.01$ 时，$D_{n,0.99} \approx 1.63/\sqrt{n}$。

由于在程序中输入柯尔莫哥洛夫分位数表比较麻烦，而近似公式在程序中比较容易实现，且数据长度越长，计算精度就越高，因此选定样本数据的长度最小值为 100。

6.2.2 虚警概率和漏报概率

采用分布拟合检验方法推断样本是否服从均匀分布，实质上是用局部推断整体，这本身就不能保证检验的过程中不犯错误。在检验过程中可能存在以下两种错误：

(1)样本服从均匀分布，但是检验结果拒绝 H_0，这种错误称为漏报，这种错误发生的概率称为漏报概率，即

$$
P\{\text{拒绝 } H_0 \mid H_0 \text{ 为真}\} = \alpha
$$

(2)样本本身不服从均匀分布，但检验结果却接受 H_0，认为样本服从均匀分布，这种错误称为虚警，这种错误发生的概率为虚警概率，即

$$
P\{\text{接受 } H_0 \mid H_0 \text{ 不为真}\} = \beta
$$

在计算过程中，这两种错误是不可避免的，但希望发生的概率越小越好。当样本容量 n 固定时，减小其中一个错误的概率，就会增加另一个错误的概率，要同时减小两个错误概率，就必须使样本容量足够大。但是根据算法原理，当样本容量较大时，划分的子区域范围就会增加，最终提取的水印嵌入区域就会与水印真实嵌入区域相差较大，因此应当根据实际情况选择合适的样本容量。

§6.3 拼接水印检测算法

根据算法原理和分布拟合检验方法的特点，假设矢量地图数据的误差容限为 ε，拼接水印检测算法步骤如下：

（1）采用四叉树划分方案将整幅地图划分为多个大小不同的区域 $R=\{r_i\mid i=1,2,\cdots,n\}$，$n$ 为划分区域的个数。划分时，为了降低分布拟合检验中的两类错误及便于计算柯尔莫哥洛夫分位值，设定每个区域中包含的定位点个数 m 满足 $m\geqslant 100$。

（2）提取第 i 个区域 r_i 中所有定位点的坐标值，生成横坐标数组 $X_i=\{x_{ij}\mid j=1,2,\cdots,m_i\}$ 和纵坐标数组 $Y_i=\{y_{ij}\mid j=1,2,\cdots,m_i\}$，其中 m_i 为区域 r_i 中包含的定位点个数。

（3）计算 r_i 中所有定位点坐标值的尾数部分：横坐标尾数数组为 $X'_i=\{x'_{ij}=\mathrm{mod}(x_{ij},\varepsilon)\mid j=1,2,\cdots,m_i\}$；纵坐标尾数数组为 $Y'_i=\{y'_{ij}=\mathrm{mod}(y_{ij},\varepsilon)\mid j=1,2,\cdots,m_i\}$。

（4）利用 D_n 检验法分别判定数组 X'_i 和 Y'_i 是否服从均匀分布 $U(0,\varepsilon)$。如果是，则标记区域 r_i 为 1；否则，标记为 0。

（5）重复步骤（2）～（4），直到完成所有区域的判定。

（6）判定是否存在孤立区域。由于分布拟合检验存在虚警概率，一些不包含水印的区域可能被误判为含有水印，但是这些区域一般都是孤立存在的，如果有，则将这些孤立区域从含水印区域中排除。具体判定方法为：选定某个区域 r_i，查询与 r_i 相邻的所有区域，如果这些区域中有一个以上为含水印区域，说明 r_i 不为孤立区域。

（7）计算所有含水印区域的外接矩形（或多边形）R'，则 R' 为最终判定的含水印区域。

§6.4　实验与分析

实验选择 1∶5 万某省局部区域水系数据作为水印嵌入载体，数据大小为 4.79 MB，共包含 140 467 个定位点，数据的误差容限为 $\varepsilon=10^{-5}{}^\circ$，水印嵌入算法选择基于方差的非对称水印算法、基于掩模调制的水印算法、基于条带调制的水印算法。分布拟合检验的显著水平设为 $\alpha=0.01$，采用四叉树划分区域时，每个区域包含的定位点个数至少为 100 个。

6.4.1　检测结果

图 6.6 是分别采用三种算法的实际嵌入区域和利用拼接水印检测算法检测结果，其中图 6.6（a）、（c）、（e）是水印实际嵌入区域，图 6.6（b）、（d）、（f）分别是图 6.6（a）、（c）、（e）利用拼接水印检测算法对水印嵌入区域进行判定的结果。

从检测结果可以看出，利用基于分布拟合检验的拼接水印检测算法能够近似获取水印嵌入区域。

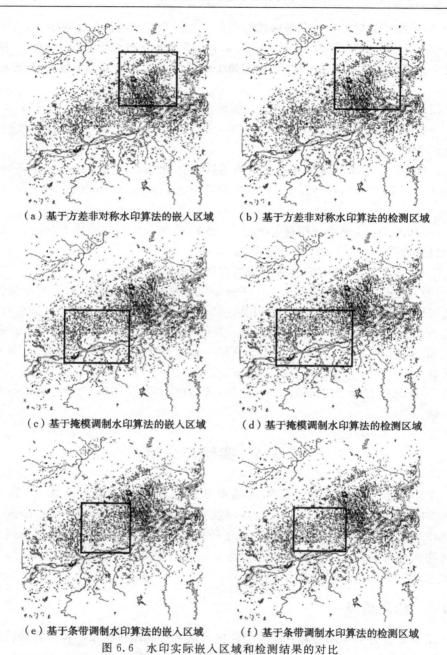

（a）基于方差非对称水印算法的嵌入区域　　（b）基于方差非对称水印算法的检测区域

（c）基于掩模调制水印算法的嵌入区域　　（d）基于掩模调制水印算法的检测区域

（e）基于条带调制水印算法的嵌入区域　　（f）基于条带调制水印算法的检测区域

图 6.6　水印实际嵌入区域和检测结果的对比

6.4.2　检测效果分析

从图 6.6 检测结果可以看出,检测结果并不完全与真实水印嵌入区域相同,检测结果要略大或略小。这是由于检测结果是按照四叉树划分的结果提取的,四叉树划分与水印嵌入区域无关,划分结果也不能够与水印嵌入区域恰好重合,如图 6.7 所示。细线网格为四叉树划分结果,黑色粗方框为水印实际嵌入区域,可以发现水印嵌入区域并没有与四叉树划分结果重合,而是落在了四叉树划分矩形的中间,这就造成了实际检测结果要略大或略小于实际嵌入区域。

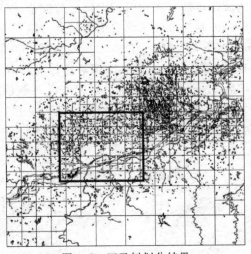

图 6.7　四叉树划分结果

用四叉树方法对地图进行划分时,终止条件是下一级划分的 4 个区域中存在某个区域包含点数小于 100。在地图中定位点分布不均匀,导致四叉树划分的区域中每个区域包含的定位点数不均匀,有些区域内包含点数略大于 100,有些区域包含点数甚至超过 3 000,如图 6.8 所示。这影响了四叉树划分结果的精细程度,也间接影响了检测结果与实际水印嵌入区域偏差程度。

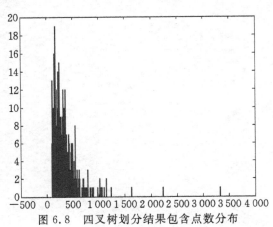

图 6.8　四叉树划分结果包含点数分布

6.4.3　漏报虚警分析

由于数据尾数是离散分布的,且分布拟合检验一定概率下存在两类错误,因此在检测结果中会出现虚警和漏报的情况。

在未嵌入水印时,每个区域内坐标尾数并不完全服从标准的均匀分布,存在一定程度的偏差,部分区域还可能存在相对较大程度的偏差,使得分布拟合检验结果判定为不服从均匀分布,即判定该区域含有水印信息。图 6.9(a)中黑色方框内的范围是在未嵌入水印情况下,被判定为含有水印的区域。但是虚警区域一般都呈离散分布,在拼接检测算法第(6)步去除孤立区域操作可以消除虚警的情况。

同理,在嵌入水印后,由于个别区域在水印嵌入后对数值改变程度较小,也存在一定概率被误判为坐标尾数仍然服从均匀分布,即判定该区域不含水印。图 6.9(b)中"凹"形黑色粗多边形内的区域即为漏报结果。

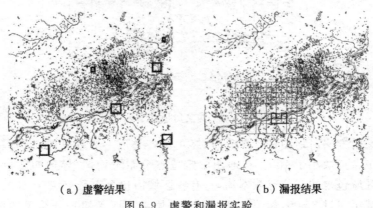

（a）虚警结果　　　　　　　　　（b）漏报结果

图 6.9　虚警和漏报实验

第7章　矢量地图数据插件式可视水印

§7.1　可视水印

数据是数据生产商获取商业利润的来源,为了确保自身的利益,防止数据被非法传播和盗版,数据生产商会严格控制数据传播范围,仅对数据购买者提供高精度数据,并在数据中嵌入水印信息,用来验证数据的版权归属及追踪盗版。但是为了创造更高的商业利润,数据生产商需要对可能使用自己数据的人群进行宣传,目前的宣传方式主要有以下两种:

(1)将数据挂接在自己的网站上,让用户浏览数据,并根据需求购买数据。这种方式是目前数据宣传的主要方式,但是这种宣传方式较为固定,用户只能够在网站上进行浏览,缺少数据分析功能,且不能下载,用户体验效果较差,许多用户更希望下载后再用商业软件浏览并试用数据。

(2)将数据在一定程度上公开,让用户可以随意下载到自己的计算机上进行体验,并提示用户数据的合法购买方式和数据版权所有者。数据公开意味着数据可以被随意复制传播而且不需要负任何法律责任,这对数据的安全性带来极大的挑战。但是如果在满足用户需求的情况下,降低公开数据的精度,会极大地降低数据的实际使用价值,被处理后的数据即便在网络上随意传播,也不会损害数据生产商的利益,相反会给数据生产商带来丰厚的"广告"利润。另外,数据生产商公开数据的目的是吸引用户购买自己的数据,当用户获取公开数据后,如何提示用户高精度数据版权归属及合法购买方式也是数据公开后面临的主要问题之一。

第二种方式虽然会对数据安全造成一定的危害,但是能够带来更高的商业利润。为了实现这种机制,一些商业团体开始引入可视水印技术。

7.1.1　可视水印特点

数据生产商为了宣传自己的数据产品,需要将自己的数据公开,不仅要用户进行体验,而且附带一定的版权和广告信息。一方面提示用户数据的版权归属,另一方面提示用户合法的购买方式。数据公开后不仅要让用户得到合理的数据体验,还要确保数据的安全。那么数据的版权和广告信息以何种形式存在才能够满足以上两个条件呢?

最简单的方式是将附带信息以文件附件的形式和数据一同发布,这种方式对数据精度没有任何损害,实现起来较为简单,但是这种方式存在严重的安全问题,用户可以有意或无意地删除附件信息而无偿得到高精度数据。因此数据和附带信息必须作为一个不可分割的整体才能够有效确保数据的安全。数字水印技术是将数据的版权信息嵌入数据的一项版权保护技术,因此能够为数据公开发布提供技术支撑。

　　按照人的视觉效果,水印可以划分为不可视水印和可视水印。不可视水印要求嵌入水印不能破坏数据的视觉效果,在视觉上是不可见的;可视水印是以人眼可视的形式在原始数据中嵌入水印信息,如图 7.1 所示。

图 7.1　可视水印

　　与不可视水印相比,可视水印具有以下特点:

　　(1)可视水印能够直接声明数据的版权归属,能够有效提高数据广告效果及维权阻吓;不可视水印需要从数据中提取水印信息进行版权认证。

　　(2)可视水印是以视觉效果可视的方式嵌入水印信息,能够显示数据的版权归属,保护数据版权。可视水印的嵌入强度较高,在一定程度上降低了数据的商业价值,能够有效阻止数据的非法占有行为;而不可视水印的嵌入强度相对较低,能够较好地保持数据的精度和完整性。

　　(3)可视水印使任何人都具有水印检测的能力,而不可视水印的检测者只能是授权用户。

　　由此可见,可视水印可用于数据的广告和版权通知,不可视水印更多用于数据的版权保护和内容鉴别。为了进一步确保数据的广告效应和数据安全,可视水印应当满足以下条件:①在确保用户体验效果的情况下,可视水印嵌入强度足够大;②在未授权的情况下,用户无法或者几乎不可能将水印从数据中去除;③水印清晰可视。

7.1.2　图像可视水印

　　由于可视水印应用范围较窄,针对可视水印研究的文献也较少。图像和视频是由像素点构成,显示时像素点按照一定规则排列,图像和视频数据容易实现可视水印,因此目前关于可视水印的研究集中在图像和视频等多媒体数据领域。按照水印嵌入位置,可视水印可以划分为空间域可视水印和变换域可视水印。

(1)空间域可视水印通过直接修改载体图像像素值嵌入水印,算法首先通过自适应或者指定的方式确定水印嵌入强度因子,然后利用强度因子将水印图像与载体图像叠加在一起。例如,Chen(2000)利用统计方案设计了一种可视水印,首先对数据进行分块,通过计算每块的标准差确定嵌入因子;然后利用嵌入因子将水印嵌入载体图像,这种方式具有较高的鲁棒性,一旦嵌入,就很难被去除。王兰等(2011)在不影响影像粗略判读的条件下,将版权标记以可视的形式嵌入遥感影像;Farrugia(2011)利用 H.264/AVC 多媒体编码的特点,设计了一种针对该编码的可视水印机制。李翔等(2013)利用文本图像具有像素灰度分布简单等特点,设计了一种基于纹理变化的自适应可视水印算法,解决了目前文本图像水印抗二值化攻击能力差的问题。

(2)变换域可视水印通过修改图像等多媒体数据的变换域系数嵌入水印。常用的变换方式包括傅里叶变换、余弦变换、小波变换,其中应用最多的是小波变换。Kankanhalli 等(1999)通过分析图像的纹理和亮度,将水印均匀地分布在图像不同区域,并将水印嵌入经离散余弦变换编码后的亮度分量中;Lumini 等(2004)将水印嵌入傅里叶变换系数,该方法能够自适应确定水印嵌入强度以达到最佳的视觉效果;朱长青等(2013)提出了一种针对栅格地图的可视水印机制;王蓓蓓等(2013)和 Ohura 等(2014)设计了一种小波变换低频子带和高频子带加权系数的计算方法,并以半透明的形式将可视水印嵌入载体图像,提高了图像的视觉效果。

按照是否可逆,可视水印分为不可逆可视水印和可逆可视水印。普通的可视水印是为了满足认证和宣传功能,并不要求水印能够被去除,因此许多可视水印算法是不可逆的。但是在一些应用场合,需要保持数据的绝对精度,在应用时需要将水印从数据中去除,并还原原始图像。如果无法去除水印,可能导致结果误判,造成不可挽回的损失。例如,在医学领域中,医学影像对精度要求较高,即使一个像元发生改变,都可能导致整个诊断结果发生巨大的改变,因此可逆可视水印成为可视水印领域中一个研究的热点。Pei 等(2006)提供了一种去除水印方案,能够去除大多数可视水印;Atul 等(2009)设计了能够无损恢复的可逆可视水印算法,可逆过程由密钥控制,如果在没有密钥的情况下强制去除水印,只能破坏数据,而不会得到原始图像数据;曹璐(2010)和高洁等(2013)分析了目前可逆可视水印算法中存在的缺点,并提出了一系列改进方案,提高了图像恢复的质量;Tsai 等(2011)分析了现有可逆可视水印算法在恢复原始图像时存在的问题,对不同方法的图像恢复质量进行评价,为设计可逆可视水印算法提供了有效的指导。

除此之外,Hsieh 等(2012)利用颜色分布模型,将可视水印嵌入某个特定颜色段,只有在该颜色段内才能看到水印,在其他颜色段内则看不到;高洁(2013)利用LED 显示器硬件工作特点,设计了一种不可视而又可视的水印,用户正常观察时,无法看到水印,当用户调整观察位置,视线与显示器达到一定角度时,显示器中的图片就会显示水印信息。

7.1.3　矢量地图数据可视水印模型

矢量地图数据是由定位点组成,在显示时是采用线段将定位点按照一定规则连接起来,然后输出到屏幕或打印出来,因此矢量地图数据无法像图像数据那样实现可视水印。但是为了提高数据的"广告"效果,实现图像可视水印所具有的功能和特点,向数据体验者提供数据的版权标识及广告信息,只能够在数据读取和显示时利用辅助程序将水印从数据中提取出来,然后显示到计算机屏幕上或打印在硬拷贝地图产品上。

目前,能够满足上述目标的辅助程序开发有两种方式,即基于操作系统的内核驱动开发技术和软件二次开发技术。基于操作系统的内核驱动开发技术通过监测应用程序读写数据操作,触发水印检测,然后从数据中检测水印;软件二次开发技术是指在现有 GIS 软件平台的基础上开发软件插件,以插件形式将可视水印代码嵌入软件内部,通过监听软件内部消息传递,触发水印检测,并将检测结果以可视的形式显示到计算机屏幕上。

1.　基于内核驱动的可视水印

在 Windows 操作系统中,操作系统被划分为核心态和用户态两个级别。用户直接操作的 GIS 软件等应用程序一般都运行在用户态,而设备驱动、文件系统等操作系统的核心代码运行在核心态。计算机中负责管理和存储文件的部分称为文件管理系统,主要负责文件的存入、读取、修改和转储。为了保护操作系统的安全运行,处于用户态的应用程序无法直接对文件系统中的数据文件进行操作,需要通过文件系统进行管理。如果此时在文件驱动程序上叠加一个新的驱动程序,这样就可以截获来自应用程序的操作请求,并根据自身的需求修改或完成这些请求,这种新叠加的驱动程序称为文件系统过滤驱动程序。文件系统过滤驱动程序在操作系统的内核态运行,属于内核驱动程序。

文件系统过滤驱动程序不仅可以完成对文件的修改、读写等操作,还可以对数据文件进行分析操作。如果在文件系统过滤驱动程序中加入水印检测代码,就可以实现对数据文件的实时监控,如果打开的数据含有水印信息,就可以通过某种方式提示用户数据使用是否合法。如果将检测结果以可视的形式显示到计算机屏幕上,就能够实现可视水印的功能。图 7.2 是基于内核驱动实现的可视水印模型。

基于内核驱动的可视水印模型实现流程如下:当应用程序需要读取数据时,通过 GIS 软件中封装的数据读取模块,向内核程序发送读取文件的请求消息,文件过滤驱动程序拦截读取文件的消息,并依托文件系统从硬盘中读取数据文件,将文件返回至应用软件;同时,过滤驱动会分析所读取文件是否符合检测条件,如果符合,则利用检测代码从数据中检测水印信息;最后,将检测结果发送到应用程序并同数据一起显示在计算机屏幕上,如图 7.3 所示。

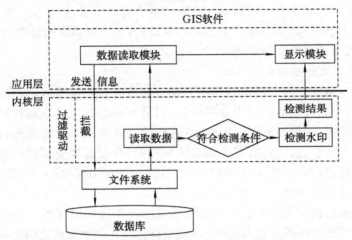

图 7.2   基于内核驱动的可视水印模型

图 7.3   基于内核驱动可视水印显示效果

基于内核驱动程序实现可视水印方案将水印检测结果单独显示,不会影响用户的使用及体验效果。但是由于内核驱动需要对操作系统进行修改,会在一定程度上影响系统的执行效率,通过分析内核驱动的特点,基于内核驱动的可视水印方案具有以下特点:

(1)基于内核驱动的可视水印程序在内核态对数据进行操作,在数据读取的底层进行处理。安装驱动后,对所有 GIS 软件都通用,不需要针对每个软件进行编写。

（2）由于内核驱动需要对系统内核进行修改，如果驱动代码执行出现问题，很容易造成系统的崩溃，且计算机发生蓝屏。

（3）由于内核驱动中封装的是一个数据生产商的信息，如果用户安装了另外一个生产商的内核驱动，会对前一个驱动产生影响，多个驱动之间会造成不必要的冲突，甚至可能出现系统崩溃的情况。

2．基于二次开发的可视水印

软件开发商在开发 GIS 软件时不可能预知所有用户的需求，而且在不同应用环境中，用户对软件功能的需求是不同的，如果所开发的软件不具有扩展性，一旦用户有新的需求，就需要重新开发软件，这样的软件维护不仅效率低，而且需要付出巨大的人力和物力。因此，在开发 GIS 软件时，开发商都会预留扩展接口，使用户可以根据自己的需求开发相应的功能插件，如 ArcGIS、MapGIS 等软件都提供有专门的二次开发平台。

矢量地图数据实现可视水印功能需要辅助程序代码的支撑，采用内核驱动代码辅助实现可视水印的方法对操作系统影响较大，且多个驱动之间会相互影响，不适合在网络上大规模应用；而二次开发是在操作系统的应用层进行开发，对系统影响较小，且多个插件之间不会相互影响，因此可以使用二次开发技术开发矢量地图数据可视水印插件。通过在网上公布含水印的体验数据，吸引用户查看并下载数据，水印插件能够从数据中提取水印信息，提示用户数据版权归属及购买合法高精度数据的方式。图 7.4 是插件式可视水印模型。

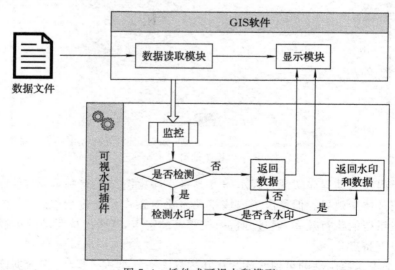

图 7.4　插件式可视水印模型

插件式可视水印的基本流程为：利用插件中的监控功能对 GIS 软件的数据读取和显示模块进行监控；如果 GIS 软件打开或者显示新的数据图层，则通知检测模块执行水印检测；如果检测结果中含有水印，则将检测结果发送到 GIS 软件的显示界面，并显示检测结果。

插件式可视水印模型相较于基于内核驱动的可视水印模型具有以下优点：

(1)用户可以在 GIS 软件中同时安装多个数据商的可视水印插件，多个插件之间相互独立运行，相互之间不产生影响。

(2)软件的二次开发周期要短于基于内核驱动的开发周期，且插件执行过程中不会造成操作系统的崩溃。

(3)用户可以根据自己的需要显示或者屏蔽水印插件，不强制用户使用。

(4)可视水印插件可以开辟新的线程，而不会影响软件运行效率，且不会对操作系统中其他软件产生影响。

(5)由于不同 GIS 软件提供的二次开发接口不同，需要对不同的 GIS 软件开发相应的可视水印插件。

数据出版商可以将体验数据和软件插件封装在一起，将数据和插件同时发布，这样，出版商不再局限于在某一个固定网站上公布体验数据，而是可以将数据公布在任意网站上，增强宣传效果。出版商公布的体验数据中含有高强度水印信息，且不能被非法去除，因此数据的安全可以得到有效的保障。

§7.2　插件式可视水印模型

7.2.1　可视水印插件体系结构

由于目标需求及开发平台不同，不同生产商开发出的插件功能略有不同，但是所有的可视水印插件都应当包括三个模块：监控模块、水印检测模块和显示模块，如图 7.5 所示。

(1)监控模块主要用于监控软件的各类操作，包括读取、修改、写入和显示等。监控模块实现的方式很多，在软件插件中可以采取消息监听和定时监控的方式。当监控模块发现有新的数据被读取或显示，则发送检测消息给水印检测模块，令检测模块对该数据进行检测。

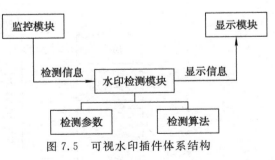

图 7.5　可视水印插件体系结构

(2)水印检测模块包含了检测所需要的参数及检测算法，主要是在响应检测消息后对指定数据进行检测，判定检测结果中是否为指定的水印序列，如果是，则发送显示消息,通知显示模块显示指定的结果。

(3)显示模块中包含了数据的版权信息及相应的广告信息,当接收显示消息后,以某种可视的方式显示数据信息。

可视水印插件中的三个模块相互独立,靠发送消息完成整个检测和显示过程。各个模块的独立性便于插件的下一步扩展或代码重用。例如,当出版商想要更新水印算法时,只需要对水印检测模块进行更新即可,不需要重新编写所有的代码。

7.2.2　软件开发技术

根据插件式可视水印模型,插件开发过程中主要应用了 GIS 软件二次开发技术、监控技术、多线程技术、数据封装和解封装技术等软件开发技术。

1. GIS 软件二次开发技术

随着 GIS 技术从行业和专业应用向大众化应用转变的不断深入,单一的 GIS 平台并不能完全满足用户不断衍生的各种应用需求,如何自主扩展 GIS 平台的功能成为 GIS 软件发展中不得不面对的一个问题。因此,一个优秀的 GIS 平台不仅能够完成数据处理和显示的大部分功能,而且还能够由用户根据自身的需求进行开发和扩展。"平台＋插件"的模式成为目前 GIS 软件开发过程中采用的主要方式,GIS 软件不再追求完成更多的功能,而在于提供一个便于用户进行自主开发的平台,如 ArcGIS 软件提供的 ArcGIS Engine、MapInfo 软件提供的 MapX、国产大型 GIS 软件 MapGIS 等。利用二次开发平台开发 GIS 应用软件,不仅能够大大缩短开发周期,还能够使用户界面更加友好。开发的 GIS 软件既可以作为独立个体运行,也可以以插件的方式在 GIS 软件平台上运行。

开发软件插件与独立开发软件不同,开发软件插件需要遵照相应软件提供的接口和协议。如图 7.6 所示,软件插件通过开发平台提供的统一软件接口和消息协议与 GIS 软件平台进行通信和数据交换。

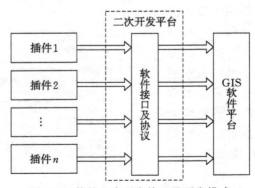

图 7.6　软件二次开发接口及开发模式

软件接口和协议提供了一系列数据和消息交换的规则,使插件系统能够在软件平台下正常运行。例如,ArcGIS Engine 平台提供了打开图层文件的接口为 GetCurrentFeatureLayerByName(),通过该接口能够获取单个图层中包含的所有信息。具体程序如下:

```
public static IFeatureLayer GetCurrentFeatureLayerByName ( IMap pMap, string layerName)
{
    ILayer pLayer = GetLayerByName(pMap, layerName);
    return(IFeatureLayer)pLayer;
}
```

2. 监控技术

监控技术是监控 GIS 软件的一系列操作,从而确定水印插件检测水印的时机。监控内容主要包括软件是否打开新的数据文件,以及是否有更新图层显示。目前,对软件操作进行监控的方式主要有两种:第一种是定时检测,指设定时间间隔,在该时间间隔内搜寻软件打开或显示的数据列表,判定是否有数据更新,如果有,则执行水印检测;第二种是监听消息传递,当监听到数据打开或显示的消息时,则执行水印检测。

1)定时检测

不同的 GIS 平台根据研发目的不同,设计的软件结构也会各不相同,有些 GIS 软件可能会较少地利用消息传递,此时无法利用监听消息的方法对软件操作进行监控,只能够采用定时监控的方式执行。

定时监控是利用 Windows 计时器,设定计时间隔,在间隔内对 GIS 软件的图层管理列表和显示列表进行扫描,查看是否有新的图层被打开或者显示。

2)监听消息传递

消息机制在编写程序软件时是十分重要的,通过消息,应用程序可以知道发生了什么事件,以及应该如何响应。特别是在许多大型软件中,多个功能模块之间是通过消息进行通信的,大型的 GIS 软件也不例外。如果通过一定的机制监听某个软件的消息传递,就可以知道该程序正在执行什么样的操作。

钩子技术是 Windows 系统编程中的一项重要技术,通过钩子可以截获系统或应用软件进程中的各种消息。如果利用钩子技术监听 GIS 软件中的消息传递,就可知道 GIS 软件何时打开数据文件、何时进行图层显示,从而完成对软件操作的监控。例如,应用程序可以使用钩子 WH_GETMESSAGE Hook 获取 GetMessage 函数返回的消息,因此可以用该钩子监控发送到消息队列的消息。

有些 GIS 开发平台为了方便开发者进行二次开发,会提供软件中的一些消息响应方法,但有些 GIS 开发平台为了保护自身系统的安全不会提供这些响应消息。这种情况下可以利用 Microsoft Spy＋＋软件对 GIS 平台进行监控分析,找出特殊的响应消息。

3. 多线程技术

线程是单个独立执行的路径,采用多线程技术可以实现多个线程并发执行。采用多线程技术的优点在于能够将一部分程序放在后台执行,而不会影响其他进程的运行,这样就可以提高整个程序的运行速度。多线程技术在软件开发中具有重要的作用。

插件式可视水印需要从数据中提取水印并显示到屏幕上,在水印检测阶段需要占用一定的内存资源,特别是当水印检测速度较慢时,会严重影响整个软件的执行效率,降低用户体验效果。如果为水印检测过程开辟一个独立的线程,就会大大减少对整个软件运行效率的影响。因此,多线程技术在实现可视水印插件、提高系统执行效率上具有举足轻重的作用。

4. 封装和解封装技术

可视水印插件和体验数据是两个独立的部分,当出版商将插件和体验数据发布到网上时,对于出版商而言,他们更倾向于用户在下载数据的同时下载插件并安装。但一些用户可能只下载数据,而忽略插件,当用户体验数据时就无法提供广告信息。为了避免这一现象的出现,当用户首次体验数据时需强制安装插件,这就需要将数据和插件封装在一起。当用户下载封装好的安装包后,进行解封装,在解封装的过程中,安装包自动搜寻计算机上已经安装的 GIS 软件,并将可视水印插件安装到相应软件上。最后将体验数据保存到用户指定位置,整个过程需要用到封装技术和解封装技术,如图 7.7 所示。

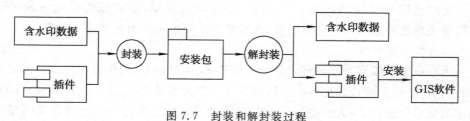

图 7.7　封装和解封装过程

7.2.3　水印算法

水印算法是实现可视水印的核心,用于可视平台的水印算法与用于版权保护的水印算法略有不同。

1. 水印信息

插件式可视水印模型的最终目的是将体验数据的版权、广告等信息展示给用户,一方面警示用户版权归属,另一方面提示用户数据购买方式。因此,需要将这些信息作为水印嵌入体验数据。水印信息按照水印内容可以分为有意义水印和无意义水印。

(1)有意义水印指水印本身就包含可识别的信息,如二值图像水印、字符序列、二维码图等。按照可视水印的特点,有意义水印能够更一目了然。用户在购买数据之前希望尽可能多地了解数据更多的信息,如数据的绝对精度、投影方式、数据范围、比例尺等,在嵌入水印时,可以将这些信息整合为一个水印序列嵌入数据,但这样一来势必造成水印容量较高,对水印算法也会提出更高的要求。

(2)在插件式可视水印模型中,水印的整个算法是封装到插件中的,因此可以将数据的购买方式、数据来源等基本信息封装在插件中,而在数据中仅嵌入无意义序列作为水印。进行水印检测时,利用相关性计算判定检测的水印序列是否为指定序列,如果是,则说明数据属于指定数据生产商的,此时将插件中封装的基本信息发送给显示模块。采用无意义序列作为水印,可以减少对水印算法容量的需求,提高检测的可靠性。

有意义水印和无意义水印在可视水印模型中有着各自的特点,不同的数据出版商可以根据自身的需求选择合适的水印序列。

2. 算法特点

用于可视水印模型的水印算法应当具有以下特点:

(1)算法要具有较高的水印容量。通过分析水印信息可知,如果嵌入的水印信息为有意义水印,且包含的信息较多时,水印长度就较长,此时水印算法应当在确保鲁棒性的同时,保证水印具有较高的水印容量。

(2)具有较高的嵌入强度,且能够保持数据视觉效果不发生较大的变形。可视水印模型要求数据必须公开,任何单位或个人都可下载并试用该数据。如果数据嵌入强度较低,数据就会接近真实数据,会造成一些有非法企图的人占有数据,对真实数据的商业价值造成损害。因此,需要对数据嵌入足够强度的水印,以防止用户非法占有数据。但是公开数据的目的是让用户进行体验,如果由于水印嵌入强度过高造成数据发生拓扑关系的改变或者产生锯齿形状,就会降低用户的体验效果。为了避免这种情况的发生,水印算法在嵌入高强度水印的同时,应当尽可能保护数据的拓扑关系和视觉效果。

(3)算法具有较高的鲁棒性。由于数据中嵌入的是高强度水印,公开数据的精度已经大大降低,故对公开数据进行恶意攻击是毫无意义的。但是用户在体验数据过程中可能会对数据造成一些善意攻击,如平移、压缩、裁剪等,为了确保攻击后仍然能够提取水印信息,算法应当对善意攻击具有较高的鲁棒性。

(4)利用检测密钥和检测算法无法或者很难去除水印信息。与传统水印算法不同之处在于,用于插件式可视水印模型的水印算法需要将检测密钥和检测算法封装在插件中,由于插件自身是由程序代码构成,一些非法用户可能会通过一定的手段将检测密钥和算法从插件中提取出来,并利用检测密钥和算法将水印从数据中去除以得到高精度数据。因此,插件式可视水印中的算法和检测密钥会对水印信息的安全造成一定程度的威胁。为了解决这个问题,水印算法应当具有不可逆性或者非对称性,确保利用检测算法和检测密钥无法去除水印,提高水印信息的安全性。

(5)水印检测算法应当具有较高的检测效率。可视水印插件在获取消息后需要对指定数据进行检测,这样会占用一定的计算机内存资源,势必会对软件的运行速度造成一定的影响。虽然可以利用线程技术,将水印检测放在后台执行,但是过低的检测效率也会影响用户对软件的操作及用户的体验效果。因此,水印算法应当具有较高的检测效率。

§7.3　一种用于可视水印模型的水印算法

在插件式可视水印模型中分析了水印算法应当具有的特点,根据算法的特点,本节设计了一种能够用于可视模型的矢量地图数据水印算法。

7.3.1　水印嵌入

假设数据的精度误差容限为 ε,水印嵌入算法步骤如下:

(1)首先生成水印序列 W。根据水印信息特点分析,选择无意义随机二值序列作为水印信息,其中,$W=\{w_i \in (0,1) \mid i=1,2,\cdots,N\}$,$i$ 为水印序列索引位置,N 为水印序列长度。

(2)如果数据序列为线状或面状数据,则采用道格拉斯压缩算法对数据进行压缩,是为了减少数据中定位点数,降低数据的精度。假设道格拉斯压缩的门限值为 T_D,则 T_D 应在确保体验显示效果的情况下尽可能大,具体取值与数据点的密集度、比例尺等有关。

(3)从压缩后的数据文件中提取定位点 $P=\{(x_j,y_j) \mid j=1,2,\cdots,M\}$,其中,$M$ 为定位点个数。由于相交的折线在交点处的坐标值是相同的,为了避免嵌入水印后破坏相交关系,坐标值相同的点仅提取一次,并标记具有相同坐标的定位点。

(4)建立定位点与水印位置索引之间的映射关系,即

$$i = f(x_j,y_j) = \mathrm{mod}\left(\mathrm{floor}\left(\frac{x_j+y_j}{t\varepsilon}\right),N\right) \qquad (7.1)$$

式中,t 用来控制取整运算的强度,且 $t>1$。

(5)令水印嵌入强度为 $k\varepsilon$,其中 $1<k<t$。采用掩模调制的方法嵌入水印,假设定位点 (x_j,y_j) 对应的水印位为 w_i,令 a、b、c 均为服从均匀分布的随机数,其中,$a \sim U(0,k\varepsilon)$、$b \sim U(0,k\varepsilon-a)$、$c \sim U(k\varepsilon-a,k\varepsilon)$,则嵌入水印为

$$\begin{cases} x'_j = x_j - \mathrm{mod}(x_j, k\varepsilon) + a \\ y'_j = y_j - \mathrm{mod}(y_j, k\varepsilon) + b, \quad w_i = 0 \\ y'_j = y_j - \mathrm{mod}(y_j, k\varepsilon) + c, \quad w_i = 1 \end{cases} \tag{7.2}$$

（6）对标记为相同坐标的定位点进行相同的修改，确保不破坏相交关系。

7.3.2　水印检测

水印检测的具体步骤如下：

（1）构建一个值全部为 0、长度为 N 的数组 $V = \{v_i \in (0,1) \mid i = 1,2,\cdots,N\}$，其中，$i$ 为数组中变量的索引位置。

（2）依次从含有水印的数据中读取定位点坐标 $P' = \{(x'_j, y'_j) \mid j = 1,2,\cdots,M'\}$，其中，$M'$ 为定位点个数，按照式（7.1）建立数据与数组 V 的映射关系。

（3）假设第 j 个定位点 (x'_j, y'_j) 对应第 i 个数组变量，则提取水印为

$$v_i = \begin{cases} v_i - 1, & \mathrm{mod}(x'_j, k\varepsilon) + \mathrm{mod}(y'_j, k\varepsilon) < k\varepsilon \\ v_i + 1, & \mathrm{mod}(x'_j, k\varepsilon) + \mathrm{mod}(y'_j, k\varepsilon) \geqslant k\varepsilon \end{cases} \tag{7.3}$$

（4）假设提取的水印数组为 $W' = \{w'_i \in (0,1) \mid i = 1,2,\cdots,N\}$，则

$$w'_i = \begin{cases} 0, & v'_i \leqslant 0 \\ 1, & v'_i > 0 \end{cases}$$

（5）计算 W' 与原始水印 W 之间的相关值 NC，即

$$NC = \frac{1}{M} \left| \sum_{i=1}^{M} w_i \odot w'_i - \sum_{i=1}^{M} w_i \otimes w'_i \right|$$

（6）如果相关值 NC 大于检测门限 T_d，说明含有水印；否则，不含水印。

7.3.3　实验与分析

选择一幅 1 : 50 万矢量地图数据作为实验数据验证算法的有效性。数据是以地理坐标存储的，根据国家基本比例尺地图数据的质量要求可知，1 : 50 万地理坐标数据的精度要求精确到小数点后 5 位。因此，算法将水印嵌入强度确定为 0.001，以确保水印嵌入强度足够大。另外，根据多次实验结果，嵌入水印时道格拉斯压缩门限设为 0.002。

1. 安全性

数据初始定位点个数为 104 253 个，经过道格拉斯压缩后，定位点个数变为 32 547，压缩比例达到 66%。水印嵌入对定位点坐标的改变量分布如图 7.8 所示。

由图 7.8 可以看出，水印嵌入后定位点数量减少很多，数据精度损失程度也极大地超出了数据精度误差容限，因此该算法能够有效降低数据的精度，避免数据被非法占有。

另外，算法嵌入过程采用了统计方案中的替换方式，整个算法是一个不可逆过

程,因此非法攻击者无法由检测算法和检测密钥去除水印,具有较高的安全系数。

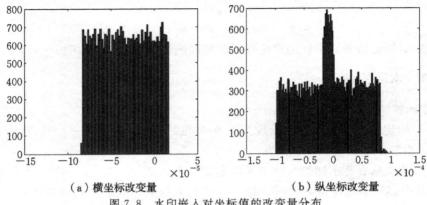

（a）横坐标改变量   （b）纵坐标改变量

图 7.8   水印嵌入对坐标值的改变量分布

2. 体验效果

图 7.9 是将初始数据和嵌入水印后的数据叠加显示的效果,右图是对局部区域放大显示的效果,从实验可以看出,水印嵌入并没有破坏数据的拓扑关系,且对视觉效果破坏程度较小,因此该算法能够满足用户的使用体验需求。

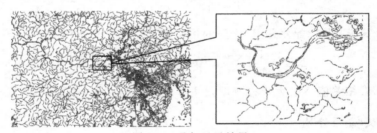

图 7.9   叠加显示效果

3. 鲁棒性

根据算法分析可知,公开后的数据面临的主要攻击可能是用户使用过程中造成的裁剪、删除点等攻击,现对这几种攻击方式分别进行实验,实验结果如表 7.1 所示。

表 7.1   攻击实验

攻击方式	攻击强度/（%）	检测结果	攻击方式	攻击强度/（%）	检测结果
裁剪攻击	32	成功	删除点攻击	28	成功
	54.1	成功		48	成功
	90	成功		86	成功

由表 7.1 可以看出,该算法具有足够的鲁棒性。

4．检测效率

利用该检测算法对大小为 2 MB 的数据文件进行水印检测耗时仅为 188 ms，因此该算法具有较高的检测效率。

通过以上实验，可以得出该算法能够应用于插件式可视水印平台。

§7.4　基于 ArcGIS 的插件式可视水印

为了验证插件式可视水印的可行性，本节基于 ArcGIS Engine 开发平台开发了基于 ArcGIS 软件的可视水印插件。ArcGIS Engine 开发平台包含了数据读写的必要接口，利用钩子获取 ArcGIS 软件操作消息，然后利用平台提供的数据接口提取顶点坐标数据，最后从数据中提取水印信息并将检测结果显示出来。

7.4.1　开发平台

实验采用 Visual C♯作为插件软件开发工具，ArcGIS 版本为 10.0。

7.4.2　ArcGIS 消息分析

为了确定水印检测时机，采用监控消息的方式。ArcGIS Engine 开发平台并没有提供添加数据的消息，因此需要借助 Microsoft Spy＋＋工具监听 ArcGIS 平台运行过程中的消息。

如图 7.10 所示，左图是 Microsoft Spy＋＋提供的窗口控件查询工具，右图黑框内是 ArcGIS 软件管理被打开图层的树形控件，首先利用查询工具得到图层管理控件所在的内存地址，然后打开对应的消息监控窗口，如图 7.11 所示。

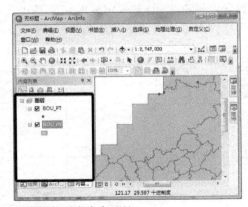

图 7.10　查询控件所在内存地址

由图 7.11 可以看出，在消息行〈01728〉行显示了软件自定义消息"WM_USER＋7424"，消息的值为 0x2100，通过多次添加数据可以发现，每次添加数据都会有消息"WM_USER+7424"出现。因此,可以断定,在 ArcGIS 内部通过传递消息"WM_USER+7424"实现添加数据的过程,说明可以通过监控该消息以确定 ArcGIS 软件是否添加新的数据。

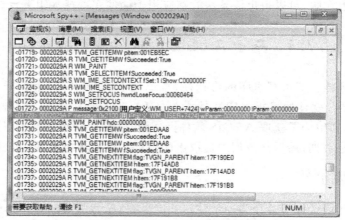

图 7.11　分析 ArcGIS 软件消息

7.4.3　插件实现

图 7.12 是基于 ArcGIS 平台的可视水印插件实现流程:首先,将含有水印的数据和可视插件利用封装技术整合为压缩包;然后,由用户进行下载;用户下载后,运行压缩包,压缩包自动解封装,并自动寻找 ArcGIS 软件安装位置,安装插件,然后将体验数据保存到用户指定位置;当用户运行 ArcGIS 软件时,可视水印插件会自动监听软件打开数据和显示数据的消息;当监听到用户打开新数据时,插件会从打开的数据中提取水印,并判定提取结果是否为指定水印序列,如果是,则将版权和广告信息以可见的形式呈现给用户。

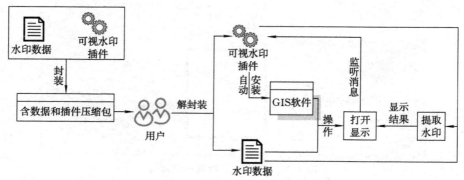

图 7.12　基于 ArcGIS 可视水印插件实现流程

下面介绍插件各个模块实现的具体代码。

1. 监控模块

监控模块是为了监听 GIS 软件打开数据文件的消息,根据钩子类型,应当使用 WH_GETMESSAGE 钩子,该钩子能够接收应用程序内消息的传递信息。根据钩子程序构建方法,应当将钩子放在单独的 dll 文件中,在动态库中输入钩子启动函数 StartHook(),并在该函数中调用函数 SetWindwosHookEx()完成钩子的安装。具体代码如下:

```
BOOL CVisualHook::StartHook(HWND hWnd)
{
    //安装钩子
    vwHook = (HWND)SetWindowsHookEx(WH_GETMESSAGE,ExtractWater,vwInstance);
    if(vwHook! = NULL)
        return TRUE;
    ……
}
```

在安装钩子函数中,ExtractWater()是水印检测模块函数,当钩子发现软件内部存在消息传递时即调用水印检测模块。

2. 水印检测模块

水印检测模块主要用来提取数据中的水印信息,接收到钩子传递来的信息时,首先判定钩子获取的消息是否为指定的文件打开消息"WM_USER＋7424",如果是,则执行水印检测;否则,调用下一个钩子程序。程序代码如下:

```
LRESULT CALLBACK ExtractWater (int ncode, WPARAM wParam, LPARAM lParam)
{
    //判定消息,如果不是打开消息则返回调用下一个钩子。
    if(ncode! = WM_USER + 7424)
        return CallNextHookEx(hwnd,ncode,wParam,lParam);
    //读取 ArcGIS 打开的图层列表
    GetLayerList(pMap,pLayer);
    //检查是否有未进行水印检测的图层,然后进行检测
    ILayer nLayer = LayerNoExtrac(pLayer);
    ExtractWater(nLayer,water);
    //判定水印是否为指定水印
    Double re = CalCorrelation(water,nWater);
    if(re<nFZ)//如果相关值小于阀值,则说明不含水印,则返回调用下一个钩子
        return CallNextHookEx(hwnd,ncode,wParam,lParam);
    //如果含有水印则调用显示模块
    ShowResult();
    return CallNextHookEx(hwnd,ncode,wParam,lParam);
}
```

3．显示模块

显示模块是为了将版权和广告信息显示给用户,本实验采用对话框显示的方式,最终显示效果如图 7.13 所示。对话框里不仅包含了数据的版权信息、精度、比例尺等基本信息,还包含相应的网站链接,提示用户数据的购买方式。

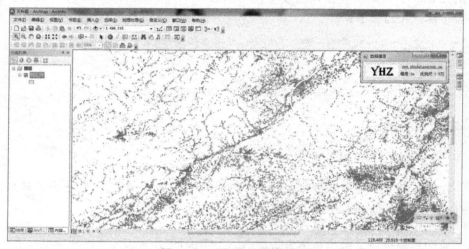

图 7.13　可视水印显示效果

第8章　遥感影像基于 DCT-SVD 的鲁棒水印

　　图像鲁棒水印的研究多集中在变换域,奇异值分解因其优良特性,近年来被逐步应用到水印算法的设计中。本章在顾及遥感影像自身特点的基础上,结合离散余弦变换和奇异值分解各自的优点,提出了一种基于 DCT-SVD 的遥感影像鲁棒水印算法,将遥感影像进行分块,选择视觉掩蔽效果好的纹理子块作为嵌入区域,根据混合变换后的系数在各自所属区间上的位置,以最近区间量化的方式嵌入水印信息,水印在检测时不需要原始遥感影像参与。实验结果表明,算法在保持遥感影像数据精度的同时具有较强的鲁棒性。

§8.1　相关理论概述

8.1.1　奇异值分解基本原理

1. 奇异值分解的定义

　　奇异值分解是对矩阵进行对角化处理的一种数值方法,它属于正交变换的范畴,已经广泛应用于数字图像的处理中。其定义为:设 A 为 $m \times n$ 阶实数矩阵,其秩为 r,即 $A \in \mathbb{R}^{m \times n}$,其中,$\mathbb{R}$ 表示实数域,则存在 m 阶正交矩阵 $U = [u_1 \ u_2 \ \cdots \ u_m] \in \mathbb{R}^{m \times n}$、$n$ 阶正交矩阵 $V = [v_1 \ v_2 \ \cdots \ v_n] \in \mathbb{R}^{m \times n}$,使

$$A = U \begin{bmatrix} \Sigma & 0 \\ 0 & 0 \end{bmatrix} V^{\mathrm{T}} = USV^{\mathrm{T}} \qquad (8.1)$$

式中,$\Sigma = \mathrm{diag}(\sigma_1, \sigma_2, \cdots, \sigma_r)$,$\sigma_i$ 是 A 的非零奇异值;S 称为 A 的奇异值矩阵;u_i 称为奇异值 σ_i 的左奇异向量,v_i 称为奇异值 σ_i 的右奇异向量。式(8.1)称为矩阵 A 的奇异值分解。

2. 奇异值分解的性质

1)稳定性

　　设 A、$B \in \mathbb{R}^{m \times n}$,其奇异值分别为 $\sigma_1 \geqslant \sigma_2 \geqslant \cdots \geqslant \sigma_n$、$\tau_1 \geqslant \tau_2 \geqslant \cdots \geqslant \tau_n$,则有

$$|\sigma_i - \tau_i| \leqslant \|A - B\|_2 \quad (i = 1, 2, \cdots, n) \qquad (8.2)$$

　　这说明,当矩阵 A 有一个轻微扰动时,扰动前后矩阵奇异值的变化量不会大于扰动矩阵的 2-范数,矩阵的奇异值具有较强的稳定性。

2）比例不变性

设矩阵 A 的奇异值为 σ_1、σ_2、$\cdots$、σ_n，αA 的奇异值为 σ_1'、σ_2'、$\cdots$、σ_n'，则有

$$[\sigma_1' \ \sigma_2' \ \cdots \ \sigma_n'] = |\alpha|[\sigma_1 \ \sigma_2 \ \cdots \ \sigma_n] \tag{8.3}$$

这说明，奇异值具有比例不变性。

3）转置不变性

由奇异值分解的定义可知，分解后得到的酉矩阵 U 和 V 为正交矩阵，则矩阵 A 与其转置矩阵 A^T 满足

$$\left.\begin{array}{l} AA^T = USV^TVS^TU^T = USS^TU^T \\ A^TA = VS^TU^TUSV^T = VS^TSV^T \end{array}\right\} \tag{8.4}$$

由此可知，A 与 A^T 具有相同的奇异值，并且对应同一个特征向量，因此，奇异值分解具有转置不变性。

4）旋转不变性

设矩阵 A 旋转任意角度后得到矩阵 A_r，那么总存在一个正交矩阵 Q，使得 $A_r = QA$，从而有

$$A_r^T A_r = (QA)^T(QA) = A^TQ^TQA = A^TA \tag{8.5}$$

所以，A_r 和 A 具有相同的非零奇异值，进而说明奇异值分解具有旋转不变性。

5）平移不变性

将矩阵 A 的第 i 行和第 j 行进行交换，等价于矩阵 A 左乘矩阵 E_{ij}。其中，$E_{ij} = E - (e_i - e_j)(e_i - e_j)^T$，$e_i$ 和 e_j 分别代表单位矩阵 E 的第 i 行和第 j 行。因为已知 $E_{ij}^T = E_{ij} = E_{ji}^T$，所以 $(E_{ij}A)(E_{ij}A)^T$ 的特征方程满足

$$|(E_{ij}A)(E_{ij}A)^T - \lambda E| = |E_{ij}||AA^T - \lambda E_{ij}^{-1}||E_{ij}^T| = |AA^T - \lambda E| = 0 \tag{8.6}$$

所以，矩阵 A 与其置换任意两行后的矩阵 $E_{ij}A$ 具有相同的奇异值特征向量。同理可证，列的置换也具有同样的性质。

8.1.2 奇异值分解在水印算法中的应用

基于以上分析，可以归纳出奇异值分解的显著特性：①奇异值分解可以体现图像的能量特性和几何特性；②图像奇异值具有良好的稳定性，对灰度变化、噪声干扰不敏感；③奇异值对于缩放、旋转、平移、镜像等几何操作具有不变性。利用奇异值分解的这些特性，可以有效提高水印算法的鲁棒性。

传统的图像数字水印算法中，基于离散傅里叶变换、离散余弦变换或离散小波变换的算法已十分普遍。由于奇异值分解的优良特性，近年来基于奇异值分解的水印算法得到了广泛的关注。刘瑞祯等（2001）最先将奇异值分解的思想引入数字水印算法的研究，后续的算法不断进行改进，并逐步将奇异值分解与传统的正交变换相结合。李斌（2007）将左右奇异值矩阵的前若干列作为水印信息嵌入，检测时

利用两个向量的相关性来判断水印是否存在。通过引入与图像密切相关的元素作为水印信号来降低水印提取的误报率。Lai 等(2010)利用正交矩阵 U 系数值的稳定性,通过调整特定位置的两个系数实现水印的嵌入,减小了图像的局部失真。但算法对于阈值的选择要求较高,且所选系数不具有普遍性。叶天语(2012)将小波变换后的图像进行奇异值分解,选取低频系数分块进行奇异值分解,通过奇偶量化规则嵌入水印,水印的检测不需要原始图像参与,算法具有良好的不可见性和鲁棒性。Aslantas(2008)、Manjunath 等(2012)、Bhatnagar 等(2009)首先将原始载体图像进行奇异值分解(或先进行离散傅里叶变换、离散余弦变换或离散沃尔什变换,然后对低频系数进行奇异值分解),通过加性规则或乘性规则修改载体图像的奇异值,从而将水印信息嵌入,最后通过逆变换重构含有水印的图像。其基本过程可表示为

$$\left.\begin{aligned}
&\boldsymbol{I} = \boldsymbol{U}\boldsymbol{S}\boldsymbol{V}^{\mathrm{T}} \\
&\boldsymbol{S}' = \boldsymbol{S} + \alpha\boldsymbol{w} \text{ 或 } \boldsymbol{S}' = \boldsymbol{S}(1 + \alpha\boldsymbol{w}) \\
&\boldsymbol{S}' = \boldsymbol{U}_w\boldsymbol{S}_w\boldsymbol{V}_w^{\mathrm{T}} \\
&\boldsymbol{I}_w = \boldsymbol{U}\boldsymbol{S}_w\boldsymbol{V}^{\mathrm{T}}
\end{aligned}\right\} \tag{8.7}$$

式中,$\boldsymbol{I}$ 为原始载体图像,α 为嵌入强度,$\boldsymbol{w}$ 为水印信息,$\boldsymbol{I}_w$ 为嵌入水印后的图像,$\boldsymbol{U}_w$、$\boldsymbol{V}_w$ 为 $\boldsymbol{S}'$ 的左、右奇异矩阵并作为水印检测时的密钥进行保存。水印的提取是嵌入的逆过程,其基本过程为

$$\left.\begin{aligned}
&\boldsymbol{I}'_w = \boldsymbol{U}'_w\boldsymbol{S}'_w\boldsymbol{V}'^{\mathrm{T}}_w \\
&\boldsymbol{D}' = \boldsymbol{U}_w\boldsymbol{S}'_w\boldsymbol{V}_w^{\mathrm{T}} \\
&\boldsymbol{w}' = \frac{1}{\alpha}(\boldsymbol{D}' - \boldsymbol{S}) \text{ 或 } \boldsymbol{w} = \left(\frac{\boldsymbol{D}'}{\boldsymbol{S}} - 1\right)/\alpha
\end{aligned}\right\} \tag{8.8}$$

从表面上看,此类算法对多种攻击均具有很强的鲁棒性。然而,进一步的实验结果表明,此类算法具有极高的虚警率,即使是在没有嵌入水印的任意图像中,也可以十分清晰地提取水印图像。这是因为奇异值矩阵 $\boldsymbol{S}$ 是一个对角矩阵,只有图像的亮度信息由它决定,而图像的结构信息几乎全由左、右奇异矩阵 $\boldsymbol{U}_w$、$\boldsymbol{V}_w$ 决定。即使不同的图像进行奇异值分解后得到的对角矩阵 $\boldsymbol{S}'_w$ 会略有不同,但与左、右奇异矩阵 $\boldsymbol{U}_w$、$\boldsymbol{V}_w$ 相乘后,其结果 $\boldsymbol{D}'$ 与 $\boldsymbol{S}'$ 已经非常接近。按照式(8.8),即可从中检测与原始水印非常近似的水印信息。因此,此类算法由于对密钥 $\boldsymbol{U}_w$ 和 $\boldsymbol{V}_w$ 的依赖,具有非常高的虚警率,存在严重的缺陷,不具有实用性。所以,研究基于奇异值分解的数字水印算法需要另辟蹊径。

§8.2　算法设计方案

在充分分析现有算法的基础上,本节将奇异值分解的理论应用于遥感影像的鲁棒水印算法的设计中,提出了一种基于 DCT-SVD 和最近区间量化算法,并利用

Barni 等(2002)所提出的空域裁剪策略对嵌入水印后的遥感影像进行数据精度约束,使算法在保持遥感影像数据精度的同时具有较强的鲁棒性。

8.2.1　水印预处理

为提高算法的安全性,在将水印信息嵌入前,通常对其进行置乱处理。该算法采用二值图像作为水印信息,置乱处理不仅可以消除水印图像像素空间的相关性,使像素分布更均匀,更重要的是即使非法用户检测到了水印信息,在不知道置乱方法和置乱密钥的情况下,也不能恢复水印图像。采用面包师变换对二值水印图像进行置乱处理,其具体形式如下

$$f(x,y)=\begin{cases}(2x,\lambda y), & 0\leqslant x\leqslant 1/2,0<\lambda<1/2\\(2x-1,\lambda y+1/2), & 1/2<x\leqslant 1,0<\lambda<1/2\end{cases} \quad (8.9)$$

由于面包师变换是定义在连续空间中,而数字图像是一个离散的数据点阵,所以面包师变换不能直接应用于图像的置乱处理中。在进行置乱变换时,首先需要依据混沌序列对图像 $W_{M\times N}$ 中的各像素进行两两匹配,记作 $a(1)$、$a(2)$、$a(3)$、…、$a(M)$,其中 $a(i)$ 与 $a(i+1)$ 进行配对(i 为奇数),$a(1)=1$ 且 $a(1)<a(3)<\cdots<a(M/2)$;然后,再对完成配对的两行进行拉伸和折叠,即

$$\Phi(a(i),j)=\begin{cases}(i+1,2j-1), & i=2k-1,1<j\leqslant N/2\\(i,2j), & i=2k,1\leqslant j\leqslant N/2\\(i,2M-2j+2), & i=2k-1,N/2<j\leqslant N\\(i-1,2M-2j+1), & i=2k,N/2<j\leqslant N\end{cases} \quad (8.10)$$

与其他图像置乱方法相比,基于面包师变换的置乱方法的主要优点在于:①不要求图像的长宽相等,应用起来更灵活;②置乱周期长,安全性能好;③避免了取模等复杂运算,操作简便且时间复杂度低。图 8.1 是对 128×32 大小的二值图像进行基于面包师变换的置乱后的效果。从图中可以看出,经过置乱后的水印图像已经完全无法识别。

作战环境

（a）原始图像　　　　　　　　　　（b）置乱后的图像

图 8.1　基于面包师变换的置乱

8.2.2　水印嵌入算法

基于 DCT-SVD 的遥感影像鲁棒水印嵌入算法的主要流程如图 8.2 所示。

设原始遥感影像 I 的大小为 $P\times Q$,水印图像 w 的大小为 $M\times N$。水印嵌入的具体步骤如下:

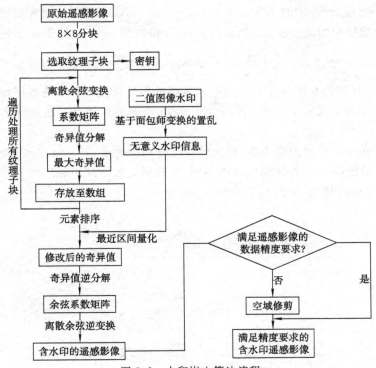

图 8.2　水印嵌入算法流程

（1）选取嵌入区域。将原始遥感影像分成互不重叠的 8×8 个子块，而 8×8 的尺寸与国际图像压缩标准 JPEG 相兼容，可进一步增强算法抵抗压缩攻击的鲁棒性，从中选出 M×N 个视觉掩蔽效果最好的纹理子块作为水印的嵌入区域。一幅遥感影像通常可以分成平滑区、纹理区和边缘区，背景纹理越复杂，人眼对其变化越不敏感。然后，计算每个影像子块的熵值 H 和方差 S，一般而言，熵值和方差都比较小的子块即为纹理子块。为了确保水印检测时的准确性，将纹理子块的位置作为密钥 key 保存。H 和 S 计算公式为

$$H = -\sum_{i=0}^{255} P_i \log_2 P_i \tag{8.11}$$

$$S = \frac{1}{n-1} \sum_{i=0}^{n-1} (x_i - \overline{x})^2 \tag{8.12}$$

式中，P_i 为每个像素值出现的概率，n 为影像包含的像素总数，$\overline{x} = \dfrac{1}{n} \sum_{i=0}^{n-1} x_i$。

（2）对每个纹理子块进行离散余弦变换，得到系数矩阵 $\boldsymbol{B}$，并对其进行奇异值分解，$\boldsymbol{B} = \boldsymbol{U}\boldsymbol{S}\boldsymbol{V}^{\mathrm{T}}$，选取矩阵 $\boldsymbol{S}$ 中的最大奇异值，放入长度为 $M \times N$ 的一维数组 array 中。

（3）将数组 array 中的元素 $s_i(i=1,2,\cdots,M\times N)$ 按照从小到大的顺序进行排列，并根据数组中的最小值 $s_{\min}$ 和最大值 $s_{\max}$，将数组 array 划分为 n 个长度相同的区间，即 $\left[s_{\min}-\dfrac{\lambda}{2},s_{\min}+\dfrac{\lambda}{2}\right)$、$\left[s_{\min}+\dfrac{\lambda}{2},s_{\min}+\dfrac{3\lambda}{2}\right)$、$\cdots$、$\left[s_{\max}-\dfrac{\lambda}{2},s_{\max}+\dfrac{\lambda}{2}\right)$。其中，$\lambda$ 为每个区间的长度，λ 的取值与嵌入水印的不可见性和鲁棒性密切相关。判断数组 array 中每个元素 $s_i(i=1,2,\cdots,M\times N)$ 所属的区间及其在所属区间中的相对位置。

（4）将第 k 个区间的最小值、最大值端点分别记为 d_k、$d'_k(1\leqslant k\leqslant n)$。若 $s_i\in[d_k,d'_k)$，则根据 s_i 所处区间位置的不同，在其所属区间或相邻区间上寻找距离最近的修改点进行量化，如图 8.3 所示。

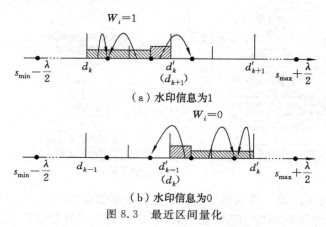

（a）水印信息为1

（b）水印信息为0

图 8.3　最近区间量化

水印嵌入的具体方法如下：

若 $w_i=1$，则

$$s'_i=\begin{cases}\dfrac{d_k+\dfrac{d_k+d'_k}{2}}{2}, & s_i\text{ 位于前 3/4 区间}\\[4mm]\dfrac{d_{k+1}+\dfrac{d_{k+1}+d'_{k+1}}{2}}{2}, & s_i\text{ 位于前 1/4 区间}\end{cases}\tag{8.13}$$

若 $w_i=0$，则

$$s'_i=\begin{cases}\dfrac{d'_{k-1}+\dfrac{d_{k-1}+d'_{k-1}}{2}}{2}, & s_i\text{ 位于前 1/4 区间}\\[4mm]\dfrac{d'_k+\dfrac{d_k+d'_k}{2}}{2}, & s_i\text{ 位于后 3/4 区间}\end{cases}\tag{8.14}$$

（5）将修改后的奇异值 s_i' 对应放回最初的位置,并进行离散余弦逆变换,得到系数矩阵 $\boldsymbol{B}'$,然后对其进行离散余弦逆变换重构纹理子块。用重构子块替换原始影像中相应位置的纹理子块,即可得到含有水印的遥感影像。

（6）判断嵌入水印后的遥感影像是否满足用户的精度要求,若不满足,则采用空域修剪策略对含水印的遥感影像进行数据精度约束,将嵌入水印后影像的改变量控制在允许的误差范围内。

8.2.3　水印检测算法

水印检测算法与水印嵌入算法互为逆过程。在进行水印检测时不需要原始遥感影像参与,但是为了提高检验的准确性,需要密钥 key。水印检测的基本流程如图 8.4 所示。

基于 DCT-SVD 的鲁棒水印检测算法具体步骤如下:

（1）将待检测的遥感影像分成互不重叠的 8×8 个子块,为了提高水印检测的准确性,根据密钥 key 找到纹理子块。这里借助密钥 key 定位纹理子块,而不是按照式(8.11)、式(8.12)重新进行计算,其原因在于当嵌入水印后的遥感影像遭到一定强度的噪声、滤波、压缩等攻击后,各子块的熵值 H 和方差 S 的大小会有不同程度的改变。若按照重新计算后的熵值和方差确定纹理子块,很可能造成定位的不准确,嵌入的水印信息自然也就无法正确提取。

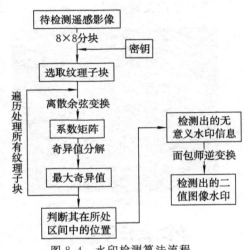

图 8.4　水印检测算法流程

（2）对每个纹理子块进行离散余弦变换,得到各自的系数矩阵 $\boldsymbol{B}^*$,并分别对其进行奇异值分解 $\boldsymbol{B}^* = \boldsymbol{U}^* \boldsymbol{S}^* \boldsymbol{V}^{*\mathrm{T}}$。

（3）选取 $\boldsymbol{S}^*$ 中的最大奇异值 s_i^*,并判断其所处的区间位置。由图 8.3 可知,若位于前半个区间,则水印信息为 1;若位于后半个区间,则水印信息为 0。水印提取公式为

$$w_0' = \begin{cases} 1, & s_i^* \in \left[d_k, \dfrac{d_k + d_k'}{2} \right) \\[3mm] 0, & s_i^* \in \left[\dfrac{d_k + d_k'}{2}, d_k' \right) \end{cases} \tag{8.15}$$

（4）对检测到的水印信息 w_0' 进行逆面包师变换,得到最终提取的二值水印

图像 w'.

§8.3　实验与分析

为便于实施与分析,实验采用单波段遥感影像作为原始载体,但所设计的算法均可有效推广到多波段遥感影像。为验证鲁棒水印算法的有效性,分别进行了不可见性、鲁棒性、区间长度选取分析、数据精度分析实验。实验选用 $1\,200\times1\,000$ 大小、256 灰度级的遥感影像作为原始载体,水印图像为 128×32 大小的二值图像。

8.3.1　不可见性

不可见性实验如图 8.5 所示。

（a）原始遥感影像

（b）嵌入水印后的遥感影像

作战环境

（c）原始水印图像

作战环境

（d）提取出的水印图像

图 8.5　不可见性实验

实验结果表明,从主观视觉上看不出水印嵌入前后两幅遥感影像的差异,满足人类视觉系统的要求。客观上,采用峰值信噪比(PSNR)来衡量水印嵌入后遥感影像的品质,其值越大,说明嵌入水印后的影像与原始遥感影像越接近。在区间长度适宜的情况下,由计算可得,峰值信噪比均在 45.00 dB 以上,说明嵌入水印后遥感影像的品质没有明显下降,算法具有良好的不可见性,且在未受到攻击的情况下,可以实现嵌入水印信息的完整提取。

8.3.2　鲁棒性

为验证算法的鲁棒性,对嵌入水印后的遥感影像进行噪声、滤波、JPEG 压缩、旋转、缩放、随机剪切等攻击,并从攻击后的遥感影像中检测水印信息。

1. 高斯噪声攻击

对嵌入水印后的遥感影像添加不同强度的高斯噪声,然后从中检测水印信息,实验结果如图 8.6 所示。

（a）噪声强度0.003　　　（b）噪声强度0.005　　　（c）噪声强度0.01

图 8.6　高斯噪声攻击水印检测结果

2. 椒盐噪声攻击

对含水印的遥感影像进行不同强度的椒盐噪声攻击,并从中检测水印信息,检测结果如图 8.7 所示。

（a）噪声强度0.005　　　（b）噪声强度0.01　　　（c）噪声强度0.02

图 8.7　椒盐噪声攻击水印检测结果

3. 均值滤波攻击

将嵌入水印后的遥感影像进行不同强度的均值滤波,从处理后的影像中提取水印信息,实验结果如图 8.8 所示。

（a）模板大小3×3　　　（b）模板大小4×4　　　（c）模板大小5×5

图 8.8　均值滤波攻击水印检测结果

4. JPEG 压缩攻击

对含水印的遥感影像进行不同强度的 JPEG 压缩,并从压缩后的遥感影像中检测水印信息,检测结果如图 8.9 所示。

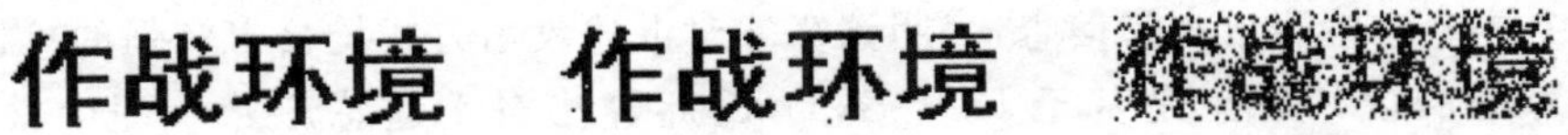

（a）$Q=30$　　　（b）$Q=15$　　　（c）$Q=10$

图 8.9　JPEG 压缩攻击水印检测结果

5. 旋转攻击

将嵌入水印后的遥感影像进行不同强度的旋转,从处理后的影像中提取水印信息。其中,图 8.10(a)、图 8.10(b)先将含水印的影像进行一定角度的旋转,然后再反向旋转回来,进行水印的提取;图 8.10(c)则将含水印的影像进行旋转后不再反向旋转恢复,直接从中检测水印信息。

作战环境　　作战环境　　

（a）旋转10°（恢复）　　　　（b）旋转20°（恢复）　　　　（c）旋转10°（未恢复）

图 8.10　旋转攻击水印检测结果

6. 缩放攻击

对含水印的遥感影像进行不同倍数的缩放攻击,并从中检测水印信息。其中,图 8.11(a)、图 8.11(b)先将嵌入水印后的遥感影像缩放相应的倍数,然后再恢复至原来的大小,进行水印的提取,图 8.11(c)则将嵌入水印后的遥感影像进行缩放操作后不再恢复,直接从中检测水印信息。

作战环境　　　作战环境　　

（a）缩放2倍（恢复）　　　（b）缩放0.25倍（恢复）　　　（c）缩放1.5倍（未恢复）

图 8.11　缩放攻击水印检测结果

7. 随机剪切攻击

将嵌入水印后的遥感影像进行不同大小的随机剪切操作。其中,图 8.12(a)、图 8.12(b)进行的随机剪切不改变影像的大小和相对位置,实质上是将影像中的剪切区域用黑色或白色像素进行替代,然后从剩余的遥感影像中提取水印信息;图 8.12(c)进行的随机剪切是将某一区域剪切下来,并从这一区域中检测水印信息,此时剪切区域的大小和位置相对于攻击前的影像均发生了改变。

作战环境　　　　作战环境　　

（a）随机剪切1/16（大小不变）（b）随机剪切1/8（大小不变）（c）随机剪切1/2（大小改变）

图 8.12　随机剪切攻击水印检测结果

由上述实验结果可以看出,含水印的遥感影像在遭受强度不同的噪声、滤波、压缩、恢复角度的旋转、恢复尺寸的缩放、不改变影像大小的随机剪切等攻击后仍可从中清晰地检测出水印信息,表明该算法对上述攻击方式均具有较强的鲁棒性。由于算法的设计思想是基于 DCT-SVD,因此算法对于遥感影像处理中常见的 JPEG 压缩具有很强的鲁棒性,即使在高压缩比的情况下,仍可从中检测出水印信息。但是,实验结果也表明,该算法不能有效抵抗未恢复角度的旋转、未恢复尺寸的缩放、改变大小和相对位置的影像剪切等几何攻击。

为进一步验证算法的鲁棒性,将本算法与 Kintak 等(2010)的算法进行比较,Kintak 的算法同样采用了 DCT-SVD,但其采用了非盲嵌入的方式,嵌入区域亦与本章设计的算法不同。计算提取的水印图像与原始水印图像的归一化相关值 NC,该值越接近 1,说明二者越相似,水印的鲁棒性越强,即

$$NC = \frac{\sum\limits_{i=1}^{m}\sum\limits_{j=1}^{n} w(i,j)w'(i,j)}{\sqrt{\sum\limits_{i=1}^{m}\sum\limits_{j=1}^{n} w^2(i,j)}\ \sqrt{\sum\limits_{i=1}^{m}\sum\limits_{j=1}^{n} w'^2(i,j)}} \tag{8.16}$$

实验结果如表 8.1 所示。

表 8.1　鲁棒性对比

	加性噪声 5%	乘性噪声 3%	维纳滤波 3×3	均值滤波 3×3	JPEG $Q=40$	随机剪切 1/4
本章算法	0.965	0.954	0.968	0.979	0.996	0.891
Kintak 的算法	0.947	0.923	0.919	0.912	0.932	0.886

由表 8.1 可以看出,本章设计的算法抗噪声、滤波、JPEG 压缩、剪切(大小不变)等攻击的鲁棒性均明显优于 Kintak 的算法。

8.3.3　区间长度选取分析

区间长度 λ 的取值与嵌入水印的鲁棒性、不可见性密切相关。一方面,区间长度 λ 越长,量化时 s_i 的改变量 Δ 就越大($\Delta = s_i' - s_i$),经奇异值逆分解后对应余弦系数的改变量就越大,从而对嵌入水印后遥感影像的视觉影响就越大,不可见性就越差。另一方面,水印检测时,在保证能够准确提取水印信息的前提下,s_i^* 允许的扰动范围为 $[0, \lambda/4]$,即 s_i^* 所允许的最大扰动值为 $\lambda/4$。由此可见,区间长度 λ 越长,s_i^* 所允许的最大扰动值就越大,所能抵抗攻击的强度也就越大,从而鲁棒性也就越强。因此,需要选取一个合适的区间长度 λ,使得不可见性和鲁棒性之间达到一个平衡。

在实验中,对区间长度 λ 在区间 [40,220] 上进行间隔为 20 的采样,分别计算不同区间长度下嵌入水印后遥感影像的峰值信噪比,并对含有水印的影像分别进行 5×5 维纳滤波、3×3 中值滤波、添加方差为 0.01 的乘性噪声等处理,然后从中提取出水印图像并计算归一化相关值。区间长度选取实验结果如图 8.13 所示。

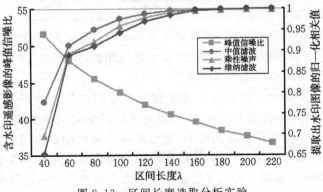

图 8.13　区间长度选取分析实验

由图 8.13 可以看出，在本例中区间长度 $\lambda \in [60,90]$ 时，嵌入水印后遥感影像的峰值信噪比均在 45 dB 以上，攻击后提取出水印图像的归一化相关值基本保持在 0.9 以上，此时水印的不可见性和鲁棒性基本达到了平衡。当然，在具体的实例应用中，由于实验环境、实验载体等各方面的不同，区间长度 λ 的最优化取值范围也会各异，因此，可以根据不同的实际应用需求来选择相应的区间长度 λ，实现嵌入水印不可见性和鲁棒性的智能调节。

8.3.4 数据精度分析

对于遥感影像水印技术而言，不仅要满足视觉上的不可见性，更重要的是要满足数据精度的要求，不能因为水印信息的嵌入而影响遥感影像的正常应用。因此，保持数据精度是相对不可见性更高层次的要求。本算法主要采取了以下措施来控制嵌入水印后遥感影像的数据精度：

（1）选择遥感影像的纹理子块作为水印的嵌入区域，而不是所有子块全都嵌入。这在充分利用人类视觉特性的同时，尽可能地减少需要修改的系数的个数。

（2）采用最近区间量化的方式对系数进行修改，减少每个系数的相对改变量。

（3）采用空域修剪策略，根据影像应用的具体要求，对极个别变化较大的点进行修正。

灰度极值、均值、标准偏差等指标是遥感影像的重要统计信息，为从客观上评价嵌入水印对遥感影像数据精度的影响，采用 ENVI4.7 遥感影像处理软件对影像嵌入水印前后的上述统计信息进行对比分析，实验结果如表 8.2 所示。

表 8.2　水印嵌入前后遥感影像的统计信息对比

	原始遥感影像	含水印遥感影像
最小灰度值	7	7
最大灰度值	255	255
平均灰度值	107.297	107.316
标准偏差	47.585	47.625

表 8.2 统计结果可以表明，本算法嵌入水印后遥感影像的最小、最大灰度值均未发生改变，平均灰度值和标准偏差的改变量也很微小，因此，嵌入水印后遥感影像的基本统计信息不会受到太大干扰。

遥感影像的分类是按照影像中像元性质的不同将其分为若干类别的技术过程，它是遥感影像分析的重要内容之一，也是遥感影像应用的基础。为进一步评估嵌入水印对遥感影像数据精度的影响，对水印嵌入前后的影像进行非监督分类实验。分类器选择最常用的 ISODATA，将影像按照像素灰度值的不同划分为五个灰阶等级，统计同一等级上的像素总数并计算每个分类等级的误判率（水印嵌入前后同一灰阶等级上像素总数之差与原始遥感影像对应灰阶等级上像素总数的比值),实验结果如表 8.3 所示。

表 8.3 嵌入水印对遥感影像非监督分类的影响

分类等级	原始影像像元数	嵌入后影像像元数	误判率/(%)
1	294 812	295 631	0.28
2	277 103	272 783	1.56
3	259 066	258 509	0.22
4	194 153	198 107	2.03
5	174 866	174 970	0.06

由表 8.3 可以看出,嵌入水印后各灰度等级上的最大误判率为 2.03%,对遥感影像的分类结果影响较小。因此,水印算法较好地保持了遥感影像的数据精度,水印的嵌入不会影响遥感影像的正常应用。

第9章 遥感影像基于 SURF 抗几何攻击的鲁棒水印

基于 DCT-SVD 的水印算法虽然对多种类型的攻击具有良好鲁棒性,但却不能抵抗未恢复角度的旋转、未恢复尺寸的缩放、改变大小和相对位置的影像剪切等几何攻击。而在具体的应用过程中,嵌入水印后的遥感影像不可避免地要进行旋转、缩放、改变原始尺寸的剪切、瓦片的拼接等处理,并且在水印检测时含水印影像的旋转角度、缩放倍数、剪切拼接后相对于原始影像的位置都是未知的,这些攻击破坏了影像与水印之间的同步性,从而使检测失败。因此,能够抵抗几何攻击是研究遥感影像鲁棒水印算法必须要攻克的难点之一。本章对几何攻击的实质进行了分析,在此基础上结合 SURF 特征点的优良特性,提出了一种基于 SURF 特征区域抗几何攻击的遥感影像鲁棒水印算法,并对其进行了实验与分析。

§9.1 相关理论概述

9.1.1 抗几何攻击的水印

1. 几何攻击

几何攻击一般是指对含有水印的影像进行旋转、缩放、剪切、拼接等处理,这种攻击并没有对水印信息的强弱、幅度造成影响,但却破坏了原始载体和水印信息间的同步关系,因此也被称为去同步攻击。经几何攻击后,水印信息虽然仍保留在水印影像中,但二者之间的位置关系已经发生变化,从而导致水印检测的失败。几何攻击对水印算法的影响如图 9.1 所示。

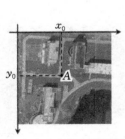

（a）含水印的遥感影像

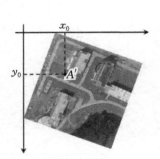

（b）旋转

（c）放大

图 9.1　几何攻击示例

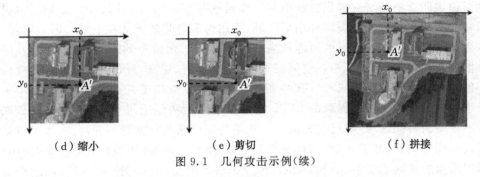

（d）缩小　　　　　　　　（e）剪切　　　　　　　　（f）拼接

图 9.1　几何攻击示例（续）

由图 9.1 可以看出，含水印的遥感影像中一点 A，其坐标为 (x_0, y_0)，在经过旋转、放大、缩小、剪切、拼接等几何攻击后，对应影像中 (x_0, y_0) 已不再是 A 点的坐标。若 A 点为水印的嵌入位，则在水印检测时，按照坐标 (x_0, y_0) 必然将会提取错误的水印信息。因此，算法能够有效抵抗几何攻击的根本前提是确保水印的嵌入和检测在相同的位置进行，即水印信息的嵌入与检测必须实现同步。

2. 抵抗几何攻击的水印算法

目前，抵抗几何攻击的水印算法主要有以下三类：

（1）基于几何不变量的方法。这类方法利用几何不变量在遭受几何攻击后仍然保持不变的性质，将水印信息嵌入其中，使其在遭到几何攻击后得以保存。这类方法主要包括：基于 RST 不变域的方法、基于拉东（Radon）变换的方法、基于傅里叶—梅林（Mellin）变换的方法、基于几何不变矩的方法等。

（2）基于同步信息的方法。这类方法的基本思想是对遭受几何攻击的影像进行校正恢复，确保水印的正确提取。在基于 DCT-SVD 水印算法的鲁棒性实验中，将旋转、缩放后的影像进行逆向恢复后再检测水印，实质上就属于这种思想。不过在实际的应用中，影像受到几何攻击的参数往往是未知的，直接进行校正恢复并不现实。因此，一般采用基于同步模板的方法、基于自参考水印的方法、基于穷举搜索的方法或基于图像配准的方法来实现水印信息的同步。

（3）基于图像内容的方法。这类方法的基本思路是在图像中检测稳定的特征点，通过稳定特征点来定位水印的嵌入位置，在若干特征点所对应的特征区域内独立地嵌入水印信息。在进行水印检测时，这类方法通过特征点来定位水印的嵌入位置并提取水印信息。它是一种局部化的水印方案，因此能够有效抵抗剪切等局部化的几何攻击。由于这类算法是基于图像的稳定特征点来实现水印信息的嵌入和检测，因此准确提取稳定特征点并据此构造特征区域是算法的关键。

9.1.2　特征点在水印算法中的应用

近年来，针对普通图像的特征点水印算法研究已经得到了广泛的关注，可为遥感影像水印算法的研究提供方法借鉴。李雷达等(2008)、Li 等(2009)分别将哈里斯特征区域划分为同心圆环和扇形区域,采用奇偶量化的方式在空域内嵌入水印。该算法利用了圆环和扇形的对称性来避免旋转归一化带来的插值误差,并使其能够抵抗几何攻击,但由于是在空域嵌入水印,对噪声、滤波、JPEG 压缩等常规攻击的鲁棒性相对较弱。邓成等(2009)利用 SIFT 特征点构造局部特征区域,采用了最小生成树聚类算法将提取的 SIFT 特征点按照距离约束进行分类,以此来获取互不重叠的特征区域;通过主方向归一化使特征区域具有旋转不变性,将水印重复嵌入不同区域的 DFT 系数。Deng 等(2009)、Singhal 等(2009)、Wang 等(2010)利用图像的几何不变矩(Tchebichef 矩、Wavelet 矩、Zernike 矩等)对旋转、缩放等几何变换保持不变的特性,在构造互不重叠的特征区域后,计算每个特征区域的几何不变矩,并对其进行量化,从而嵌入水印,该算法对常规攻击和几何攻击具有良好的鲁棒性。Wang 等(2012)利用哈里斯—拉普拉斯特征点构造椭圆形特征区域,对其归一化后在非下采样 Contourlet 域嵌入水印信息,在有效抵抗几何攻击的同时对于更普遍的仿射变换也具有一定的鲁棒性。Tsai 等(2012)采用多维背包问题的思想选取互不重叠的特征区域,并将每个特征区域内的最大内接矩形作为水印的嵌入区域,通过建立感知权重函数实现水印信息的自适应嵌入,使嵌入水印后的图像保持了较高的质量。但是,空域嵌入的方式一定程度上影响了算法抵抗几何攻击的能力,这使该算法的总体检出率不高。Yu 等(2012)基于圆盘平均亮度的几何不变特征点,以每一像素点为圆心构造符合特定约束条件的同心圆环序列,并将平均亮度差的最大值作为特征点的响应值,将水印嵌入归一化后的每个特征区域。该算法的检出率有显著提高,但是几何不变特征点的检测过于烦琐,提取过程会消耗一定的计算时间,实用性方面有待加强。Chen 等(2014)通过哈里斯—拉普拉斯特征点构造圆环形特征区域,并将其按照极坐标的顺序扫描成矩形,经离散余弦变换后在中频系数中嵌入水印信息。该算法利用图像矩来抵抗几何攻击,但在极坐标转换的过程中必须保证扫描后的像素数恰好能构成矩形,并且需要保存多个参数作为密钥信息。

目前,基于特征点的鲁棒水印算法研究虽取得了一定的进展,但仍然存在着提取特征点的计算量太大、所用特征点本身的鲁棒性和稳定性不强、特征点的分布不够均匀、局部特征区域的构造与选取未考虑特征点的稳定性、水印嵌入算法鲁棒性不强、嵌入水印后图像的质量不高等一系列问题。而针对基于特征点的遥感影像第二代水印算法更是鲜有研究,虽有个别学者做出尝试,但从总体上看,仍然未考虑遥感影像自身的特点、未采取有效措施来控制嵌入水印后遥感影像的数据精度、未涉及针对遥感影像的特殊攻击。本章在对现有算法分析研究的基础上,采用鲁棒性更强、计算速度更快的 SURF 特征点,设计了一种基于 SURF 特征区域抗几何攻击的遥感影像鲁棒水印算法。

9.1.3　SURF 检测算子概述

SURF 检测算子是 Bay 等(2008)在 Lowe(2004)的 SIFT 算子的基础上提出的一种快速鲁棒局部特征检测算法。相比于其他特征算子,SURF 检测算子在保持了对图像缩放、旋转不变性的同时,增强了对光照变换和噪声干扰的鲁棒性,且在计算效率上具有明显优势。SURF 检测算子主要包括四个步骤。

1. 积分图像

积分图像用来计算某一矩形区域内所有像素的和,它巧妙地将图像与高斯二阶微分模板的滤波转化为基于积分图像的简单代数运算,从而快速实现了方框状卷积滤波的功能。对于积分图像 I 中任意一点 (i,j) 的灰度值 $n(i,j)$,其含义为原图像左上角到任意一点 (i,j) 相应的对角线区域所有灰度值的总和,即

$$n(i,j) = \sum_{i'<i,j'<j} p(i',j') \tag{9.1}$$

式中,$p(i',j')$ 表示原图像中 (i',j') 处的灰度值。积分图像如图 9.2 所示。

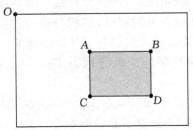

图 9.2　积分图像

因此,任意矩形区域的面积可以通过三步加减运算求得,即

$$S_{ABDC} = A + D - (B + C) \tag{9.2}$$

式(9.1)中,$n(i,j)$ 可以进行迭代计算,即

$$S(i,j) = S(i,j-1) + p(i,j) \tag{9.3}$$

$$n(i,j) = n(i-1,j) + S(i,j) \tag{9.4}$$

式中,$S(i,j)$ 表示一列的积分,且 $S(i,-1)=0$、$n(-1,j)=0$。用这种方法求积分图像,只需对原图像的所有像素进行一遍扫描,大大提高了计算的效率。

2. 快速黑塞矩阵

快速黑塞(Hessian)矩阵通过操作积分图像实现加速卷积,具有良好的精度和较快的计算时间。对于图像中的任一点 $X(x,y)$,在尺度 δ 上的黑塞矩阵定义为

$$H(X,\delta) = \begin{bmatrix} L_{xx}(X,\delta) & L_{xy}(X,\delta) \\ L_{xy}(X,\delta) & L_{yy}(X,\delta) \end{bmatrix} \tag{9.5}$$

式中,$L_{xx}(X,\delta)$ 为高斯二阶微分 $\partial^2 g(\delta)/\partial x^2$ 在点 $X(x,y)$ 处与图像 I 的卷积,

$L_{xy}(X,\delta)$ 与 $L_{yy}(X,\delta)$ 具有类似含义。

Lowe 在 SIFT 算子中用 DoG 近似代替 LoG 并获得了成功，Bay 沿用了这种思路，采用盒子滤波器来近似代替高斯滤波的二阶偏导，这种方法极大地加快了计算卷积的速度。高斯滤波器与盒子滤波器的比较如图 9.3 所示。

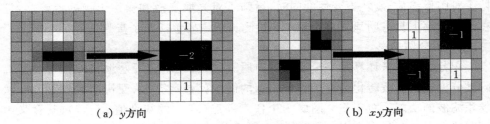

（a）y方向　　　　　　　　　　　　　　　　（b）xy方向

图 9.3　高斯滤波器与盒子滤波器的比较

图中，从左至右依次为 y 方向的高斯滤波器，y 方向的盒子滤波器，xy 方向的高斯滤波器，xy 方向的盒子滤波器。从图中可以看出，盒子滤波器的结构呈块状，由于每一块连续区域内的权值相同，所以计算盒子滤波器与图像 I 在某一点处的卷积等价于计算原图像在该点处的积分，而积分图像卷积的计算可使用前面介绍的快速算法，因此盒子滤波器极大地提高了计算的效率。

令盒子滤波器与图像卷积的结果分别为 D_{xx}、D_{xy} 和 D_{yy}，则黑塞矩阵行列式的计算可简化为

$$\det(\boldsymbol{H}_{\text{approx}})=D_{xx}D_{yy}-(\omega D_{xy})^2 \tag{9.6}$$

式中，D_{xx}、D_{xy} 和 D_{yy} 分别为用盒子滤波器对 L_{xx}、L_{xy} 和 L_{yy} 的近似，ω 为权重系数，其值与尺度 δ 有关。

如果计算结果 $\det(\boldsymbol{H}_{\text{approx}})$ 大于或等于零，则该行列式的两个特征值符号相同，说明该点可归为局部极值点；如果计算结果 $\det(\boldsymbol{H}_{\text{approx}})$ 小于零，则该行列式的两个特征值符号不同，说明该点不是局部极值点。

3. 构建尺度空间

由于 SURF 检测算子采用盒子滤波器和积分图像，因此它不需要再像 SIFT 算子那样进行降采样来构建金字塔图像，而是保持图像大小不变，采用不断增大盒子滤波器的模板尺寸的间接方法得到尺度图像金字塔。利用不同尺寸的盒子滤波器模板和积分图像可以求得黑塞矩阵行列式的响应图像，然后在得到的响应图像上，通过非最大值抑制求取不同尺度的兴趣点。

与 SIFT 算法相同，SURF 算法也将尺度空间分为若干组（octaves），如图 9.4 所示。

图中每一组代表了不断放大的滤波模板对相同的输入图像进行滤波后得到的一系列响应图像，其中的每一组又包括若干固定的层。具体而言，图 9.4 中以 9×9 大小的盒子滤波器模板为第一组的初始层，每一层的变化量为 $6n$，以此类

推,第一组第二、三、四层滤波器模板的大
小分别为 15×15、21×21、27×27。各层
对应的尺度值为

$$s = N \times 1.2/9 \qquad (9.7)$$

式中,N 为盒子滤波器模板的边长。尺
度的缩放因子为 2,每一组中有相同的尺
度数。第一组中相邻两次模板尺寸相差
6,以此类推,第二、三、四组中相邻两次模
板尺寸相差分别为 12、24、48。

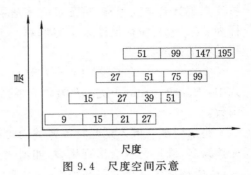

图 9.4　尺度空间示意

4. 特征点的定位

为了定位图像中的极值点,对该点邻近的 $3 \times 3 \times 3$ 的立方体邻域进行非极大
值抑制。将每个点与相邻尺度和相邻位置的 26 个邻域值进行比较,选取极值点作
为候选特征点。设 $\boldsymbol{X}(x, y, \delta)$ 为空间图像中一点,该点在尺度空间和图像空间进
行线性插值运算,可得近似黑塞矩阵 $\boldsymbol{H}_{\text{approx}}$ 行列式的极大值,即

$$\boldsymbol{H}_{\text{approx}}(\boldsymbol{X}) = \boldsymbol{H}_{\text{approx}} + \frac{\partial \boldsymbol{H}_{\text{approx}}^{\mathrm{T}}}{\partial \boldsymbol{X}} \boldsymbol{X} + \frac{1}{2} \boldsymbol{X}^{\mathrm{T}} \frac{\partial^2 \boldsymbol{H}_{\text{approx}}}{\partial \boldsymbol{X}^2} \boldsymbol{X} \qquad (9.8)$$

对式(9.8)的两端进行求导运算,令导数等于零,即可求得极值点为

$$\hat{\boldsymbol{X}} = [x \ y \ \delta]^{\mathrm{T}} = -\frac{\partial^2 \boldsymbol{H}_{\text{approx}}^{-1}}{\partial \boldsymbol{X}^2} \cdot \frac{\partial \boldsymbol{H}_{\text{approx}}}{\partial \boldsymbol{X}} \qquad (9.9)$$

通过上述方法,即可实现特征点的精确定位,定位精度在亚像素和亚尺度级。

相比于其他局部特征算子,将 SURF 特征点应用于遥感影像的数字水印技术
具有明显优势:作为 SIFT 算法的改进版本,在保持优良性能的同时,其速度有了
显著提高,具有明显的时间优势,更加适合遥感影像大数据量的特点;SURF 检测
算子增强了对光照变换和噪声干扰的鲁棒性,对于遥感影像常见的匀光处理和传
输噪声具有更强的抵抗能力;SURF 特征点具有更强的旋转不变性,这使其对几何
攻击更加鲁棒。

§9.2　SURF 特征区域的构造与处理

9.2.1　局部特征区域的构造与筛选

特征区域是以特征点为依托,按照一定的规则在图像中构造的局部区域,是水
印的嵌入区域。特征区域可以是三角形、矩形、圆形、椭圆形、六边形等,甚至是一
些不规则的形状。由于是以特征点为基准构造而成,因此特征区域的稳定性与特
征点的稳定性密切相关。采用构造圆形特征区域的方法,每一个检测出的 SURF

特征点都具有空间坐标、特征尺度等基本信息。假设某个 SURF 特征点的位置坐标为 (x_n, y_n)，特征尺度为 σ_n，则以 (x_n, y_n) 作为圆心，R_n 作为半径，可以构造圆形的特征区域，即

$$(x - x_n)^2 + (y - y_n)^2 = R_n^2 \qquad (9.10)$$

式中，$R_n = k \cdot \mathrm{round}(\sigma_n)$，$k$ 为调节半径大小的正整数，$\mathrm{round}(\cdot)$ 为四舍五入取整函数。

　　将水印独立嵌入这些特征区域内可有效抵抗几何攻击。然而，由于检测的特征点众多，圆形区域会出现重叠，如图 9.5(a) 所示；且由于特征尺度 σ_n 的值大小不一，造成特征区域尺寸差别很大，为水印的嵌入带来不便。因此，需要对构造的特征区域进行筛选，从而获取相互独立的特征区域。实验表明，σ_n 值过小或过大的特征点稳定性较差，且 σ_n 值过小会限制嵌入水印的容量，σ_n 值过大会严重减少特征区域的数量，因此选取中间尺度的特征点构造特征区域，如图 9.5(b) 所示。进一步，由于特征点鲁棒性的强弱直接关系到攻击后的水印能否被成功提取，所以优先选择鲁棒性强的特征点构造圆形区域，若出现重叠，则舍弃鲁棒性差的点。通过以上筛选原则，最终保留的任意两个特征点 (x_{n+1}, y_{n+1})、(x_n, y_n) 之间的距离至少应满足

$$\sqrt{(x_{n+1} - x_n)^2 + (y_{n+1} - y_n)^2} \geqslant R_{n+1} + R_n \qquad (9.11)$$

　　据此，可得到若干互不重叠的特征区域，作为水印的嵌入区域，如图 9.5(c) 所示。

　（a）初始构造的特征区域　　　　（b）筛选中的特征区域　　　（c）筛选后互不重叠的特征区域

图 9.5　特征区域的构造与筛选

9.2.2　局部特征区域的归一化

　　图像的归一化是以图像矩为基础，基本原理是利用图像矩的特性来预测几何变换的参数，得到一个对旋转、缩放等几何变换具有不变性的正则化结果。图像矩的相关概念这里不再赘述，只简要介绍图像归一化的过程。在抗几何攻击的水印算法中，可以利用图像归一化得到图像的标准形式，即使遭受几何攻击，该标准形

式仍然保持不变,从而确保水印的嵌入与检测同步。图像归一化过程主要包括图像的中心化、X 方向错切变换、Y 方向错切变换、X 和 Y 方向缩放变换(Dong et al,2005)。

(1)首先对图像 $f(x,y)$ 进行中心化处理,令 $\boldsymbol{A}=\begin{bmatrix}1 & 0 \\ 0 & 1\end{bmatrix}$、$\boldsymbol{d}=\begin{bmatrix}d_1 \\ d_2\end{bmatrix}$,代入仿射变换公式为

$$\begin{bmatrix}x_a \\ y_a\end{bmatrix}=\boldsymbol{A}\cdot\begin{bmatrix}x \\ y\end{bmatrix}-\boldsymbol{d} \tag{9.12}$$

式中,$d_1=\dfrac{m_{10}}{m_{00}}$,$d_2=\dfrac{m_{01}}{m_{00}}$。$m_{10}$、$m_{01}$、$m_{00}$ 可由图像 $f(x,y)$ 的原点矩公式计算得到,即

$$m_{pq}=\sum_{x=0}^{M-1}\sum_{y=0}^{N-1}x^p y^q f(x,y) \tag{9.13}$$

经过中心化处理可以获取图像的平移不变性,图像中心化后的结果记为 $f_1(x,y)$。

(2)将 $f_1(x,y)$ 进行水平 x 方向上的错切变换,错切变换矩阵为 $\boldsymbol{A}_x=\begin{bmatrix}1 & \beta \\ 0 & 1\end{bmatrix}$,其中,$\beta$ 为待定系数。x 方向错切变换的结果记为 $f_2(x,y)=\boldsymbol{A}_x[f_1(x,y)]$,变换后满足 $\mu_{30}^{(2)}=0$,其中的 $\mu_{30}^{(2)}$ 可由图像的中心矩公式计算得到,即

$$\mu_{pq}=\sum_{x=0}^{M-1}\sum_{y=0}^{N-1}(x-\bar{x})^p(y-\bar{y})^q f(x,y) \tag{9.14}$$

(3)将 $f_2(x,y)$ 进行垂直 y 方向上的错切变换,错切变换矩阵为 $\boldsymbol{A}_y=\begin{bmatrix}1 & 0 \\ \gamma & 1\end{bmatrix}$,其中,$\gamma$ 为待定系数。y 方向错切变换的结果记为 $f_3(x,y)=\boldsymbol{A}_y[f_2(x,y)]$,变换后满足 $\mu_{11}^{(3)}=0$,计算方法如式(9.14)所示。

(4)将 $f_3(x,y)$ 进行水平 x 方向和垂直 y 方向上的缩放变换,缩放变换矩阵为 $\boldsymbol{A}_s=\begin{bmatrix}\alpha & 0 \\ 0 & \delta\end{bmatrix}$,其中,$\alpha$ 和 δ 为待定系数,水平 x 方向和垂直 y 方向上的缩放变换的结果记为 $f_4(x,y)=\boldsymbol{A}_s[f_3(x,y)]$,经过缩放变换图像归一化到指定的大小,变换后满足 $\mu_{50}^{(4)}>0$ 且 $\mu_{05}^{(4)}>0$。

待定系数 β 和 γ 可由仿射变换后的图像中心矩计算公式经过相应的推导求出,α 和 δ 由指定的归一化图像的大小决定,其正负要满足 $\mu_{50}^{(4)}>0$ 且 $\mu_{05}^{(4)}>0$,这保证了图像归一化结果的唯一性。经过这四步的处理,得到的 $f_4(x,y)$ 即为归一化后的图像。其中,步骤(1)用来计算几何攻击后图像的质心,预测图像的平移变量;步骤(2)和步骤(3)用来确定 x 方向和 y 方向的错切变量;步骤(4)用来预测

图像的缩放变量,将图像归一化到指定的大小。这四步中的每一步都是可逆的,因此图像的归一化也是可逆的,归一化后的图像经过相应的逆变换可恢复到处理前的图像。

　　由于数字遥感影像是以矩阵的形式表示的,因此为方便后续的操作与处理,首先需要在圆形特征区域(图 9.6(a))的四周补充零像素,使其成为大小为 $2R_n \times 2R_n$ 的矩形图像块(图 9.6(b))。为使其能够有效抵抗几何攻击,再对"补零"后的特征区域按照上述过程进行归一化处理,结果如图 9.6(c)所示。

  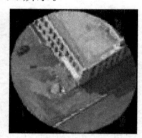

(a)圆形特征区域　　　　(b)"补零"后的特征区域　　　(c)归一化后的特征区域

图 9.6　特征区域的"补零"及归一化处理

§9.3　算法设计方案

　　基于 SURF 特征区域抗几何攻击的遥感影像鲁棒水印算法,采用第二代水印的思想,结合 SURF 检测算子和整数小波变换的优良特性,顾及遥感影像的自身特点而设计。该算法在保持遥感影像数据精度的同时,可有效抵抗噪声、滤波、JPEG 压缩、亮度调整等常规攻击,也可有效抵抗旋转、缩放、剪切、拼接等几何攻击,且无须对攻击后的影像进行校正恢复即可从中提取水印,具有较强的实用性和高效性,可有效保护遥感影像的安全。

9.3.1　水印嵌入算法

　　该算法采用冗余嵌入的思想,把相同的水印信息重复嵌入所有的特征区域,其主要流程如图 9.7 所示。

　　基于 SURF 特征区域抗几何攻击的遥感影像鲁棒水印嵌入算法的具体步骤如下:

　　(1)水印信息的生成。考虑每个特征区域嵌入容量的大小,采用无意义二值序列作为水印信息,利用密钥 key 生成一个长度为 N 的伪随机序列 $W = \{w_i \mid i = 1, 2, \cdots, N\}, w_i \in \{0, 1\}$。

　　(2)利用 SURF 检测算子在遥感影像中提取特征点,按照 9.2.1 节所述方法确定待嵌入水印的特征区域。值得注意的是,大数据量是遥感影像区别于普通图像的重要特征,对于较大尺寸的遥感影像而言,按此方法筛选后得到的互不重叠的特征区域众多。考虑实际操作的可行性和必要性,为进一步减少水印嵌入区域的数量,可再次从中选取鲁棒性最强的若干个特征区域,作为水印的嵌入区域。

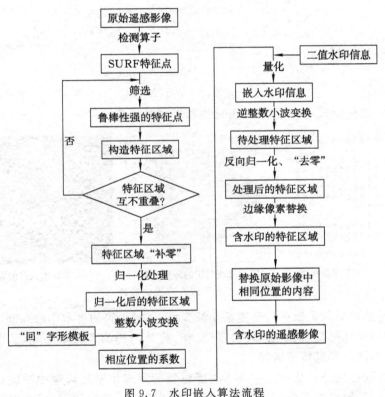

图 9.7　水印嵌入算法流程

(3)按照 9.2.2 节所述方法,将最终选定的圆形特征区域的四周补充零像素,使其成为 $2R_n \times 2R_n$ 大小的矩形影像块,并对"补零"后的特征区域进行归一化处理。

(4)对归一化后的特征区域进行二级整数小波变换,生成"回"字形模板,如图 9.8(a)所示。模板应满足 $0 < l_1 < l_2 < d$,其中,l_1、l_2 分别为内、外矩形的边长,d 为对角线高频子带的长度。按照模板上的元素分布,如图 9.8(b)所示,在对角线高频子带中修改相应位置的系数,从而使水印嵌入对应区域,如图 9.8(c)所示。

由于后续的"去零"操作和反向归一化处理会对嵌入在边缘位置的水印信息造成影响,因此若将水印信息平均嵌入处理后的特征区域,会导致即使在未受到攻击的遥感影像中,水印信息也无法完全正确提取。而采用设计的模板嵌入策略,不仅可以避免"去零"操作和反向归一化处理造成的边缘水印信息损失,而且能够最大限度地确保特征点周围一定大小邻域内的像素值不被修改,这进一步提高了水印提取时特征点检测的准确性。对相应位置系数的修改方案如下:

若 $w_i = 1$,则

$$X'_{ij} = \begin{cases} X_{ij} + \lambda/2, & \mathrm{mod}(X_{ij}, \lambda) < \lambda/2 \\ X_{ij}, & \mathrm{mod}(X_{ij}, \lambda) \geqslant \lambda/2 \end{cases} \tag{9.15}$$

若 $w_i = 0$,则

$$X'_{ij} = \begin{cases} X_{ij}, & \mathrm{mod}(X_{ij}, \lambda) < \lambda/2 \\ X_{ij} - \lambda/2, & \mathrm{mod}(X_{ij}, \lambda) \geqslant \lambda/2 \end{cases} \tag{9.16}$$

式中,λ 为量化步长,与水印的不可见性和鲁棒性密切相关。

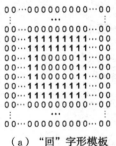 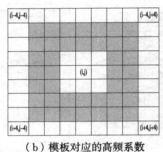 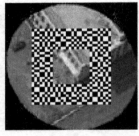

（a）"回"字形模板　　　（b）模板对应的高频系数　　　（c）水印嵌入的位置

图 9.8　水印嵌入位置的选择

　　(5)对修改后的系数进行逆整数小波变换,并对得到的含水印的局部特征区域进行反向归一化处理,然后进行"去零"操作,将其四周的零像素去除,从而得到嵌入水印后的圆形局部特征区域。

　　(6)将圆形局部特征区域中处于边缘位置的像素用原始影像中对应位置的像素替换。由于影像在正反归一化的过程中会导致边缘像素的损失,为保证遥感影像的数据精度,满足嵌入水印后影像应用的要求,采用边缘像素替换的策略,进一步提高嵌入水印后遥感影像的品质。由于边缘位置并未嵌入水印,因此替换边缘像素不会对水印信息的完整性造成影响。

　　(7)重复以上操作使所有选定的局部特征区域全部嵌入水印。用这些区域代替原始遥感影像中相同位置的局部特征区域即可得到嵌入水印后的遥感影像。

4.3.2　水印检测算法

　　水印的检测不需要原始遥感影像参与,且无须对攻击后的影像进行校正恢复即可从中提取水印。水印检测的基本流程如图 9.9 所示。

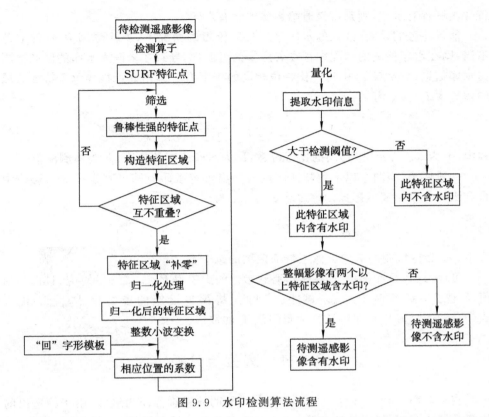

图 9.9　水印检测算法流程

基于 SURF 特征区域抗几何攻击的遥感影像鲁棒水印检测算法的具体步骤如下：

（1）利用密钥 key 生成长度为 N 的伪随机序列 $W=\{w_i, i=1,2,\cdots,N\}, w_i \in \{0,1\}$。

（2）从待检测的遥感影像中检测 SURF 特征点，按照 9.2.1 节所述方法确定待检测水印的圆形特征区域，按照 9.2.2 节所述方法，将最终选定的圆形特征区域的四周补充零像素，使其成为 $2R_n \times 2R_n$ 大小的矩形影像块，并对"补零"后的特征区域进行归一化处理。

（3）对归一化后的特征区域进行二级整数小波变换，根据生成的"回"字形模板，从对角线高频子带相应位置的系数中提取水印，提取规则为

$$w_k = \begin{cases} 1, & \mathrm{mod}(X_{ij}, \lambda) < \lambda/2 \\ 0, & \mathrm{mod}(X_{ij}, \lambda) \geqslant \lambda/2 \end{cases} \tag{9.17}$$

（4）将检测的水印序列 w_k 与生成的水印序列 w_i 进行比较，若相同的比特位数大于检测阈值 T，则判定该特征区域含有水印，否则判定该特征区域不含水印。

（5）重复以上步骤直至所有选定的特征区域检测完毕。若检测出两个以上的

特征区域含有水印,则判定该遥感影像中含有水印。

值得注意的是,在嵌入的水印序列长度较短的情况下,若检测阈值 T 的取值不当,则在水印检测的过程中存在着虚警的可能性,导致在未嵌入水印的区域检测出水印信息。w_k 与 w_i 中每一比特位相同的概率为 $1/2$,由此可推导每个特征区域的虚警率 $P_{\text{FA\_disk}}$ 为

$$P_{\text{FA\_disk}} = \sum_{r=T}^{L} \left(\frac{1}{2}\right)^L \left(\frac{L!}{r!(L-r)!}\right) \tag{9.18}$$

式中,r 为 w_k 与 w_i 中相同的比特位数,L 为水印序列的长度,T 为检测阈值。

一般认为,当两个以上的特征区域检测出含有水印时即可判定该遥感影像中含有水印。整幅遥感影像的虚警率 $P_{\text{FA\_image}}$ 为

$$P_{\text{FA\_image}} = \sum_{i=2}^{m} (P_{\text{FA\_disk}})^i (1 - P_{\text{FA\_disk}})^{m-i} \begin{bmatrix} m \\ i \end{bmatrix} \tag{9.19}$$

式中,m 为待检测的遥感影像中特征区域的总个数。

可以看出,检测阈值 T 与整幅遥感影像的虚警率 $P_{\text{FA\_image}}$ 一一对应,且检测阈值 T 越大,虚警率 $P_{\text{FA\_image}}$ 越小。因此,将预先设定的虚警率 $P_{\text{FA\_image}}$ 代入式(9.18)、式(9.19),即可计算检测阈值 T 的取值。

§9.4　实验与分析

实验选用 $2\,500 \times 2\,000$ 大小、256 灰度级的遥感影像作为载体,由于筛选出的特征区域众多,为便于统计和分析,从中选取鲁棒性最强的 30 个特征区域嵌入水印。设水印序列长度为 200 bit,半径调节参数为 $k=16$,检测阈值为 $T=140$,此时整幅遥感影像的虚警率 $P_{\text{FA\_image}}$ 小于 10^{-13} 数量级。

9.4.1　不可见性

不可见性实验如图 9.10 所示,所选局部影像的大小为 500×450,其中含有 5 个嵌入水印的特征区域。实验结果表明,从主观视觉上难以观察水印嵌入前后两幅影像的差异,即使是嵌入水印后的局部放大影像,人眼同样无法感知水印信息的存在,满足人类视觉系统的要求。客观上,采用峰值信噪比来衡量水印嵌入后对遥感影像的影响程度,其值越大说明嵌入水印后的影像与原始影像越接近。选择适当的量化步长 λ,通过计算可知,整幅遥感影像的峰值信噪比均在 46 dB 以上,说明该算法具有良好的不可见性,嵌入水印后的遥感影像仍然保持了较高的品质。

9.4.2　鲁棒性

为验证算法的鲁棒性,对嵌入水印后的遥感影像进行常规攻击和几何攻击测

试,并从攻击后的影像中提取水印信息。实验中的常规攻击主要包括噪声、滤波、
JPEG 压缩和遥感影像处理过程中常见的亮度调整及其组合攻击,几何攻击主要
包括旋转、放大、缩小、改变影像大小和相对位置的剪切和拼接及其组合攻击。采
用检测率和最大归一化相关值来衡量鲁棒性的强弱。其中,检测率是指攻击后影
像中成功检测出水印的特征区域个数与原始影像中嵌入水印的特征区域个数之
比,最大归一化相关值是指在所有判定为含水印的特征区域中提取的水印与原始
水印的最大相似值。鲁棒性实验结果如表 9.1、表 9.2 所示。

（a）原始遥感影像　　　　　　　　（b）嵌入水印后的遥感影像

（c）原始遥感影像局部放大效果（d）含水印遥感影像局部放大效果（e）嵌入强度扩大的差值图像

图 9.10　不可见性实验

表 9.1　常规攻击实验

攻击方式	攻击强度	检测率	NC_{max}	检测标识
高斯噪声	0.005	15/30	0.939	成功
椒盐噪声	0.01	14/30	0.946	成功
中值滤波	3×3	20/30	0.951	成功
均值滤波	3×3	16/30	0.921	成功
JPEG 压缩	60	22/30	0.973	成功
	20	15/30	0.889	成功
亮度调整	+35	16/30	0.996	成功
	−30	12/30	0.986	成功
亮度调整+中值滤波	+25,3×3	13/30	0.921	成功
均值滤波+JPEG 压缩	3×3,90	10/30	0.866	成功

　　由表9.1可以看出,算法对噪声、滤波、JPEG压缩、亮度调整等常规攻击及其组合攻击均具有较强的鲁棒性。这主要是因为常规攻击并没有改变载体影像和水印信息之间的同步关系,并且SURF检测算子对光照变换和噪声干扰具有良好的鲁棒性,这保证了特征点的精确定位和特征区域的准确构造,从而确保了水印信息的正确提取。

表9.2　几何攻击实验

攻击方式	攻击强度	检测率	NC_{max}	检测标识
旋转	$10°$	9/30	0.852	成功
	$20°$	8/30	0.816	成功
	$30°$	6/30	0.793	成功
缩放	0.8	5/30	0.763	成功
	1.2	9/30	0.896	成功
剪切	$1927×1545$	13/30	1.000	成功
	$1476×1114$	4/30	1.000	成功
拼接	$3400×2500$	30/30	1.000	成功
剪切+旋转	$2217×1681.5°$	11/30	0.889	成功
旋转+缩放	$5°,1.1$	7/30	0.812	成功

　　由表9.2可以看出,算法可有效抵抗旋转、缩放、剪切、拼接等几何攻击及其组合攻击。在进行几何攻击后,不需要进行校正恢复即可检测水印,具有很强的实用性,同时也提高了检测效率。针对遥感影像处理过程中常用的大幅影像的剪切或网络环境下瓦片数据的拼接处理,由于水印信息本身并没有遭到破坏,因此只要两个以上嵌入水印的特征区域包含在剪切或拼接后的影像内,即可成功提取水印,无须再考虑剪切或拼接后的遥感影像相对于原始影像的位置。

　　为进一步验证算法的鲁棒性,将本算法与同类算法中的Tsa等(2012)的算法、Seo等(2006)的算法进行对比。为保证载体图像的一致性,将算法应用于普通图像,选取512 bit×512 bit×8 bit的Lena图像作为嵌入载体,用检测率的百分比来衡量鲁棒性的强弱,实验结果如表9.3所示。

表9.3　鲁棒性对比　　　　　　　　　　　　　单位:%

	高斯滤波	锐化	JPEG 50	旋转 $45°$	缩放0.9	中心剪切
本章算法	43.8	37.5	50.0	12.5	37.5	31.3
Tsai算法	27.3	22.7	31.8	4.5	4.5	22.7
Seo算法	33.3	11.1	18.5	7.4	14.8	18.5

　　由表9.3可以看出,本算法检测率的百分比均高于Tsai算法和Seo算法,表明本算法抵抗常规攻击和几何攻击的鲁棒性均具有明显优势。

9.4.3　数据精度分析

　　精度是地理空间数据的重要特征,水印信息的嵌入不能影响遥感影像的使用价值。在量化步长 λ 适宜的前提下,算法主要通过边缘像素替换的策略保证嵌入水印后遥感影像的数据精度。分别将边缘像素替换前后影像的灰度值与原始遥感影像的灰度值进行比较,实验结果如表 9.4 所示。

表 9.4　数据精度对比

	相对于原始影像灰度值的改变量		
	0	1~4	≥5
替换前	89.15%	5.29%	5.56%
替换后	98.18%	1.82%	0

由表 9.4 可以看出,采用边缘像素替换策略有效提高了未改变的像素点所占的百分比,并且可将嵌入水印后影像的改变量控制在 4 个灰度值以内。由此可以表明,采用边缘像素替换策略使嵌入水印后遥感影像的数据精度相比于替换前有了明显的提高。

采用 ENVI4.7 遥感影像处理软件对遥感影像嵌入水印前后的灰度极值、均值、标准偏差等统计信息进行对比分析,实验结果如表 9.5 所示。

表 9.5　水印嵌入前后遥感影像的统计信息对比

	原始遥感影像	含水印遥感影像
最小灰度值	0	0
最大灰度值	255	255
平均灰度值	77.463	77.466
标准偏差	39.713	39.732

由表 9.5 可以看出,嵌入水印后遥感影像的最小、最大灰度值均保持不变,平均灰度值和标准偏差的改变量也非常微小,因此,遥感影像的基本统计信息不会因为水印的嵌入受到太大影响。

将水印嵌入前后的遥感影像进行非监督分类实验,以此验证含水印影像的可用性,分类方法采用 IsoData,将遥感影像按照灰度值的不同分为 5 个等级,并计算每个分类等级的误判率,实验结果如表 9.6 所示。

表 9.6　非监督分类实验

分类等级	原始影像像元数	嵌入后影像像元数	误判率/(%)
1	1 505 449	1 460 881	1.63
2	1 531 988	1 576 298	1.59
3	819 607	820 187	0.07
4	848 803	848 512	0.03
5	294 153	294 122	0.01

由表 9.6 可以看出,嵌入水印后的遥感影像各灰度等级上最大误判率为1.63%。因此,嵌入水印对遥感影像分类结果影响很小,不会影响遥感影像的正常

使用。

综上所述,算法有效确保了嵌入水印后遥感影像的数据精度。这主要是因为:一方面,算法将水印信息利用"回"字形模板嵌入遥感影像的局部特征区域,对影像中像素点的修改数量非常有限,除水印嵌入区域外,其余绝大部分区域内的像素值并未发生改变;另一方面,正反归一化的过程中所引起的像素点损失主要位于圆形特征区域的边缘,而本算法采用边缘像素替换的策略将边缘位置的像素用原始影像中对应位置的像素进行替换,边缘位置并未嵌入水印,不会对水印信息的完整性造成影响。

第 10 章　遥感影像半脆弱水印

遥感影像作为数字化战场环境信息的重要载体,包含的信息往往具有高敏感性,极易成为非法篡改的对象。一旦真实影像的信息被篡改,无疑会对战场环境信息的获取、指挥决策等造成巨大影响。因此,需要对遥感影像的内容进行认证,以确保遥感影像的安全。用于内容认证及篡改恢复的遥感影像半脆弱水印,可准确区分影像的合理失真及恶意篡改,并能对篡改区域进行精确定位和近似恢复。

§10.1　半脆弱水印技术概述

一般而言,鲁棒水印要求在遭受某些常规攻击(加噪、滤波、压缩、亮度调整等)或几何攻击(缩放、旋转、剪切、拼接等)后仍能较为清晰地提取水印;脆弱水印则要求只要含水印影像的内容发生变化,水印即被破坏,并能对篡改区域进行定位。由于脆弱水印对合理失真和恶意篡改都非常敏感,不允许原始影像有任何变化,导致它在实用性上受到很大的限制,仅适用于精确认证的情况。半脆弱水印具有选择性认证功能,可以有效区分合理失真和恶意篡改攻击,对常规的信号处理表现出一定程度的鲁棒性,而对恶意篡改表现出脆弱性,并且能够对篡改区域进行准确定位,在特定条件下,还可以实现篡改区域的近似恢复。

由于遥感影像具有重要的军事价值,数据的内容及其来源的可靠性必须经过严格的认证。一旦这些数据遭到攻击篡改,不仅会使原有的信息失去使用价值,而且还可能造成更为严重的影响。因此,对遥感影像的内容进行认证具有重要意义。从遥感影像的自身特点和实际应用情况的角度进行分析,其自身数据量庞大,遥感影像在存储、传输的过程中往往要进行压缩,传输信道中不可避免地还会存在着各种各样的噪声。因此,诸如高品质的压缩和微量的噪声等不改变影像内容的合理性失真是可以接受的,应让其通过认证,而针对影像内容的篡改等恶意攻击则是不可接受的,不能让其通过认证。多数情况下,需要对遥感影像进行选择性认证,明确区分合理性失真和恶意篡改,确保影像的安全。

普通图像半脆弱水印算法的研究可为遥感影像的半脆弱水印算法研究提供方法借鉴。Tsai 等(2008)采用量化的方式将认证水印随机嵌入二级小波变换后的三个高频子带,将处理后的低频系数作为恢复水印嵌入一级小波变换后的高频子带,但该算法需要将随机矩阵作为密钥保存,属于半盲算法,且嵌入后图像的品质不高。段贵多等(2010)将认证水印嵌入分块 Slant 变换的中频区域,把 Slant 变换后的低频系数量化后作为恢复水印,嵌入图像的最低有效位以实现篡改区域的自恢复。李国良等(2011)将原图像的半色调图置乱后作为水印,并采用自适应量化的方式将其嵌入,通过提取水印的逆半色调图较好地实现了篡改区域的近似恢复。刘金蟾(2012)将图像随机分成三部分,将认证水印分别嵌入三个不同部分的像素块,采用格矢量量化技术保证嵌入水印的质量,但算法未实现对篡改区域的恢复。唐春鸽(2012)提出基于图像的边缘特征生成链码,并将其作为水印信息,采用分块量化的策略在空间域嵌入水印,该算法达到了较低的虚警率,但由于是空域嵌入,抵抗噪声、压缩等攻击的能力不强。王枢等(2012)将第二代 Bandelet 变换的系数进行 Turbo 编码,作为认证水印嵌入分块斜变换的中频区域,并将分块后的平均灰度值作为恢复水印嵌入最低有效位,该算法可实现图像的篡改定位及恢复。Ullah 等(2013)将小波变换后的系数进行分组置乱,计算每组的权值,通过量化权值的方式将基于图像内容的认证水印嵌入,将编码后的低频系数作为恢复水印,嵌入小波变换后的水平和垂直子带。该算法对篡改具有定位和恢复功能,但过程过于烦琐,需要对系数反复进行分组和归位才能判断篡改位置,且定位的准确性有待于提高。

　　基于 Contourlet 变换的遥感影像半脆弱水印算法,通过量化方向子带中绝对值最大的系数实现认证水印的嵌入。将影像进行 4×4 分块后的平均灰度值作为恢复水印,嵌入最低有效位。该算法对于噪声、JPEG 压缩等合理性失真具有一定的鲁棒性,对于恶意篡改具有定位能力,并可借助恢复水印实现篡改区域的近似恢复。恢复后的影像可满足一般的视觉要求,可应用于对精度要求不高的判读等。

§10.2　Contourlet 变换相关理论

　　Contourlet 变换是由 Do 等(2002)提出的。它通过拉普拉斯金字塔分解(Laplace pyramid,LP)及方向滤波器组(directional filter bank,DFB),实现图像的多方向、多分辨率、局域性表示,如图 10.1 所示。图像进行 Contourlet 分解变换的框架如图 10.2 所示。由此可以看出,首先利用拉普拉斯金字塔分解对图像实施多尺度分解,然后对不同尺度上的子带进行多方向的分解和变换。

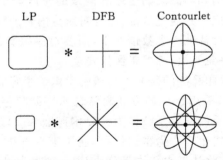

图 10.1　拉普拉斯金字塔分解和方向滤波器组实现

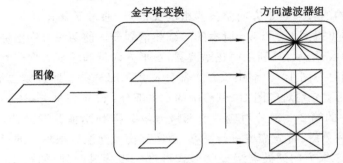

图 10.2　Contourlet 变换框架

拉普拉斯金字塔分解的基本原理为:通过对原始输入信号进行低通滤波及下采样处理,得到信号的低通输出;对其实施上采样及滤波操作,获取预测信号;通过计算原始信号和预测信号之差,得到带通信号的输出。反复实施上述过程,即可获取满足要求的分解尺度,如图 10.3 所示。其中, x 为原始信号, a 为低频信号, b 为高频信号, H 为分解滤波器, G 为综合滤波器, M 为采样矩阵。

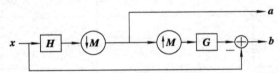

图 10.3　拉普拉斯金字塔分解过程

拉普拉斯金字塔的重构是分解的逆过程,如图 10.4 所示。它采用双重框架运算的算法,其实现可通过相应的对偶框架算子。与把差值信号简单叠加到预测信号上的传统重构方法相比,此方法对噪声干扰下的重构性能有了较大的提高。

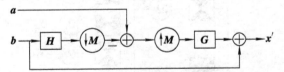

图 10.4　拉普拉斯金字塔重构过程

Do 等(2002)设计了一种新的方向滤波器组的构造方法,可有效避免调制输入信号,它由两个模块组成:首先是两通道梅花滤波器组,如图 10.5 所示,其中, x 为输入信号,

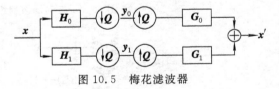

图 10.5　梅花滤波器

H_0、 H_1、 G_0、 G_1 为方向滤波组, y_0、 y_1 由 x 经滤波、下采样后得到, Q 为采样矩阵, x' 为输出信号;其次是平移操作,它可以在梅花滤波分解阶段前,对图像的采样进行重新排序,而且能够在合成阶段后实施反平移操作。

　　树形结构的各节点是方向滤波器组的关键点,通过平移操作与梅花滤波器的有效结合,即可得到如图 10.6 所示的二维频谱划分。前两级方向滤波器组进行分解时,如图 10.7 所示,只利用梅花滤波器,水平方向带和垂直方向带在第一级分解后输出,分别对应图 10.6(a)中的 0、1 部分及 2、3 部分;y_0 通过第二级分解,被分解成 y_{00} 和 y_{01},分别对应图 10.6(a)中的 0、1 部分;y_1 可以被分解成 y_{10} 和 y_{11},与图 10.6(a)中的第 2、3 部分对应。前两级分解只需利用梅花滤波器,但对于第三级及其以后的分解,首先需要进行平移,再实施梅花滤波。根据上通道 0 和下通道 1 的不同,第三级方向滤波器组分解形式可进一步分成两种,如图 10.8 所示。值得注意的是,上通道的分解类型为 Type1,下通道的分解类型为 Type2。图像经过三级方向滤波器组分解后即可得到如图 10.6(b)所示的频域划分。

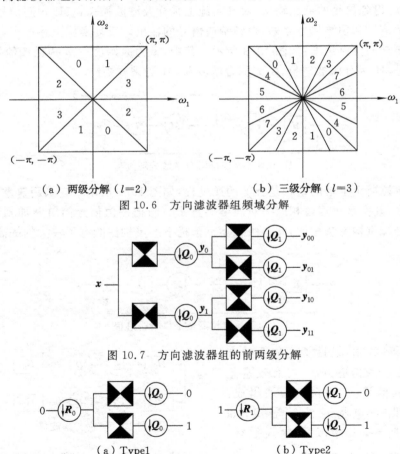

（a）两级分解（$l=2$）　　　　　　（b）三级分解（$l=3$）

图 10.6　方向滤波器组频域分解

图 10.7　方向滤波器组的前两级分解

（a）Type1　　　　　　　　　（b）Type2

图 10.8　方向滤波器组的第三层分解

Contourlet 变换的实现需要将拉普拉斯金字塔分解和方向滤波器组相结合,

这样能有效弥补对方存在的不足,从而得到更佳的图像描述方式,以此来完成图像的多方向、多尺度分解,如图 10.9 所示。

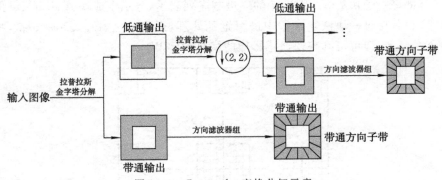

图 10.9　Contourlet 变换分解示意

§10.3　算法设计方案

遥感影像半脆弱水印方案总体上可分为两个过程:一是水印的生成与嵌入,二是遥感影像的认证及恢复。其中,前一个过程由遥感影像的发送方实施,后一个过程由遥感影像的接收方实施。

10.3.1　水印的生成

嵌入的水印包括认证水印和恢复水印两个部分。

1. 认证水印

用于内容认证的水印信息可分为两类:一类是与原始影像没有关系,如具有一定意义的二值图像或基于密钥的伪随机序列等数字信息;另一类是基于影像内容构造的水印,这类水印是影像局部特征的反映,因此影像的局部变化可以通过水印的变化来反映,这就要求水印的嵌入和针对影像的合理性失真不能影响水印的构造。为提高内容认证的准确性,本节算法采用第一类水印信息,利用密钥 key 生成伪随机二值矩阵作为认证水印 W_A。

2. 恢复水印

本节算法采用 4×4 分块后影像的灰度平均值作为恢复水印,其主要生成步骤如下:

(1)将原始遥感影像分成大小相等的 A、B、C、D 四块,再对每一块划分为若干 4×4 大小的子块,如图 10.10 所示,计算每一子块的灰度平均值,即

$$a_r = \text{round}\left(\sum_{i=1}^{16} a_{ri}/16\right) \tag{10.1}$$

式中，round(·)为四舍五入取整函数，r 为影像子块编号，$a_{ri}(i=1,2,\cdots,16)$ 为子块 r 中各像素点的灰度值。

（2）将每一子块的 a_r 用 8 bit 的二进制序列表示，分别生成块 A、B、C、D 的恢复水印，然后在每一块恢复水印中进行置乱处理，得到 w_{RA}、w_{RB}、w_{RC}、w_{RD}，将它们组合在一起，即可得到整幅遥感影像的恢复水印 W_R。

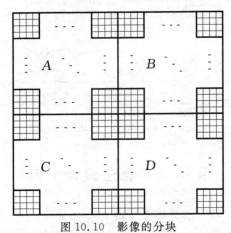

图 10.10　影像的分块

10.3.2　水印嵌入算法

水印嵌入时将认证水印和恢复水印依次嵌入，其主要流程如图 10.11 所示。

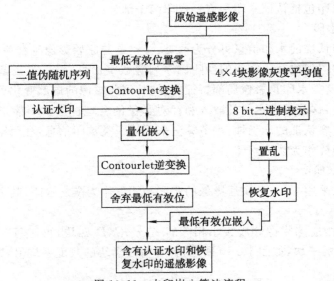

图 10.11　水印嵌入算法流程

水印嵌入算法的具体步骤如下：

（1）将原始遥感影像 I 中每个像素的最低有效位置零，得到处理后的影像 I_1。

（2）对 I_1 进行尺度为 s、方向数为 d 的 Contourlet 变换。顾及嵌入的水印信息对遥感影像数据精度的影响，保留低频近似子带不变，选取第 $s-1$ 层的各方向子带嵌入认证水印 W_A。为提高认证水印的安全性，该算法并不是将水印信息嵌入某一特定的子带，而是通过比较不同方向子带在相同位置处的系数绝对值 $|C_k(i,j)|$（k 为子带的方向）的大小，选取系数绝对值最大的子带作为水印位 $W_A(i,j)$ 的嵌入子带。

（3）通过修改所选子带 (i,j) 处的系数 $C_k(i,j)$，嵌入水印位信息 $W_A(i,j)$，具体嵌入方法为

$$g(i,j)=\begin{cases}0, & \text{floor}(|C_k(i,j)|/Q) \text{ 为偶数}\\ 1, & \text{floor}(|C_k(i,j)|/Q) \text{ 为奇数}\end{cases} \tag{10.2}$$

$$C_k^w(i,j)=\begin{cases}\text{sgn}(C_k(i,j))\cdot(\text{floor}(|C_k(i,j)|/Q)\cdot Q+2Q), & g(i,j)=W(i,j)\\ \text{sgn}(C_k(i,j))\cdot(\text{floor}(|C_k(i,j)|/Q)\cdot Q+Q), & g(i,j)\neq W(i,j)\end{cases} \tag{10.3}$$

式中，$|\cdot|$ 为绝对值函数，$\text{floor}(\cdot)$ 为向下取整函数，Q 为量化步长，$\text{sgn}(\cdot)$ 为符号函数，$C_k(i,j)$ 和 $C_k^w(i,j)$ 分别为水印嵌入前、后所选子带 (i,j) 处系数的值。

（4）重复第（3）步，直至完成认证水印 W_A 的嵌入。

（5）进行 Contourlet 逆变换，得到含有认证水印的遥感影像，将该影像中每个像素值的最低有效位置零，得到处理后的影像 I_2。

（6）将 I_2 按照图 10.10 所示进行分块，为使篡改区域得到有效恢复，应将恢复水印的嵌入位置尽可能远离它原来所在的区域，以防止在篡改原始影像的同时破坏其恢复信息。因此，将 A、B、C、D 块置乱后的恢复水印 w_{RA}、w_{RB}、w_{RC}、w_{RD} 分别对应嵌入块 B、C、D、A 中像素点的最低有效位。

通过以上步骤，即可得到含有认证水印和恢复水印的遥感影像 I_w。

10.3.3　水印检测算法

水印的检测过程由接收方实施，不需要原始遥感影像参与，实现了盲检测，其主要步骤如下：

（1）提取待检测遥感影像 I' 像素的最低有效位，并对其实施反置乱，即可获得影像的恢复水印 W'_R。

（2）将待检测遥感影像 I' 每个像素的最低有效位置零，得到处理后的影像 I'_1。

（3）对 I'_1 进行与嵌入过程相同的 Contourlet 变换，比较第 $s-1$ 层的各方向子

带在(i,j)处的系数绝对值$|C_k'(i,j)|$的大小,将绝对值最大的系数$C_k'(i,j)$进行量化,提取在(i,j)处嵌入的水印信息,即

$$W_A'(i,j) = \begin{cases} 1, & \mathrm{mod}(\mathrm{round}(C_k'(i,j)/Q),2)=1 \\ 0, & \mathrm{mod}(\mathrm{round}(C_k'(i,j)/Q),2)=0 \end{cases} \qquad (10.4)$$

(4)重复第(3)步,直至认证水印W_A'所有的水印位提取完毕。

10.3.4　篡改定位及恢复

通过认证过程可以判断待检测遥感影像是否发生了篡改、哪个位置发生了篡改、篡改的程度有多大,将提取的水印W_A'与原认证水印W_A进行逐位比较,即

$$D(i,j) = |W_A'(i,j) - W_A(i,j)| \qquad (10.5)$$

式中,$\boldsymbol{D}$为篡改检测矩阵,$|\cdot|$为绝对值函数。

由式(10.5)可知,如果$W_A'(i,j)=W_A(i,j)$,则$D(i,j)=0$;若$W_A'(i,j)\neq W_A(i,j)$,则$D(i,j)=1$。然而值得注意的是,遥感影像在遭受噪声、JPEG压缩等合理性失真后,也有可能导致$D(i,j)=1$,使得(i,j)对应位置不能通过认证。因此,需要对初步认证结果进行进一步的处理,使篡改定位更加精确。一般而言,遥感影像在遭受噪声、压缩等合理性失真后,$D(i,j)=1$的点一般都是呈离散分布状态;而在遭受内容篡改等恶意攻击后,$D(i,j)=1$的点往往都是呈块状分布。基于这种考虑,采用以下策略对篡改检测矩阵$\boldsymbol{D}$进行处理,对于其中离散的一点$D(i,j)$有:

(1)若$D(i,j)=1$,且其8连通域内包含非零点的个数小于等于1,则判定$D(i,j)=1$为虚警点,该点可能只是遭受了合理性的失真,将该点恢复为0;否则,不处理。

(2)若$D(i,j)=0$,且其8连通域内包含非零点的个数大于等于4,则判定$D(i,j)=0$为漏报点,该点周围的区域很可能遭受了恶意篡改,将该点恢复为1;否则,不处理。

(3)若0、1点呈现高密度交替分布,则此区域整体判定为篡改区域,为保证此区域的定位精度,不采取以上策略进行处理。

最后,结合形态学算子对认证结果进行适当修正。

在实际应用中,检测出遥感影像被恶意篡改后如果能对被篡改的内容进行近似恢复,使恢复后的影像满足基本视觉要求,能应用于一些对数据精度要求不高的情况,则具有重要的意义。根据篡改检测矩阵确定遥感影像被篡改的区域后,将提取的恢复水印W_R'由8bit二进制形式还原为4×4块的灰度平均值;然后采用双三次插值的方法将其放大4倍,得到近似的遥感影像;最后将被篡改的区域用近似影像中对应位置的内容替代,从而完成篡改区域的恢复。

遥感影像的内容认证及篡改区域恢复的流程如图10.12所示。

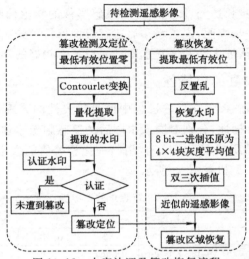

图 10.12　内容认证及篡改恢复流程

§10.4　实验与分析

为验证算法的性能,对其进行仿真实验及分析。仿真实验选用 512×512 大小、256 灰度级的遥感影像作为载体,Contourlet 变换中的拉普拉斯金字塔分解过程选用"9-7"金字塔滤波器,方向滤波器采用"pkva"。实验将分别从水印嵌入后的不可见性、抗合理失真的鲁棒性、对篡改区域的定位和恢复能力,以及嵌入水印后遥感影像的数据精度等方面对算法的性能进行测试和分析。

10.4.1　不可见性

将认证水印及恢复水印嵌入遥感影像,不可见性实验结果如图 10.13 所示。

（a）原始遥感影像　　　　　　（b）含水印的遥感影像

图 10.13　不可见性实验

对图 10.13(a)和图 10.13(b)进行比较可以发现,在视觉上感觉不到水印嵌入前后遥感影像的差异。由于恢复水印只嵌入在遥感影像的最低有效位,在嵌入认证水印时,只要量化步长适当,嵌入水印后遥感影像的峰值信噪比均可达到 40 dB 以上。由此可以进一步表明,嵌入水印后遥感影像保持了较高的品质。因此,算法具有良好的隐蔽性,认证水印和恢复水印嵌入后具有较好的不可见性。

10.4.2 抗合理失真的鲁棒性

噪声和压缩是遥感影像在传输过程中最具代表性的合理性失真,为测试算法对于合理性失真的鲁棒性,分别对嵌入水印后的遥感影像添加不同种类、不同强度的噪声和进行不同品质的 JPEG 压缩,用归一化相关值的大小来衡量鲁棒性的强弱,实验结果如表 10.1 和表 10.2 所示。

表 10.1 抗噪声的鲁棒性

噪声种类	高斯噪声			椒盐噪声		
攻击强度	8	16	32	0.005	0.01	0.02
归一化相关值	0.976	0.939	0.861	0.968	0.931	0.873

表 10.2 抗 JPEG 压缩的鲁棒性

噪声种类	高斯噪声			椒盐噪声		
攻击强度	95	90	85	80	75	70
归一化相关值	0.999	0.992	0.981	0.973	0.964	0.955

由表 10.1 和表 10.2 可以看出,嵌入水印后的遥感影像在遭受一定强度的噪声和压缩攻击后,仍可从中检测出水印信息,表明该算法对噪声和压缩等合理性失真具有一定的鲁棒性。

10.4.3 篡改区域的定位及恢复

为验证算法对于篡改区域的定位及恢复能力,对嵌入水印后的遥感影像分别进行不同方式的恶意篡改攻击,并对篡改区域进行定位和恢复,实验结果如图 10.14 所示。其中,图 10.14(a)、图 10.14(d)、图 10.14(g)、图 10.14(j)为篡改后的遥感影像。

(a)进行剪切攻击　　　　（b)对应（a)的效果图　　　　（c)对应（a)的恢复影像

图 10.14 篡改区域的定位及恢复

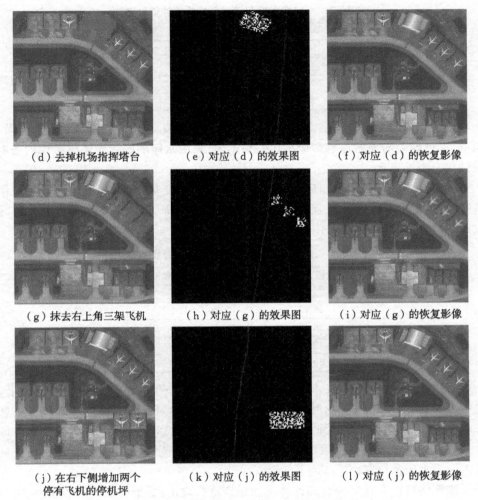

（d）去掉机场指挥塔台　　　（e）对应（d）的效果图　　　（f）对应（d）的恢复影像

（g）抹去右上角三架飞机　　　（h）对应（g）的效果图　　　（i）对应（g）的恢复影像

（j）在右下侧增加两个
停有飞机的停机坪　　　　（k）对应（j）的效果图　　　（l）对应（j）的恢复影像

图 10.14　篡改区域的定位及恢复（续）

实验表明，算法对恶意篡改攻击具有良好的脆弱性。当含有水印的遥感影像内容遭到篡改时，可以对篡改区域准确定位，并对其进行近似恢复，恢复后遥感影像的峰值信噪比在 36 dB 左右，可以满足基本视觉要求，能够应用于一些对数据精度要求不高的情况。

10.4.4　数据精度分析

为检测嵌入水印对遥感影像数据精度的影响，采用 ENVI 4.7 遥感影像处理软件对水印嵌入前后遥感影像的灰度极值、均值、标准偏差等统计信息进行对比分析，实验结果如表 10.3 所示。

表 10.3   水印嵌入前后遥感影像的统计信息对比

	原始遥感影像	含水印遥感影像
最小灰度值	49	44
最大灰度值	255	255
平均灰度值	115.902	115.373
标准偏差	36.586	36.971

由表 10.3 可以看出,嵌入水印后遥感影像灰度极值的改变量为 5 个灰度级,均值、标准偏差与原始遥感影像相比差别不大,表明水印的嵌入对遥感影像的基本统计信息影响不大。

为进一步验证嵌入水印后遥感影像数据精度的变化,对水印嵌入前后的影像进行非监督分类实验,分类器选择 ISODATA,分类等级为 5,并计算每个分类等级的误判率,实验结果如表 10.4 所示。

表 10.4   水印嵌入对遥感影像非监督分类的影响

分类等级	原始影像像元数	嵌入后影像像元数	误判率/(%)
1	71 906	72 893	1.37
2	46 751	51 184	9.48
3	36 859	38 721	5.05
4	45 800	43 440	5.15
5	60 828	55 906	8.09

由表 10.4 可以看出,5 个分类等级中有 4 个等级的像元误判率都在 5% 以上,其中最大误判率达到了 9.48%,表明水印的嵌入虽然对遥感影像的基本统计信息影响不大,但对遥感影像的非监督分类会造成一定的影响。这主要是因为水印算法是将认证水印和恢复水印共同嵌入原始遥感影像,对遥感影像的影响要大于只嵌入一个水印的情况。

该算法可以有效区分合理性失真和恶意篡改攻击,对于一定强度的噪声、压缩等操作具有鲁棒性,对于恶意篡改等攻击具有脆弱性,并能够实现篡改区域的定位和恢复,使恢复后的遥感影像满足基本的视觉要求。但是,同时嵌入两个水印会对遥感影像的分类结果产生一定的影响,这也是需要进一步研究的问题。

参考文献

曹璐,2010.可视可逆数字水印算法的研究与改进[D].北京:北京交通大学.

陈晨,何建农,2008.DFT 域数字水印算法在遥感图像中的应用[J].计算机与现代化(11):77-79.

陈辉,2005.数字水印技术及其在遥感图像中的应用研究[D].成都:成都理工大学.

陈辉,郭科,陈聆,2007.基于分型编码的遥感图像数字水印技术研究[J].计算机应用研究,24(9):83-85.

陈年福,2011.基于小波域隐马尔可夫树的影像地图版权保护方法的研究[D].哈尔滨:哈尔滨工程大学.

邓成,高新波,2009.基于 SIFT 特征区域的抗几何攻击图像水印算法[J].光子学报,38(4):1005-1010.

段贵多,赵希,李建平,等,2010.一种新颖的用于图像内容认证、定位和恢复的半脆弱数字水印算法研究[J].电子学报,38(4):842-847.

付剑晶,2012.遥感软件知识产权与数字遥感影像版权保护[D].杭州:浙江大学.

高洁,2013.新型可见水印的研究[D].广州:暨南大学.

高洁,刘伟平,2013.新的改进 IDCT_DWT 域的可逆可见水印方法[J].暨南大学学报(自然科学版),34(1):62-69.

耿迅,龚志辉,巩保胜,等,2008.基于整数小波变换的半盲脆弱水印算法[J].测绘科学,33(1):83-84.

耿迅,龚志辉,张春美,2007.基于 HVS 和整数小波变换的遥感图像水印算法[J].测绘通报(8):20-22.

桂国富,2006.非对称数字水印算法研究[D].上海:上海交通大学.

何少芳,2010.基于 EIGamal 加密算法的非对称数字指纹体制[J].现代电子技术,33(3):47-58.

胡英,陈辉,房世波,2005.数字水印技术在遥感图像版权保护中应用[J].计算机仿真,22(3):200-202.

黄振华,寇卫东,张军,等,2006.基于特征向量和方程无穷解的非对称水印算法[J].计算机工程与应用,42(32):104-105.

蒋力,徐正全,2012.一种 DCT 域遥感影像半脆弱水印算法[J].华中科技大学学报(自然科学版),40(7):47-51.

焦艳华,张雪萍,林楠,2009.基于聚类的矢量地图数字水印技术研究[J].科技信息(21):446-447.

李安波,2007.GIS 矢量数据产品版权保护的关键技术研究[D].南京:南京师范大学.

李斌,2007.隐写术和数字水印技术中的矩阵奇异值分解方法[D].上海:华东师范大学.

李国良,谭月辉,齐京礼,等,2011.多小波可恢复半脆弱数字水印算法[J].计算机工程,37(17):84-86.

李国藻,杨启合,胡定荃,1993.地图投影[M].北京:解放军出版社.

李雷达,郭宝龙,武晓钥,2008.一种新的空域抗几何攻击图像水印算法[J].自动化学报,34(10):1235-1242.

李丽丽,孙劲光,2012.基于 Harris-Laplace 特征区域的遥感图像水印算法[J].计算机应用与软件,29(3):98-101.

李强,胡维华,2010.基于奇异值分解的二维工程图水印算法[J].杭州电子科技大学学报,30(3):59-62.

李翔,丁文霞,2013.一种基于灰度均匀分布的自适应文本可见水印算法[J].计算机工程与科学,35(7):71-76.

李媛媛,许录平,2004a.用于矢量地图版权保护的数字水印[J].西安电子科技大学学报(自然科学版),31(5):719-723.

李媛媛,许录平,2004b.矢量图形中基于小波变换的盲水印算法[J].光子学报,33(1):97-100.

刘金蟾,2012.用于图像篡改定位的半脆弱水印算法研究[D].长春:吉林大学.

刘瑞祯,谭铁牛,2001.基于奇异值分解的数字图像水印算法[J].电子学报,29(2):168-171.

马桃林,顾翀,张良培,2006.基于二维矢量数字地图的水印算法研究[J].武汉大学学报(信息科学版),31(9):792-794.

孟瑶,2008.基于网格频谱域的二维图形水印算法[J].福建电脑,24(4):63-64.

闵连权,2005.地理空间数据安全保密技术研究[D].郑州:信息工程大学.

闵连权,2007.基于离散余弦变换的数字地图水印算法[J].计算机应用与软件,24(1):146-148.

闵连权,2008.一种鲁棒的矢量地图数据的数字水印[J].测绘学报,33(2):262-267.

闵连权,2015.地理空间数据隐藏与数字水印[M].北京:测绘出版社.

闵连权,李强,祝先真,等,2010.我国地理空间数据的安全政策研究[J].测绘科学,35(3):37-40.

任娜,朱长青,2012.一种抗拼接的瓦片遥感数据水印算法[J].测绘通报(S1):491-493.

任娜,朱长青,王志伟,2011a.抗几何攻击的高分辨率遥感影像半盲水印算法[J].武汉大学学报(信息科学版),36(3):329-332.

任娜,朱长青,王志伟,2011b.基于映射机制的遥感影像盲水印算法[J].测绘学报,40(5):623-627.

邵承永,汪海龙,牛夏牧,等,2005.基于统计特征的二维矢量地图鲁棒水印算法[J].电子学报,33(12A):2312-2316.

隋雪莲,2007.遥感影像与矢量图形的数字水印技术研究[D].郑州:信息工程大学.

孙圣和,陆哲明,牛夏牧,2004.数字水印技术及应用[M].北京:科学出版社.

谭秀湖,刘国枝,王蕊,2007.一种非对称鲁棒性盲水印算法[J].海军工程大学学报,19(1):65-70.

唐春鸽,2012.基于图像特征的半脆弱数字水印算法研究[D].沈阳:辽宁大学.

王蓓蓓,赵友军,李显洲,2013.一种新的小波域自适应可见水印算法[J].四川大学学报(自然科学版),50(4):753-756.

王炳锡,陈琦,邓峰森,2003.数字水印技术[M].西安:西安电子科技大学出版社.

王超,王伟,王泉,等,2009.一种空间域矢量地图数据盲水印算法[J].武汉大学学报(信息科学版),34(2):163-165.

王兰,2010.高辐射分辨率遥感影像数字水印算法研究[D].郑州:信息工程大学.

王兰,吴彬,徐明世,等,2011.一种用于遥感影像版权保护的可见数字水印算法[J].影像技术,23(2):48-51.

王枢,张敏情,申军伟,2012.基于第二代 Bandelet 变换和斜变换的半脆弱水印算法[J].计算机应用,32(8):2265-2267.

王伟,2007.基于 SVG 的图形水印技术[D].广州:华南师范大学.

王文君,2004.基于小波包的遥感图像半脆弱性数字水印[D].秦皇岛:燕山大学.

王贤敏,关泽群,吴沉寒,2004.小波用于基于遥感影像特征的自适应二维盲水印算法[J].计算机工程与应用,40(20):37-41.

王向阳,杨红颖,邬俊,2005.基于内容的离散余弦变换域自适应遥感图像数字水印算法[J].测绘学报,34(4):324-330.

王兴元,石其江,孙天凯,2008.基于 IFS 理论的数字水印算法[J].中国图象图形学报,13(3):419-427.

王勋,2006.图像与图形数字水印技术研究[D].杭州:浙江大学.

汪小帆,戴跃伟,茅耀斌,2001.信息隐藏技术——方法与应用[M].北京:机械工业出版社.

吴柏燕,2010.空间数据水印技术的研究与开发[D].武汉:武汉大学.

许德合,2009.基于 DFT 的空间数据水印模型研究[D].郑州:信息工程大学.

闫浩文,郭仁忠,2003.基于 Voronoi 图的空间方向关系形式化描述模型[J].武汉大学学报(信息科学版),28(4):468-471.

杨猛,2011.基于特征点的遥感影像地图版权保护方法的研究[D].哈尔滨:哈尔滨工程大学.

杨启合,1990.地图投影变换原理与方法[M].北京:解放军出版社.

杨义先,钮心忻,任金强,2002.信息安全新技术[M].北京:北京邮电大学出版社.

叶天语,2012.DWT-SVD 域全盲自嵌入鲁棒量化水印算法[J].中国图象图形学报,17(6):45-51.

曾华飞,胡永健,周璐,2008.用于保护数字地图版权的曲线水印算法[J].计算机应用,28(10):2488-2491.

张鸿生,李岩,曹阳,2009.一种采用曲线分割的矢量图水印算法[J].中国图象图形学报,14(8):1516-1522.

张丽娟,李安波,闾国年,等,2008.GIS 矢量数据的自适应水印研究[J].地球信息科学,10(6):724-729.

张琴,2005.图形数据数字水印技术的研究[D].济南:山东大学.

张世永,2003.网络安全原理与应用[M].北京:科学出版社.

赵林,2009.基于 DFT 自适应矢量地图水印算法的研究[D].哈尔滨:哈尔滨工程大学.

中国地理信息产业政策研究组,2007.中国地理信息产业政策研究[M].北京:测绘出版社.

钟尚平,2005.双重嵌入 MQUAD 水印算法分析与改进[J].计算机研究与发展,42(增刊):142-149.

周旭,2008.图形图象中数字水印若干技术的研究[D].杭州:浙江大学.

朱长青,符浩军,缪剑,等,2013.一种自适应的数字栅格地图可见水印算法[J].测绘学报,42

(2):304-309.

朱长青,周卫,吴卫东,等,2015.中国地理信息安全的政策和法律研究[M].北京:科学出版社.

朱述龙,朱宝山,王红卫,2006. 遥感图像处理与应用[M]. 北京:科学出版社.

庄楚强,何春雄,2006.应用数理统计基础[M].第3版.广州:华南理工大学出版社.

ASLANTAS V,2008. A singular value decomposition based image watermarking using genetic algorithm[J]. International Journal of Electronics and Communications,62(5):386-394.

ATUL V, SHASHIKALA T, 2009. A novel reversible visible watermarking technique for images using noise sensitive region based watermark embedding(NSRBWE) approach[C]. Proceedings of IEEE Conference on EUROCON. Saint Petersburg, Russia:1374-1377.

BARNI M, BARTOLINI F, CAPPELLINE V, et al,2002. Near-lossless digital watermarking for copyright protection of remote sensing images[C]. Proceedings of IEEE International Geoscience and Remote Sensing Symposium. Toronto,Canada:1447-1449.

BAY H, ESS A, TUYTELAARS T, et al,2008. Speeded-up robust features[J]. Computer Vision and Image Understanding, 110(3):346-259.

BENDER W,GRUHL D,MORIMOTO N,et al,1996. Technique for data hiding[J]. IBM System Journal. 35(4):313-336.

BHATNAGAR G, RAMAN B,2009. Robust watermarking using distributed MR-DCT and SVD [C]. Proceedings of the 7th International Conference on Advances in Pattern Recognition: 21-24.

BOATO G, DE N F, FONTANARI C, 2008. A multilevel asymmetric scheme for digital fingerprinting[J]. IEEE Transactions on Multimedia,10(5):758-766.

CHEN C H,TANG Y L,WANG C P, et al,2014. A robust watermarking algorithm based on salient image features [J]. Optik-International Journal for Light and Electron Optics,125(3): 1134-1140.

CHEN P M. 2000. A visible watermarking mechanism using a statistic approach [C]. Proceedings of IEEE the 5th International Conference on Signal Processing. Beijing,China,2: 910-913.

CHOI H, LEE K, KIM T,2004. Transformed-Key asymmetric watermarking system[J]. IEEE Signal Processing Letters, 11(2):251-254.

COX G S, DE JAGER G, 1992. A survey of point pattern matching techniques and a new approach to point pattern recognition [C]. Proceedings of Communication and Signal Processing.

DENG Cheng, GAO Xinbo, LI Xuelong, et al,2009. A local Tchebichef moments-based robust image watermarking[J]. Signal Processing,89(8):1531-1539.

DITTMANN J,SONNET H,STROTHOTTE T,et al,2003. Illustration watermarks for vector graphics [C]. Proceedings of the 11th Pacific Conference on Computer Graphics and Applications. Canmore,Canada,IEEE Computer Society:73-82.

DO M N, VETTERLI M, 2002. Contourlets: A new directional multiresolution image representation[C]. Proceedings of Conference Record of the 36th Asilomar Conference on Signals, Systems and Computers,2:497-501.

DONG P, BRANKOV J G, GALATSANOS N P, 2005. Digital watermarking robust to geometric distortions[J]. IEEE Transactions on Image Processing, 14(12):2140-2150.

ENDOH S, MASUDA H, OHBUCHI R, et el, 2001. Development of digital watermarking technology for vector digital maps[R]. Tokyo:IPA Technology Expro 2001 Reports.

FARRUGIA R A, 2011. Reversible visible watermarking for H. 264/AVC encoded video[C]. Proceedings of IEEE International Conference on Computer as a Tool. Lisbon, Portugal:1-4.

GOU Hongmei,WU Min,2004a. Data hiding in curves for collusion-resistant digitalfingerprinting [C]. Proceedings of IEEE International Conference on Image Processing. Singapore,1:51-54.

GOU Hongmei,WU Min,2004b. Fingerprinting Curves[C]. Proceedings of IEEE International Workshop on Digital Watermarking. Seoul,Korea:13-28.

GOU Hongmei,WU Min,2005a. Data hiding in curves with application to fingerprinting maps [J]. IEEE Transactions on Signal Processing,53(10):3988-4005.

GOU Hongmei, WU Min, 2005b. Robust digital fingerprinting for curves[C]. Proceedings of IEEE Conference on Acoustics,Speech,Signal Processing. Philadelphia,USA,2:529-532.

HARTUNG F, GIROD B, 1997. Fast public-key watermarking of compressed video [C]. Proceedings of IEEE International Conference on Image Processing. Santa Barbara, CA, 1: 528-531.

HORNESS E, NIKOLAIDIS N, PITAS I, 2007. Blind city maps watermarking utilizing road width information[C]. Proceedings of the 15th European Signal Processing Conference. Poznan:2291-2295.

HSIEH W F, LIN Peiyu, 2012. Imperceptible visible watermarking scheme using color distribution modulation[C]. Proceedings of the 9th International Conference on Ubiquitous Intelligence and Computing and 9th International Conference on Autonomic and Trusted Computing. Fukuo,Japan:1002-1005.

IM D H,LEE H Y,RYU S J, et al, 2008. Vector watermarking robustto both globaland local geometrical distortions[J]. IEEE Signal Processing Letters,15:789-792.

INSAF K,Zied B,2006. A novel content preserving watermarking scheme for multipectral images [C]. Proceedings of the 2nd International Conference on Information and Communication Technologies. Damascus,Syria:1064-1071.

KANKANHALLI M S, RAJMOHAN, RAMAKRISHNAN K R, 1999. Adaptive visible watermarking of images[C]. Proceedings of IEEE International Conference on Multimedia Computing and Systems. Florence,Italy. 1:568-573.

KIM J W,LI D,2012. Countermeasure of public key attacks for asymmetric watermarking[C]. Proceedings of International Conference on Advanced Communication Technology. PyeongChang,South Korea:421-424.

KINTAK U,QI Dongxu,TANG Zesheng,et al,2010. A robust image watermarking algorithm based on non-uniform rectangular partition and DCT-SVD[C]. Proceedings of International Conference on Measuring Technology and Mechatronics Automation:327-330.

KITAMURA I, KANAI S, KISHINAMI T, 2000a. Watermarking vector digital map using wavelet transformation[C]. Proceedings of Annual Conference of the Geographical Information Systems Association. Tokyo, Japan:417-421.

KITAMURA I,KANAI S,KISHINAMI T,2000b. Digital watermarking method for vector map based on wavelet transform [C]. Proceedings of the Geographic Information Systems Association. Tokyo,Japan: 417-421.

LAI C C, YEH C H,2010. A Hybrid image watermarking scheme based on SVD and DCT[C]. Proceedings of the 9th International Conference on Machine Learning and Cybernetics. Qingdao:2887-2891.

LI Leida, GUO Baolong, 2009. Localized image watermarking in spatial domain resistant to geometric attacks[J]. International Journal of Electronics and Communications, 63 (2): 123-131.

LIU Zhengyu,HAN Shuihua,YANG Shuangyuan, et al,2006. A transformed-matrix asymmetric watermarking scheme [C]. Proceedings of the 1st International Conference on Innovative Computing,Information and Control. Beijing,China:495-499.

LOWE D G,2004. Distinctive image features from scale-invariant keypoints [J]. International Journal of Computer Vision, 60(2):91-110.

LUMINI A,Maio D,2004. Adaptive positioning of a visible watermark in a digital image[C]. Proceedings of IEEE International Conference on Multimedia and Expo. Taipei, Taiwan,2: 967-970.

MANJUNATH M, SIDDAPPAJI S,2012. A new robust semi blind watermarking using block DCT and SVD[C]. Proceedings of IEEE International Conference on Advanced Communication Control and Computing Technologies:193-197.

MARQUES D A, MAGALHAES K M, DAHAB R R, 2007. RAWVec-a method for watermarking vector maps[R]. SBSeg 2007:Simposio Brasileiro em Seguranca da Informacao e de Sistemas Computacionais.

MEHRA I, RAJPUT S K, NISHCHAL N K, 2012. Collision in phase truncation based asymmetric cryptosystem in Fresnel domain[C]. Proceedings of International Conference on Fiber Optics and Photonics. Chennai,India:1-3.

OHBUCHI R,UEDA H,ENDOH S,2002. Robust watermarking of vector digital maps[C]. Proceedings of the IEEE International Conference on Multimedia and Expo. Lausanne, Switzerland:577-580.

OHURA R, MINAMOTO T,2014. A Recoverable Visible Digital Image Watermarking Based on the Dyadic Lifting Scheme [C]. Proceedings of the 11th International Conference on Information Technology: New Generations. Las Vegas, Nevada, USA:447-452.

PEI S C,ZENG Y C,2006. A novel image algorithm for visible watermarked images[J]. IEEE

Transactions on Information Forensics and Security, 1(4):543-550.

PITAS I, 1996. A method for signature casting on digital images[C]. Proceedings of IEEE International Conference on Image Processing. Lausanne, Switzerlan:215-218.

PUN-CHENG L S C, LI Z L, 2008. A three-tier statistical approach to verifying suspected copying of spatial data[J]. Survey review, 40(310):318-327.

RUIZ J S, MEGIAS D, 2011. A novel semi-fragile forensic watermarking scheme for remote sensing images[J]. International Journal of remote sensing, 32(19):5583-5606.

SCHULZ G, VOIGT M, 2004. A high capacity watermarking system for digital maps[C]. Proceedings of the 2004 Multimedia and Security Workshop on Multimedia and Security. Germany, Magdeburg:180-186.

SEO J S, YOO C D, 2006. Image watermarking based on invariant regions of scale-space representation[J]. IEEE Transactions on Signal Processing, 54(4):1537-1549.

SHUH E, OHBUCHI R, UEDA H, 2003. Watermarking 2D vector maps in the mesh-spectral domain[C]. Proceedings of the 5th International Conference on Shape Modelling and Applications. Seoul, Korea:216-228.

SINGHAL N, LEE Y Y, KIM C S, et al, 2009. Robust image watermarking using local Zernike moments[J]. Journal of Visual Communication and Image Representation, 20(6):408-419.

SOLACHIDIS V, NIKOLAIDIS N, PITAS I, 2000a. Fourier descriptors watermarking of vector graphics images[C]. Proceedings of the International Conference of Image Processing. Vancouver, Canada:9-12.

SOLACHIDIS V, PITAS I, 2000b. Watermarking polygonal lines using fourier descriptors[C]. Proceedings of IEEE International Conference on Acoustics, Speech, and Signal Processing. Istanbul, Turkey:1955-1958.

SOLACHIDIS V, PITAS I, 2004. Watermarking polygonal lines using fourier descriptors[J]. IEEE Computer graphics and applications, 24(3):44-51.

STEFAN K, FABIEN A P, 2000. Information hiding techniques for steganography and digital watermarking[M]. USA: Artech House.

TSAI J S, HUANG W B, KUO Y H, et al, 2012. Joint robustness and security enhancement for feature-based image watermarking using invariant feature regions[J]. Signal Processing, 92:1431-1445.

TSAI M J, CHIEN C C, 2008. A wavelet-based semi-fragile watermarking with recovery mechanism[C]. Proceedings of IEEE International Symposium on Circuits and Systems, Washington, USA: 3033-3036.

TSAI M J, LIU J, 2011. The quality evaluation of image recovery attack for visible watermarking algorithms[C]. Proceedings of IEEE Conference on Visual Communications and Image Processing. Tainan, Taiwan:1-4.

ULLAH R, KHAN A, MALIK A S, 2013. Dual-purpose semi-fragile watermark: Authentication and recovery of digital images[J]. Computers and Electrical Engineering, 39(7):2019-2030.

VOIGT M,BUSCH C,2003. Feature-based watermarking of 2D-vector data:Proceedings of SPIE [C]. Proceedings of SPIE. Santa Clara,USA,5020:359-366.

VOIGT M, YANG B, BUSCH C, 2004. Reversible watermarking of 2D-vector data [C]. Proceedings of the 2004 Multimedia and Security Workshop on Multimedia and Security. Magdeburg, Germany:160-165.

WANG Xiangyang, NIU Panpan, YANG Hongying, et al, 2012. Affine invariant image watermarking using intensity probability density-based Harris Laplace detector[J]. Journal of Visual Communication and Image Representation,23(6):892-907.

WANG Xiangyang, YANG Yiping, YANG Hongying, 2010. Invariant image watermarking using multi-scale Harris detector and wavelet moments [J]. Computer and Electrical Engineering, 36(1):31-44.

YU Yanwei, LING Hefei, ZOU Fuhao, et al,2012. Robust localized image watermarking based on invariant regions[J]. Digital Signal Processing, 22(1): 170-180.

ZIEGELER H, TAMHANKAR H, FOWLER J,2003. Wavelet-based watermarking of remotely sensed imagery tailored to classification performance[C]. Proceedings of IEEE Workshop on Advances in Techniques for Analysis of Remotely Sensed Data. Washington D C: Goddard Space Flight Center:259-262.